机械制造
工程训练教程

主　编　郑志军　胡青春

副主编　莫海军　宋小春
　　　　陈松茂　王红飞

主　审　张木青

华南理工大学出版社
SOUTH CHINA UNIVERSITY OF TECHNOLOGY PRESS

·广州·

内 容 提 要

本书为工程训练（金工实习）的训练教材，全书分为4篇共23章，内容包括工业安全、金属材料（钢铁）的热处理、铸造、锻压、焊接、塑料成型、表面处理技术、切削与零件加工基础、车削加工、铣削加工、磨削加工、钳工与装配、汽车结构、数控加工基础、数控车削、数控铣削、加工中心加工、数控线切割、电火花加工、快速成型技术与逆向工程、激光加工及PLC控制等。

本书适用于普通高等学校机械类、近机械类本、专科学生；对于非机械类专业，可根据专业特点和教学条件，有针对性地选择其中的实训内容组织教学。本书还可作为有关工程技术人员和技工的教学和自学参考书。

图书在版编目（CIP）数据

机械制造工程训练教程/郑志军，胡青春主编.—广州：华南理工大学出版社，2015.7
（2021.8重印）

ISBN 978 – 7 – 5623 – 4674 – 6

Ⅰ.①机…　Ⅱ.①郑…　②胡…　Ⅲ.①机械制造工艺 – 高等学校 – 教材
Ⅳ.①TH16

中国版本图书馆 CIP 数据核字（2015）第 140300 号

机械制造工程训练教程

郑志军　胡青春　主编

出　版　人：卢家明
出版发行：华南理工大学出版社
（广州五山华南理工大学17号楼，邮编510640）
http://hg.cb.scut.edu.cn　　　　　　E-mail：scutc13@ scut. edu. cn
营销部电话：020 – 87113487　22236386　87111048（传真）
策划编辑：毛润政
责任编辑：朱彩翮
印　刷　者：广州市穗彩印务有限公司
开　　本：787mm×1092mm　1/16　印张：20.75　字数：511千
版　　次：2015年7月第1版　2021年8月第7次印刷
印　　数：18 001～20 000册
定　　价：39.00元

序　言

　　光阴似箭，日月如梭。看到书桌上摆着的《机械制造工程训练教程》，一种怀旧的感情油然而生，但又感到无比的兴奋。兴奋的是看到这本书又多了许多新的内容，而且井井有条，插图清楚，惊叹世界科技进步之神速。

　　《机械制造工程训练》从 2006 年底初版至今已近 10 年，在这期间，该书被评为"普通高等教育'十一五'国家规划教材""中国书刊发行行业协会'全行业优秀畅销品种'"。10 年来，除了华南理工大学本校，还有不少学校使用这本教程，反应良好。本书秉承了《机械制造工程训练》的精髓，编写时减少了刨削加工，增加了激光加工、PLC 以及逆向工程等内容，并把每章的内容分为教学目的与要求、重点与难点、基础知识、工艺及操作和训练与思考 5 部分，重点突出，思路清晰，学生很快能抓住每个工种要学习和重点掌握的内容。在章后增加"训练与思考"作业题，进一步强调本章节内容的重点。

　　对这样一本好书，怎样发挥它的功能呢？本人提出以下几点建议：

　　1. 尽力探索一套能保证工程训练全程安全无恙的方法和教学规程。工程训练课程是一门注重实践的实习课，强调实际操作，因此，学生（也包括老师）的操作安全显得尤其重要。这是正确有效使用本教材的前提。

　　2. 要从创新与创造的角度来用这本书。本教材还是以传统机加工方法为主要实训内容，传统加工工艺相对成熟，也相对刻板，缺少能满足现代工程技术要求的新的理念，因此要对传统加工方法进行大胆创新，从创新与创造的角度来使用此书就显得非常有必要。

　　3. 尽量使众多好学的同学得到合理的训练。本书的宗旨就是让学生学以致用，对于积极向上、用心学习的学生，应根据本教材的训练内容，建立一个创新实践基地，全天候对学生开放。学生利用学过的成型工艺、加工方法，到创新实践基地进行作品的自主设计并加工成型，使学生的工程实践能力和创新能力得到实质性的提高。

　　4. 多为学生争取到企业和车间参观、参加学术会议和各项竞赛、参加校企合作的机会。本教材每种加工方法中均包含"工艺及操作"部分，由于学校实践基地在时间、空间上的局限性，本部分内容总是要落后于企业的实际工艺和操作标准，因此非常有必要让学生到企业接触实际生产过程，这也是对本教材的有益补充。

　　5. 多启发、引导学生发挥主动性，培养好团队精神。实践的主动性和团队精神，是成功的关键，作品的设计和开发更是讲究团队合作和主动性的工作。

刘友和

2015 年 5 月于华南理工大学工程训练中心

前　言

"工程训练"作为一门实践性的技术基础课，不仅是高等院校工科专业学生的必修课，而且许多院校把"工程训练"作为精品课程来建设。随着高等院校训练条件的不断改善和实践教学改革的不断深入，工程训练内容不仅包括传统机械制造方面的各种加工工艺技术，而且也包括以数控车加工、数控铣加工、加工中心加工、电火花加工、线切割加工、激光加工和快速成型技术等为代表的现代加工技术，许多院校还增加了工业安全和环境保护方面的综合训练内容。因此，传统的金工实习体系已经逐步向现代工程训练体系转化。结合这些变化以及高等院校工程训练课程改革与建设需要，我们在原版《机械制造工程训练》教材的基础上，按照国家"十二五"教材建设规划，重新编写了此教材，并命名为《机械制造工程训练教程》，更加注重训练过程的实用性和科学性。

《机械制造工程训练教程》一书，打破传统的金工实习教材的编排方法，以近年来工科院校常用的训练项目为章节，以训练内容属性分为四大篇（或称为四大模块）。第1篇为"工程训练学生必读与安全知识"，目的是便于学生在金工实习前进行纪律与安全教育，了解实习的目的和要求，同时方便有条件的院校开展工业安全训练；第2篇为"材料及其成型技术基础"，内容包括金属材料及其热处理、铸造成型、锻压成型、焊接成型、塑料成型技术、材料表面处理技术等；第3篇为"传统加工技术"，内容包括切削加工基础和零件加工质量检验技术、车削加工、铣削加工与齿形加工、磨削加工、钳工与装配、汽车结构认识等；第4篇为"现代加工技术"，内容包括数控加工基础知识、电火花加工、数控线切割加工、数控车削加工、数控铣削加工、加工中心加工、快速成型与逆向工程、激光加工技术等。在现代加工技术训练的不同章节中，分别简单介绍了 CAXA、Master CAM、Pro/E、Solidworks 等软件及其应用，以便使学生了解 CAD/CAM 的原理和技术。

本书的编写特点是教材内容注重教师实训教学和学生工程训练的实际应用，理论和实操并用，便于理解和操作。因此，编写时认真总结了各兄弟院校关于本课程教学内容和课程体系教学改革的经验，借鉴了国内兄弟院校的教学改革成果，结合编者的实践教学经验和工程训练的实际内容，以高等院校常用的设备为例，既介绍传统加工也讲解现代加工的基本制造技术和工艺。在每一章节中，均由教学目的与要求、重点与难点、基础知识、工艺与操作及训练与思考五部分组成，便于教师和学生把握重点和难点，提高教学质量和学习效果。每章后面的思考题，可以帮助学生消化、巩固和深化教学内容及进行实际工程训练和实验；某些章节的思考与练习题中要求学生结合实际设计并制造出有一定创意和使用价值的制品，以便于在实习中开展创新设计与制造活动。为了限制篇幅，本书对各章节具体内容的处理上，以必需和够用为原则，内容作了必要的精简，文字力求简洁，同时注意知识的系统性和科学性。

本书还制作了与教材配套使用的《机械制造工程训练教程》多媒体网络课件和双

语教学挂图。金工实习时牵涉许多复杂的机器和复杂的操作，《机械制造工程训练教程》多媒体网络课件中的文字、动画与视频图像等可帮助学生加深理解；另外，不同学校条件可能有些差别，一些暂时未能开出的项目也可以先用多媒体课件作演示。悬挂在工程训练现场的挂图则能起到现场教学中的展示教育与隐性教育作用。

本书适合于高等工业院校机械类、近机械类专业4～6周"工程训练"教学使用。对非机械类专业，可根据其专业特点和后续课程需要，有针对性地选择其中的实习内容组织教学。

本书由华南理工大学机械与汽车工程学院工程训练中心教授、专家组织编写。编写人员有郑志军（第3、6、21章）、胡青春（第11、12章）、莫海军（第2、9、10章）、宋小春（第16、17、18章）、王红飞（第7、13、22、23章）)、陈松茂（第4、5章）、鲁忠臣（第8、14、15章）、曹雪璐（第19、20章）、苏志伟（第21章）等。本书由张木青教授主审，郑志军、胡青春担任主编，莫海军、宋小春、陈松茂、王红飞担任副主编。郑志军负责全书统稿与修改工作。

本书是对工程训练深化改革的初步尝试，加上编者水平所限，书中错误与欠妥之处在所难免，恳请读者批评指正。

编　者

2015 年 5 月

目 录

第1篇 工程训练学生必读与安全知识

第2篇 材料及其成型技术基础

第3篇　传统加工技术

第4篇 现代加工技术

第 1 篇

工程训练学生必读与安全知识

第1章 工程训练学生必读

1.1 概 述

机械制造工程训练（又称金工实习）是一门实践性较强的技术基础课，是理工科院校大多数专业学生进行工程训练、学习工艺知识、培养工程意识、提高综合素质的重要实践教学环节。机械类专业的机械制造工程训练课程是工程材料及机械制造基础系列课程教学的组成部分，是学生学习系列课程和其他机械课程的必修课；同样，机械制造工程训练是非机械类相关专业教学计划中了解机械制造一般过程及基本知识的唯一课程。

大部分理工科院校的工程训练中心（或工业培训中心）都设有铸造、锻造、焊接、热处理、车、铣、刨、磨、钳工、数控加工等训练工种。学生在各工种进行工程训练时，通过实际操作与练习，可以获得各种加工方法的感性认识，初步学会使用有关设备、工具、刀具、量具和夹具，并提高了实践动手能力。通过指导人员的现场讲解、演示和讲座等教学环节，同学们能了解到机械产品是用什么材料制造的，机械产品是怎样制造出来的，学到许多机械制造生产的基本工艺知识。机械制造工程训练不仅包括学习机械制造方面的材料成型技术、机械加工技术和现代加工技术，而且有些院校还提供了生产管理、工业安全和环境保护等方面的综合工程训练。因此，对于较少接触机械制造工程环境的同学来说，机械制造工程训练不仅增加在大学学习阶段和今后工作中所需要的技能与基本工艺知识，而且在生产实践的特殊环境中通过接触工人、工程技术人员和生产管理人员，接受社会化生产的熏陶和思想品德教育、组织与安全教育，逐步认识和建立包括质量意识、安全意识、群体意识、经济意识、市场意识、环境意识、社会意识、创新意识和法律意识，增强劳动观念、集体观念、组织纪律性和敬业爱岗精神，提高综合素质。总之，机械制造工程训练是对学生成为工程技术人员所应具备的基本知识和基本技能等综合素质进行培养和训练，是绝大多数工科专业以及部分理科专业大学生的必修课程。实践表明，大多数学生也很喜欢参加这样的制造工程训练。

1.2 工程训练对学生的基本要求

机械制造工程训练是一门实践性很强的课程，它与一般的理论性课程不一样，主要的学习课堂不是教室而是在工程训练中心的实习车间。一般的工程训练中心或工业培训中心都有一套完整的管理制度，主要包括安全卫生制度、设备管理制度和设备操作规程等，这些管理制度归纳起来主要是为了防止发生人身安全和设备安全事故。必须知道，安全是一个人一生都无法忽视的重要问题。任何时候忽视了安全，随之而来的就是危险和灾难。"注意安全"这四个字应当如影子般伴随着你的一生。

工程训练中对学生的要求和应注意的事项主要有以下几点。

1. 学生进行工程训练之前，必须接受有关纪律教育和安全教育，并以适当方式进行必要的考核。未经过纪律教育和安全教育的学生，不得参加实习。

2. 严格遵守安全制度和所用设备的操作规程。上班要穿工作服（可穿军训时的服装），不得穿短裤、背心、裙子、拖鞋上班，实习时必须按工种要求穿戴防护用品。操作过程必须精神集中，不准与别人闲谈。学生除在指定的设备上进行实习外，其他一切设备、工具未经同意不准私自动用。

3. 明确实习目的要求，虚心学习，认真听讲。应自觉预习教材的有关章节，掌握训练的基本内容；并应独立按要求完成所在工种布置的思考与练习，巩固所学的基本知识。

4. 必须听从实习指导技术人员的指导，尊重实习指导技术人员，团结同学。

5. 严格遵守劳动纪律，上班时不得擅自离开工作岗位，不得在车间嬉戏、吸烟、阅读书刊和收听广播。

6. 严格遵守考勤制度，不得迟到或早退。

7. 爱护实习车间的工具、设备、劳动保护用品和一切公共财物，节约使用必需的消耗品（如棉纱、机油、砂布、肥皂等）。

8. 文明实习，操作时所用工具、量具等物品摆放合理、美观，下班时应收拾清理好工具、设备，打扫工作场地，保持工作环境整洁卫生。

9. 学生在实习过程中，应爱护每一工具和设备。如有损坏，应查清原因、分清责任后视其性质和情节轻重，按有关规定酌情赔偿或给予处分。

10. 实习中如发生事故，应立即拉下电门或关上有关开关，并保护现场，报告实习指导人员，待查明原因，处理完毕后，方可继续实习。

11. 实习证必须佩戴在外衣胸前左方，实习最后一天将实习证交给本班班长，班长收齐后统一交回教学办公室后方可离开。

12. 自行车应放在规定停放的地方，不得到处乱放。

1.3 工程训练期间学生考勤制度

1. 学生在实习期间，应遵守培训中心上下班制度，不应迟到、早退或旷工。

2. 因病请假者须有医生证明。经负责教师批准后，告知实习指导人员方为有效。

3. 实习期间学生一般不得请事假。因特殊情况必须请事假者，需写请假条经院系有关部门批准后，持有关证明向培训中心办公室办理请假手续，并将请假条送交实习指导人员。

4. 院系或其他单位要抽调实习学生去做其他事情，致使学生不能参加实习者须经教务处批准。否则，任何人或单位都不能擅自抽调实习学生。

5. 学生的考勤由实习指导人员执行，迟到者应主动向指导人员报告。

1.4 工程训练总结报告撰写指南

实习结束后，许多院校会要求每位同学递交一份"金工实习总结报告"。"金工实习总结报告"一般在实习结束后一星期内各班收齐并统一交到培训中心的教学办公室。写"金工实习总结报告"的目的是使同学们有组织地、创造性地反思自己实习过程的直接体验，并进行综合、概括及推理等一系列思维活动的自我测评。"金工实习总结报告"的内容没有统一的格式，主要由同学们自由发挥进行撰写。下面仅提供几点要求供大家参考。

1. 封面设计及字数要求

封面设计应具有艺术性，封面上应写上姓名、班级、实习编号、实习时间。"金工实习总结报告"内容应层次分明、文笔通顺、论述清晰，字数一般在 3000 字左右。有条件的同学应用计算机文字处理软件打印出来。

2. 内容要求

（1）总结实习过的内容，论述自己在操作技能、机械基础知识等方面的体会与收获。

（2）依据实习时实证性的几件事例，论述自己对有关知识和技能的应用能力和掌握程度，最好结合创新设计与制造的事例进行论述。

（3）评价自己实习过程的纪律、思想、品德、作风和心理适应能力等方面的收获与存在问题。

（4）对实习指导人员做出客观评价，对实习内容和安排提出中肯意见和建议。

第2章 工业安全基本知识

【教学目的与要求】

（1）工业安全包含的内容，安全培训的目的。
（2）机械安全工程的基本知识。
（3）用电安全技术措施。
（4）工程训练过程应注意的安全事项。

【基础知识】

工程训练中心是高校实践教学的重要基地，工业安全培训问题不仅影响到教学和科研活动的正常进行，还直接关系到师生员工的生命财产安全，并可能引发重大社会问题。因此，加强工程训练安全教育和管理，对于高校乃至全社会的安全和稳定都具有重要意义。

2.1 概　述

工业安全培训有两个目的，一是确保人身安全，设备安全；二是获得工业安全的基本知识。国家对工业安全十分重视，制订了相关法律，涉及安全生产的法律主要有：

（1）《中华人民共和国宪法》对劳动保护做出了规定。主要内容有："国家通过各种途径，创造劳动就业条件，加强劳动保护，改善劳动条件，并在发展生产的基础上，提高劳动报酬和福利待遇"、"中华人民共和国劳动者有休息的权利。国家发展劳动者休息和休养的设施，规定职工的工作时间和休假制度"、"国家保护妇女的权利和利益"。

（2）《中华人民共和国刑法》规定了对违反有关安全管理规章制度，违反危险品管理规章制度，对不服从管理或因玩忽职守，导致发生特大事故，致使人员伤亡和财产损失的，将受到刑事处罚，最高刑罚可达七年徒刑。

（3）《劳动法》是我国劳动工作的基本法，其中分别对工作时间和休息休假、劳动安全卫生、女职工和未成年工特殊保护方面做出了具体规定。同时对劳动者在劳动安全卫生方面享有的权利、义务加以保护，以及用人单位违反劳动安全卫生有关法规、规定的，将受到经济处罚、停产整顿直至追究刑事责任。

国务院《关于加强防尘防毒工作决定》和《广东省劳动安全卫生条例》，以及《广东省加强生产性建设工程项目劳动安全卫生防护措施管理办法》规定："工程项目的劳动安全卫生防护措施必须与主体工程同时设计、同时施工、同时使用，并经劳动、卫生部门审查同意，否则不准施工和投产使用。""引进国外生产设备，必须同时引进或由国内制造相应配套的劳动安全卫生设施。"

工业安全培训是个很重要、涉及面很广的项目。可以大体上分为工业安全工程和工业安全管理两方面，本章主要介绍工业安全工程的基本知识。

2.2　机械安全工程

机械设备是现代生活中各行各业不可缺少的生产设备，不仅工业生产要用到各种机械，其他行业也在不同程度上用到各种机械。在人类使用机械的过程中，由于设备的自身原因，如设计、制造、安装、维护存在缺陷；或者使用者的原因，如对设备性能不熟悉、操作不当、安全操作意识不足；还有作业场所的原因，如光线不足、场地狭窄等等。使人处于被机械伤害的潜在危险之中。为防止和减少机械伤害的发生，需要从机械是如何对人造成伤害（伤害形式）、伤害常发生在机械的哪些部位（危险源）和导致伤害的原因等几个方面入手认识和了解，从而便于采取适当的安全对策。

2.2.1　机械危害

人们在使用机械的过程中，由于机械设计、制造上的缺陷，机械的完好状态不佳，或人们对机械性能了解不足、操作不当，或安全防护措施不当、作业场所条件恶劣等原因，隐藏着机械伤害的危险。为预防机械事故，必须首先了解机械本身存在的危险和有害因素。

危险因素，是指直接作用于人的身体，可能导致人员伤亡后果的外界因素，强调危险事件的突发性和瞬间作用，包括机械部件在工作状态下及失效时发生的因钳夹、挤压、冲压、物体打击、刀具切割、电击等所造成的伤害。直接危害即是狭义的安全问题。

有害因素，是指通过人的生理或心理对人体健康间接产生危害，可能导致人员患病的外界因素。强调在一定时间范围的积累作用效果。它包括了电气故障、化学品暴露、高温、高压、噪声、粉尘、振动和辐射等所造成的伤害。间接危害即是狭义的安全问题。

机械设备及其生产过程中存在的危险因素和有害因素，在很多情况下来自同一源头的同一因素，由于作用时间、转变条件和存在状态的不同等原因，其后果有很大的差别，有时表现为人身伤害，这时常被视为危险因素；有时由于影响健康引发职业病，这时常被视为有害因素。有时兼而有之，因此，为了便于管理，对危险因素和有害因素统称为危险有害因素或危险因素。

2.2.1.1　机械的危险

1. 静止的危险

设备处于静止状态下，人们接触设备或与静止设备某部位做相对运动时也存在着危险，如：

（1）工具、工件、设备边缘的飞边、毛刺、锐角、粗糙表面；

（2）切削刀具的刀刃；

（3）设备突出较长的机械部分（见图2－1）；

（4）引起滑跌、坠落的工作平台，尤其是平台上有水或油时更为危险。

图2－1　钻床的危险区

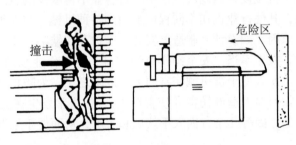

图2－2　牛头刨床的危险区

2. 直线运动的危险

牛头刨床的滑枕、龙门刨床和外圆磨床的工作台、冲床的滑块等在加工时是做往复直线运动的，如人或人体的某些部位在机床运动部件的运动区域内就受到运动部件的撞击或挤压（见图2－2）。

3. 旋转运动的危险

轴、齿轮、皮带轮、飞轮、叶片、链轮、盘锯的锯片、砂轮、铣刀、钻头、压辊等做旋转运动的零部件，存在着把人体卷入、撞击和切割等危险。

（1）卷进单独旋转运动机械部件中的危险，如轴、卡盘、齿轮等。

（2）接触旋转刀具、磨具的危险。如圆盘锯的锯片、铣刀、砂轮、钻头等（见图2－3）。

（3）卷进旋转孔洞的危险。有些旋转零部件，由于有孔洞而具有更大的危险性，如风扇、叶片、飞轮，带辐条的皮带轮、齿轮等。

（4）旋转运动加工体或旋转运动部件上凸出物打击或绞轧的危险。如伸出机床的加工件，皮带上的金属带扣，转轴上的键、定位螺丝等。

（5）卷进旋转运动中两个机械部件间的危险。如做相反方向旋转的两个轧辊之间，啮合的齿轮。

图2－3　旋转的危险部位

（6）卷进旋转机械部件与固定构件间的危险。如砂轮与砂轮支架之间，有辐条的手轮与机身之间，旋转零件与壳体之间（见图2－4）。

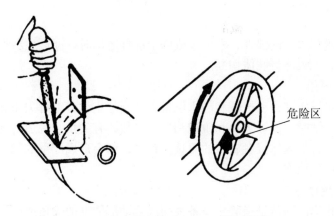

图 2-4 旋转部位与固定部件间的危险部位

（7）卷进旋转机械部件与直线运动部件间的危险。如皮带与皮带轮、齿条与齿轮、链条与链轮。

4. 飞出物击伤的危险

在机械加工过程中，飞出的刀具、机械部件、切屑、工件对人体存在着击伤的危险。如未夹紧的刀片、固定不牢的接头、破碎而飞散的切屑、锻造加工中飞出的工件。

可见，操作人员易于接近的各种运动零、部件都是机械危险部位，设备的加工区也是危险部位。

2.2.1.2 机械伤害的形式

1. 咬入和挤压

这种伤害是在两个零部件之间产生的，其中一个或两个零部件是运动的。人体被卷进两个部件的接触处。

咬入典型的挤压点是啮合的齿轮、皮带与皮带轮、链与链轮、两个相反方向转动的轧辊的接触点。一般是两个运动部件直接接触，将人的四肢卷进运转中的咬入点。

挤压典型的挤压伤害是压力机滑块（冲头）下落时，把正在安放工件或调整模具的手压伤。挤压不一定两个部件完全接触，只要距离很近，四肢就可能受挤压。除直线运动部件外，人手还可能在螺旋输送机、塑料注射成型机中受挤压。

2. 碰撞和撞击

这种伤害有两种主要形式，一种是往复运动部件撞人。例如：人受到运动中的刨床滑枕碰撞。碰撞包括运动物体撞人和人撞向固定物体。另一种是飞来物及落下物的撞击造成的伤害。飞来物主要指高速旋转的零部件、工具、工件、联接件（含紧固件）等因固定不牢或松脱时，以高速甩出的物体。高速飞出的切屑也能使人受到伤害。运动物体的质量越大运动速度越高，碰撞或撞击的伤害程度越大。

3. 夹断

当人体伸入两个接触部件中间时，人的肢体可能被夹断。夹断与挤压不同，夹断发生在两个部件的直接接触，挤压不一定完全接触。两个部件不一定是刀刃，其中一个或两个部件是运动部件时都能造成夹断伤害。

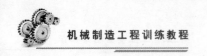

4. 剪切

两个具有锐利边刃的部件，在一个或两个部件运动时，能产生剪切作用。当两者靠近人的肢体时，刀刃能将肢体切断。

5. 割伤和擦伤

这种伤害可发生在运动机械和静止设备上，当静止设备上有尖角和锐边，而人体与该设备做相对运动时，能被尖角和锐边割伤。当然，有尖角、锐边的部件转动时，对人造成的伤害更大，如人体接触旋转的刀具、锯片，都会造成严重的割伤。高速旋转的粗糙面如砂轮能使人擦伤。

6. 卡住或缠住

具有卡住作用的部位是指静止设备表面或运动部件上的尖角或凸出物。这些凸出物能绊住、缠住人的宽松衣服，甚至皮肤。当卡住后，能引向另一种危险，特别是运动部件上的凸出物、皮带接头、车床的转轴、加工件都能将人的手套、衣袖、头发等缠住而使人造成严重伤害。

一种机械可能同时存在几种危险，即同时造成几种伤害。为此，都应该加以防护。

2.2.1.3 机械事故的原因

凡是由机械造成的事故都叫机械事故。机械事故有以下特征：

（1）人与机械接触并有相对运动；

（2）人与机械接触有力的作用且作用于人的力超过人所能承受的限度。

了解机械事故的原因是为了寻求防止事故的对策。

机械是由人设计、制造、安装的，在使用过程中也必须由人操作、维护和管理，因此造成机械事故最根本的原因可以追溯到人。具体来说机械事故的原因可分为直接原因和间接原因。

1. 直接原因

（1）机械和作业场所的不安全状态

①机械设备、设施、工具、附件有缺陷，如设计不当、结构不符合安全要求等。

②维护保养不当，设备失灵。

③防护、保险、信号等安全装置缺乏或有缺陷。

④作业场所照明光线不良、通风不良、物品堆放杂乱或太高，通道狭窄等。

⑤操作工序设计不合理，交叉作业过多。

⑥个人防护用品、用具缺少或有缺陷。

（2）人的不安全行为

①人体与运动的零部件接触。

②人体进入危险区域，如进入设备加工区、起重物体移动的区域。

③操作错误、忽视安全、忽视警告，如按错按钮，超载运行设备。

④违反操作规程，如用手代替工具操作，在机械运转时加油、修理、检查、调整、清扫等。

⑤攀、坐不安全位置，如平台护栏、吊车用钩等。

⑥忽视个人防护用品、用具的使用，如衣着不符合安全要求，车工不戴防护眼镜，

女工不戴帽等；

⑦安全装置失效，如拆除了安全装置，安全装置堵塞等。

⑧使用不安全的设备、工具，如使用无安全装置的冲床、有缺陷的工具，工作时精神不集中。

2. 间接原因

（1）技术原因，指设计错误、制造错误、安装错误、维修错误。

（2）教育原因，指缺乏必要的安全教育与技术培训致使作业人员素质低，缺乏相应的生产和安全知识、技能，安全生产观念缺乏或不强。

（3）管理原因，指组织管理上的缺陷，如安全责任制不落实，监督不严，安全生产制度、安全操作规程缺乏或不健全，生产作业无章可循或违章不究，劳动制度不合理等。

（4）作业人员生理与心理方面的原因，指作业人员视力、听力、体能、健康状况等生理状态和性格、情绪、注意力等心理因素与生产作业不适应而引起事故。

（5）在分析事故原因时，应从直接原因入手，逐步深入到间接原因，从而掌握事故的全部原因，再分清主次，采取预防的对策。

2.2.2　机械设备运动部分的防护

因操作者不慎接触到机械设备运动部分而导致伤残的例子不少，有些事故的后果还相当严重，必须予以重视。

一般机械设备运动部分有：旋转的轴及轴上的零件飞轮、车床卡盘；啮合中的圆柱齿轮、伞齿轮、蜗杆蜗轮；运行中的传动带和带轮；运行中的传动链和链轮；工作中的丝杠螺母机构；转动着的刀具，如钻头、铣刀、圆盘锯等；工作中的搅拌机、滚筒筛；往复运动着的机件，如锯床的锯片、冲床的冲头，牛头刨床的滑枕与刨刀，龙门刨床与龙门铣床的工作台，织布机的梭子等。

防护措施主要有：

（1）固定式防护罩。固定式防护罩最为安全可靠。但不适用于在正常工作期间有时操作者的手或身体的其他部分必须进入危险区域的场合。

（2）互锁式防护罩。例如注塑机的防护门每一注塑周期都要开关一次，但必须关闭才能开机，门开了就开不了机。

（3）自动防护罩。这种防护罩与运动的机件同步，机件到达危险区时，防护罩也到达，且可使其比机件到得还略早些。不过当运动速度很高时，防护罩本身也可能会伤人，故宜慎用。

（4）伺候防护装置。例如在冲床机身上装光电管（电眼），当操作者的手进入危险区域时，手挡住了射向光电管的光线，冲床就断电，停止运动。

（5）双手开关。例如将控制电路设计成必须用双手同时按下两个开关，才能通电运转。或者把气动、液压回路设计成必须双手同时控制两个阀门，设备才能动作等。

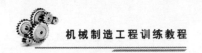

2.3 用电安全常识

用电方面常见的安全事故为触电和电气火灾及爆炸。

2.3.1 触电

触电分电击和电伤两种。电击是指较高电压和较强的电流通过人体，使心、肺、中枢神经系统等重要部位受到破坏，足以致命。电伤是指电弧烧伤、接触通过强电流发高热的导体引起热烫伤、电光性眼炎等局部性伤害。

一般人体电阻为 $1\,000\sim2\,000\,\Omega$，但在潮湿情况下阻值会减半。

在工频（50 Hz）条件下，$40\sim500$ mA 电流通过人体 0.1s 就可能导致心室纤维颤动，有生命危险，由此可大致推出安全电压的最高值。

2.3.2 电气火灾及爆炸

电器设备的过热、电火花和电弧常是导致电气火灾及爆炸的直接原因。

电器设备过热多由短路、过载、接触不良、铁芯发热、散热不够、长时间使用、严重漏电等引起。

电火花和电弧多由下列情况引起。

① 大电流启动而未用保护性开关。

② 设备发生短路或接地。

③ 绝缘损坏。

④ 导线接触不良。

⑤ 过电压。

此外，还有静电火花和感应火花等。

2.3.3 用电安全技术措施

1. 绝缘

绝缘是用绝缘材料将带电物体包围起来。但绝缘材料在强电场作用下会被击穿，在潮湿或腐蚀性环境下或因使用时间太长而变质，都会降低其绝缘性能。

测量绝缘性能的较常用方法是用兆欧表测量其绝缘电阻。

2. 保护接地和接零

接地是把设备或线路的某一部分与专门的接地导线连接起来。接零是把电器设备正常时不带电的导电部分（如金属机壳）与电网的零线连接起来。

3. 漏电保护装置

漏电保护装置主要用于防止单相触电和因漏电而引起的触电事故和火灾事故，也用于监测或切除各种一相接地故障。其额定电流与动作时间的乘积不超过 30 mA·s。

4. 安全电压

安全电压是由人体能承受的电流和人体电阻等因素决定的。我国规定：

①手提照明灯、危险环境的携带式电动工具均应采用42 V 或 36 V 安全电压。

②密闭的、特别潮湿的环境所用的照明及电动工具应采用12 V 安全电压。

③水下作业应采用6V 安全电压。

2.4 砂轮使用安全常识

砂轮主要用于磨削或切割。可以获得很高的精度和很光滑的表面，可以加工高硬的用普通刀具不能切削的材料，应用广泛。但其转速很高，如使用不当，会发生严重事故。

2.4.1 常见事故

1. 砂轮爆裂

由于速度很高，砂轮爆裂后的碎片易伤人或对厂房设备造成破坏，是很大的事故，如图2-5所示为砂轮爆裂。

2. 砂轮擦伤

操作者手脚或身体触及旋转着的砂轮而被擦伤。

3. 磨屑伤眼和尘伤肺

磨屑入眼或在长期干磨时被吸入肺部，导致硅肺病。

4. 触电

触电事故多在使用软轴手提砂轮时发生。

图2-5 砂轮爆裂

2.4.2 砂轮的检查

1. 裂缝

以轴穿过中孔，用木棒轻击砂轮端面不同位置，听其声音。有裂缝处声音不同。

2. 速度

计算砂轮安装后将有的最大圆周线速，是否低于砂轮端面上表明的允许安全线速。

3. 存放条件及时间

如果是用树脂黏结剂或橡胶黏结剂制造的砂轮，最好了解一下购买时间是否在很久以前，存放地点附近有无碱性化学物质，以防这类黏结剂老化或变质，黏结力下降，使用时出事。

2.5 化学药品和危险物料常识简介

1. 工业用危险物料的分类

（1）爆炸性物料。其本身可由化学反应产生大量高温高压气体，高速膨胀，足以对周围造成杀伤性破坏。

（2）易氧化物料。虽然本身不一定可燃，但与其他物料混杂时容易氧化，增加了火灾的危险性。

（3）会自燃的物料。在普通环境中不需外加能量，只要与空气接触，就会升温。

（4）有毒物料。普通接触即会对人产生严重伤害甚至致命。

（5）腐蚀性物料。普通接触即会产生程度不同的损害。

吸入、吸收或通过皮肤进入人体而对健康有一定程度刺激或不良影响的有害物质。

2. 化学药品对健康的影响

化学与人关系密切。化学药品可以防病治病，会增加农业收成。但也有不少化学药品，如果使用不当，可以危及健康，也会毒化环境。

化学药品进入人体的途径有呼吸、吸收（通过皮肤或眼）、进食、妊娠等。

3. 减少有害化学药品影响的方法

（1）使用较为安全的其他代用品。

（2）加强抽风。

（3）大量送入新鲜空气。

第 2 篇
材料及其成型技术基础

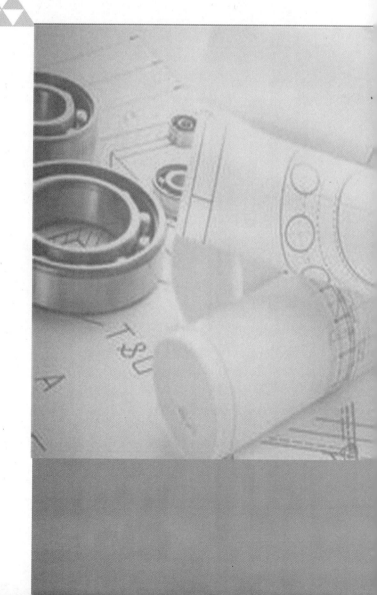

第3章　金属材料及其热处理

【教学目的与要求】

（1）掌握金属材料的分类及表示方法。
（2）掌握金属材料火焰差别方法。
（3）掌握金属材料的机械性能和硬度测试方法。
（4）掌握金属材料热处理原理及种类。
（5）掌握各种热处理工艺操作及用途。

【重点与难点】

（1）影响金属材料机械性能的因素。
（2）热处理工艺对金属材料性能的影响。

【基础知识】

3.1　金属材料的分类及表示方法

3.1.1　金属材料的分类

金属材料分为黑色金属和有色金属两类。铁及铁合金称为黑色金属，也就是钢铁材料。黑色金属以外的所有金属及其合金称为有色金属（如铝、铜、镁、钛及其合金等）。

本章主要介绍工业中应用范围最广、用量最大的钢铁材料。

钢铁材料是以铁和碳为基本组元的合金，通常称为铁碳合金。铁是铁碳合金的基本成分，碳是影响铁碳合金性能的重要成分。一般含碳量为 0.021 8%～2.11%（质量分数，下同）的称为钢，含碳量大于 2.11% 的为铸铁。

3.1.1.1　钢

工业上使用的钢材品种繁多，按钢材的用途、化学成分、显微组织及品质不同可将钢分为许多类型。

1. 普通碳素结构钢

该类钢牌号表示方法是由代表屈服点的字母（Q）、屈服点数值、质量等级符号（A，B，C）及脱氧方法符号（F，B，Z，TZ）等四部分按顺序组成。如 Q235—A、F，表示屈服点数值为 235MPa 的 A 级沸腾钢。质量等级符号反映碳素结构钢中磷、硫含量的多少，A、B、C、D 质量依次增高。

2. 优质碳素结构钢

该类钢的钢号用钢中平均含碳量的两位数字表示，单位为万分之一。如钢号 45，表示平均含碳为 0.45% 的钢。

对于含锰量较高的钢，须将锰元素标出，通常含碳量大于 0.6% 含锰量在 0.9%～1.2% 者及含碳量小于 0.6% 含锰量在 0.7%～1.0% 者，数字后面附加汉字"锰"或化学元素符号"Mn"。如钢号 25Mn，表示平均含碳量为 0.25%，含锰量为 0.7%～1.0% 的钢。

沸腾钢、半镇静钢以及专门用途的优质碳素结构钢，应在钢号后特别标出，如 15G 即平均含碳量为 0.15% 的锅炉钢。

3. 碳素工具钢

碳素工具钢是在钢号前加"碳"或"T"表示，其后跟以表示钢中平均含碳量的千分之几的数字。如平均含碳量为 0.8% 的该类钢，记为"碳 8"或"T8"。含锰量较高者须注出。高级优质钢则在钢号末端加"高"或"A"，如"碳 10 高"或"T10A"。

4. 合金结构钢

该类钢的钢号由"数字＋元素＋数字"三部分组成。前两位数字表示平均含碳量的万分之几，合金元素以汉字或化学元素符号表示，合金元素后面的数字表示该元素的近似含量，单位是百分之几。如果合金元素平均含量低于 1.5% 时，则不标明其含量。当平均含量大于或等于 1.5% 至 2.0% 时，则在元素后面标"2"依次类推。如为高级优质钢，在钢号后面应加"高"或"A"。如 36Mn2Si 表示含碳量为 0.36%，含锰量为 1.5%～1.8%，含硅量为 0.4%～0.7% 的钢。

5. 合金工具钢

该类钢编号前用一位数字表示平均含碳量的千分之几。当平均含碳量大于或等于 1.0% 时，不标出含碳量。如"9Mn2V"钢的平均含碳量为 0.85%～0.95%，而"CrMn"钢中的平均含碳量为 1.3%～1.5%。高速钢的钢号，一般不标出含碳量，仅标出合金元素含量平均值的百分之几，如"W6Mn05Cr4V2"。

6. 滚动轴承钢

该类钢在钢号前冠以"滚"或"G"，其后为铬（Cr）＋数字来表示，数字表示铬含量平均值的千分之几。如"滚铬 15"（GCr15），即铬的平均含量为 1.5% 的滚动轴承钢。

7. 不锈钢及耐热钢

这两类钢钢号前面的数字表示含碳量的千分之几，如"9Cr18"表示该钢平均含碳量为 0.9%。但碳含量 ≤0.03% 及 0.08% 者，在钢号前分别冠以"00"及"0"，如"00Cr18Ni10"。

3.1.1.2 铸铁

铸铁是 $\omega_c > 2.11\%$ 的铁碳合金。除碳以外还有较多的 Si、Mn 和其他一些杂质元素。与钢相比，铸铁成本低廉，具有优良的铸造性能，耐磨性好。铸铁被广泛应用于机械制造、冶金、石油化工和国防部门。

根据碳在铸铁中的存在形式，铸铁可分为以下几种。

1. 白口铸铁。碳以渗碳体形式存在，断口呈银白色，故称白口铸铁。其性能硬而脆，很难切削加工，很少用来铸造机件。

2. 灰口铸铁。碳大部分或全部以游离的石墨形式存在。因断口呈暗灰色故称为灰铸铁。根据石墨的形态，灰铸铁可分为：①普通灰铸铁，石墨呈片状；②球墨铸铁，石墨呈球状；③可锻铸铁，石墨呈团絮状；④蠕墨铸铁，石墨呈蠕虫状。

3. 麻口铸铁。碳既以渗碳体形式存在，又以游离态石墨形式存在。

3.1.2 金属材料的现场鉴别

现场鉴别钢铁材料最简易的方法是火花鉴别法。

1. 火花的构成

钢材在砂轮上磨削时所射出的火花由根部火花、中部火花和尾部火花构成火花束。如图 3-1 所示。

磨削时由灼热粉末形成的线条状火花称为流线。流线在飞行中爆炸而发出稍粗而明亮的点称为节点。火花在爆裂时所射出的线条称为芒线。芒线所组成的火花称为节花。节花分一次花、二次花、三次花等。芒线附近呈现明亮的小点称为花粉。火花束的组成如图 3-2 所示。

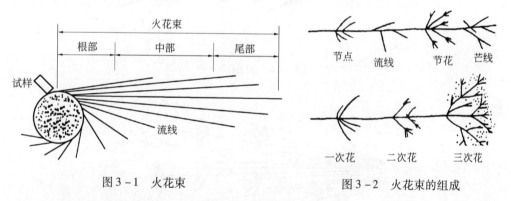

图 3-1　火花束　　　　　　　　图 3-2　火花束的组成

由于钢材的化学成分不同，流线尾部出现不同的尾部火花，称为尾花。尾花有苞状尾花、狐尾花、菊状尾花、羽状尾花等，如图 3-3 所示。

2. 常用钢的火花特征

碳素钢随着含碳量增加，流线形式由挺直转向抛物线，流线逐渐增多，火束长度逐渐缩短，粗流线变细，芒线逐渐细而短，由一次爆花转向多次爆花，花的数量和花粉也逐渐增多，光辉度随着含碳量的升高而增加，砂轮附近的晦暗面积增大。在砂轮磨削时，手感也由软而渐渐变硬。

20 钢的火花特征：火花流线多，略呈弧形；火束长，呈草黄色，带红；芒线稍粗；爆花呈多分叉，一次爆花，如图 3-4 所示。

40 钢的火花特征：整个火束呈黄而略明亮；流线较细，多分叉而长；爆花接近流线尾端，呈多叉二次爆裂；磨削时手感反抗力较弱，如图 3-5 所示。

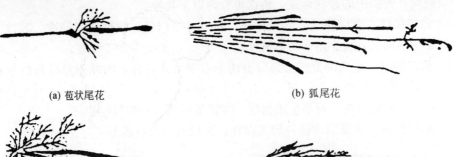

(a) 苞状尾花　　　　　　　　(b) 狐尾花

(c) 菊状尾花　　　　　　　　(d) 羽状尾花

图 3-3　各种尾花形状

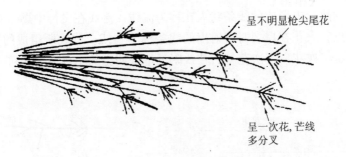

呈不明显枪尖尾花

呈一次花,芒线
多分叉

图 3-4　20 钢的火花

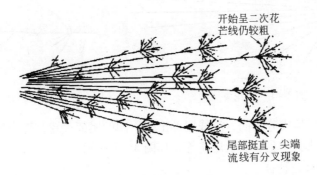

开始呈二次花
芒线仍较粗

尾部挺直，尖端
流线有分叉现象

图 3-5　40 钢的火花

T13 钢的火花特征：火束
短粗，呈暗红色。流线多，细
而密。爆花为多次爆裂，花量
多并重叠，碎花、花粉量多。
磨削时手感较硬，如图 3-6
所示。

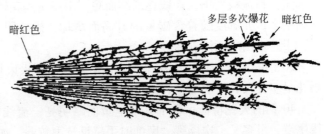

多层多次爆花　　暗红色

暗红色

图 3-6　T13 钢的火花

合金钢火花的特征与加入合金元素有关。例如 Ni、Si、Mo、W 等有抑制爆裂的作用，而 Mn、V、Cr 却可以助长爆裂，所以对合金钢火花的鉴别较难掌握。图 3 - 7 是高速钢 W18Cr4V 的火花特征。W18Cr4V 火花束细长，流线数量少，无火花爆裂，色泽是暗红色。根部和中部为断续流线，尾花呈狐状。

图 3 - 7   W18Cr4V 火花特征

3.1.3　钢铁材料的显微组织观察

1. 铁碳合金基本组织

铁碳合金基本组织主要介绍铁碳合金的平衡组织。平衡组织是指铁碳合金在极为缓慢的冷却条件下所得到的组织。由于铁碳合金的含碳量不同，其平衡组织的结构和特点也不同，因此铁碳合金也可分为工业纯铁、钢和铸铁三大类。其中钢又可分为亚共析钢（C < 0.77%）、共析钢（C = 0.77%）和过共析钢（C > 0.77%）三种；铸铁又可分为亚共晶白口铁（C = 2.06% ～ 4.3%）、共晶白口铁（C = 4.3%）和过共晶白口铁（C = 4.3% ～ 6.67%）三种。

铁碳合金的平衡组织在金相显微镜下具有以下四种基本组织。

（1）铁素体。用代号"F"表示铁素体。其强度硬度低，塑性韧性很好，所以具有铁素体组织多的低碳钢能进行冷变形、锻造和焊接。图 3 - 8 是亚共析钢的显微组织，图中呈块状分布的白亮部分即是铁素体。

（2）渗碳体。渗碳体是铁与碳形成的稳定化合物 Fe_3C，其含碳量为 6.69%，质硬而脆，耐蚀性强，经 4% 硝酸酒精浸蚀后，渗碳体仍呈亮白色，而铁素体浸蚀后呈灰白色，由此可区别铁素体和渗碳体。

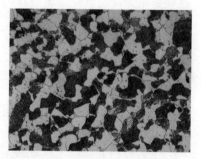

图 3 - 8   45 钢的显微组织（400 ×）

（3）珠光体。用代号"P"表示珠光体。珠光体是铁素体和渗碳体呈层片状交替排列的机械混合物。在不同放大倍数的显微镜下可以看到具有不同特征的珠光体组织。当放大倍数较低时，珠光体片层因不能分辨而呈黑色，如图 3 - 8 中的黑色部分为珠光体组织。

图 3 - 9 所示为共析钢的显微组织，其组织全部为珠光体。图 3 - 10 为过共析钢的显微组织，其组织由珠光体晶粒及其周边的网状渗碳体组成。

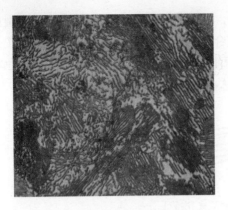

图 3-9 T8 钢的显微组织（400×）

图 3-10 T12 钢的显微组织（400×）

（4）莱氏体用代号"Le'"表示。莱氏体在室温时是珠光体和渗碳体所组成的机械混合物。其组织特征是在亮白色渗碳体基底上相间地分布着暗黑色斑点及细条状珠光体，如图 3-11 所示。

2. 铁碳合金显微组织观察

用金相显微镜将专门制备的金相试样放大 50～1 500 倍，可观察和分析铁碳合金的显微组织，可研究成分、热处理工艺与显微组织之间的关系。这种金相分析是研究金属材料内部组织和缺陷的主要方法之一。

金相试样的制备及显微镜的结构和使用方法请参考相关资料。

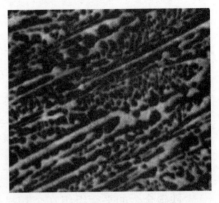

图 3-11 共晶白口铁的显微组织

3.2 金属材料的机械性能及硬度测试

金属材料的性能一般分为工艺性能和使用性能两类。所谓工艺性能是指机械零件在加工制造过程中，金属材料在所定的冷、热加工条件下表现出来的性能。金属材料工艺性能的好坏，决定了它在制造过程中加工成形的适应能力。由于加工条件不同，要求的工艺性能也就不同，如铸造性能、可焊性能、可锻性能、热处理性能、切削加工性能等。所谓使用性能是指机械零件在使用条件下，金属材料表现出来的性能，它包括机械性能、物理性能、化学性能等。金属材料使用性能的好坏，决定了它的使用范围与使用寿命。

由于机械性能是结构件选材的主要依据，因此，这里介绍材料的机械性能。

3.2.1 金属材料的机械性能

常用的机械性能包括：强度、塑性、硬度、冲击韧性、多次冲击抗力和疲劳极限等。下面分别讨论各种机械性能。

（1）强度。强度是指金属材料在静载荷作用下抵抗破坏（过量塑性变形或断裂）的性能。由于载荷的作用方式有拉伸、压缩、弯曲、剪切等形式，所以强度也分为抗拉强度、抗压强度、抗弯强度、抗剪强度等。各种强度间常有一定的联系，使用中一般较多以抗拉强度作为最基本的强度指针。

（2）塑性。塑性是指金属材料在载荷作用下，产生塑性变形（永久变形）而不破坏的能力。

（3）硬度。硬度是衡量金属材料软硬程度的指标。目前生产中测定硬度方法最常用的是压入硬度法，它是用一定几何形状的压头在一定载荷下压入被测试的金属材料表面，根据被压入程度来测定其硬度值。

（4）冲击载荷。冲击韧性以很大速度作用于机件上的载荷称为冲击载荷，金属在冲击载荷作用下抵抗破坏的能力叫作冲击韧性。

（5）疲劳。前面所讨论的强度、塑性、硬度都是金属在静载荷作用下的机械性能指针。实际上，许多机器零件都是在循环载荷下工作的，在这种条件下零件会产生疲劳。

3.2.2　金属材料硬度的测定方法

硬度是金属材料抵抗硬物压入其表面的能力。工程上常用的有布氏硬度和洛氏硬度。

1. 布氏硬度

布氏硬度是以一定大小的实验载荷，将一定直径的淬硬钢球或硬质球压入被测金属表面，保持规定时间，然后卸载荷，测量被测表面压痕直径。布氏硬度值是载荷除以压痕球形表面积所得的商，用 HB 表示，其值越大，材料越硬，其原理如图 3 - 12 所示。

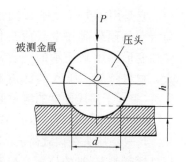

布氏硬度实验测试材料的硬度值，其测试数据比较准确，但不能测太薄的试样和硬度较高的材料。

图 3 - 13 是 HB - 3000 布氏硬度计。测定硬度时其基本操作和程序如下：

图 3 - 12　布氏硬度实验原理机

（1）在仪器后侧加载砝码，加载砝码大小视材料而定。

（2）调整 1 处的"上"、"下"按钮，调整试验力保持时间。

（3）将试样平稳放在工作台上，转动手轮，使工作台徐徐上升，使试样与压头接触（注意压头固定是否可靠），到手轮打滑为止，此时初载荷已加上。

（4）按下加载按钮，加载荷指示灯亮，自动加载荷，同时卸载荷指示灯灭。

（5）逆时针转动手轮，使工作台下降，取下试样。

（6）用读数放大镜测量压痕直径，测得压痕直径后从表中查出布氏硬度值。

测量布氏硬度需要注意以下几点：

（1）试验力保持时间一般为 10 ～ 15s

（2）压痕中心距试样边缘的距离≥2.5d，相邻压痕中心的距离≥3d。

（3）压痕直径应从相互垂直的两个方向测量，取其算术平均值。

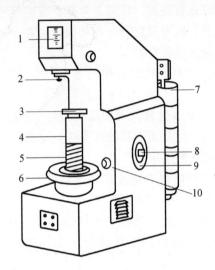

1—指示灯；2—压头；3—工作台；4—立柱；5—丝杠；6—手轮；
7—载荷砝码；8—压紧螺钉；9—时间定位器；10—加载按钮

图 3 – 13   HB – 3000 布氏硬度计

2. 洛氏硬度

洛氏硬度测量法是最常用的硬度试验方法之一。它是用压头（金刚石圆锥或淬火钢球）在载荷（包括预载荷和主载荷）作用下，压入材料的塑性变形深度来表示的。通常压入材料的深度越大，材料越软；压入的深度越小，材料越硬。图3 –14表示了洛氏硬度的测量原理，图中：

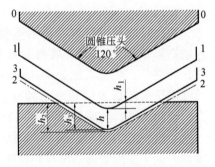

图 3 – 14   洛氏硬度测试原理示意图

0—0：未加载荷，压头未接触试件时的位置。

1—1：压头在预载荷 P_0（98.1N）作用下压入试件深度为 h_0 时的位置。h_0 包括预载荷所引起的弹性变形和塑性变形。

2—2：加主载荷 P_1 后，压头在总载荷 $P = P_0 + P_1$ 的作用下压入试件的位置。

3—3：去除主载荷 P_1 后仍保留预载荷 P_0 时压头的位置，压头压入试样的深度为 h_1。由于 P_1 所产生的弹性变形被消除，所以压头位置提高了 h，此时压头受主载荷作用，实际压入的深度为 $h = h_1 - h_0$，代表主载荷 P_1 造成的塑性变形深度。

h 值越大，说明试件越软，h 值越小，说明试件越硬。为了适应人们习惯上数值越大硬度越高的概念，人为规定，用一常数 K 减去压痕深度 h 的数值来表示硬度的高低。并规定 0.002 mm 为一个洛氏硬度单位，用符号 HR 表示，则洛氏硬度值为：

$$HR = \frac{K - h}{0.002} \qquad (3 - 1)$$

此值为无量纲数。测量时可直接在表盘上读出。表盘上有红、黑两种刻度，红色的

30 和黑色的 0 相重合。

使用金刚石圆锥压头时，常数 K 为 0.2 mm，硬度值由黑色表盘表示，此时

$$HR = \frac{0.2 - h}{0.002} = 100 - \frac{h}{0.002} \tag{3-2}$$

使用钢球（$\phi = 1.588$ mm）压头时，常数 K 为 0.26 mm，硬度值由红色表盘表示，此时

$$HR = \frac{0.26 - h}{0.002} = 130 - \frac{h}{0.002} \tag{3-3}$$

洛氏硬度计的压头共有 5 种，其中最常用的有两种：一种是顶角为 120° 的金刚石圆锥压头，用来测试高硬度的材料；另一种是直径为 1.588 mm 的淬火钢球，用来测软材料的硬度。对于特别软的材料，有时还使用直径为 3.175 mm、6.35 mm、12.7mm 的钢球作压头，不过这几种比较少用。

为了扩大洛氏硬度的测量范围，可用不同的压头和不同的总载荷配成不同标度的洛氏硬度。洛氏硬度共有 15 种标度供选择，它们分别为：HRA，HRB，HRC，HRD，HRE，HRF，HRG，HRH，HRK，HRL，HRM，HRP，HRR，HRS，HRV。其中常用的几种标度符号及相关内容如表 3-1 所示。

表 3-1 常用洛氏硬度值的标度符号及相关内容

标度符号	压头	总载荷 N（kg）	表盘上刻度颜色	常用硬度值范围	应用举例
HRA	金刚石圆锥	588.6（60）	黑色	70～85	碳化物、硬质合金、表面淬火钢等
HRB	1.588 mm 钢球	981（100）	红色	25～100	软钢、退火钢、铜合金
HRC	金刚石圆锥	1 471.5（150）	黑色	20～67	淬火钢、调质钢等
HRD	金刚石圆锥	981（100）	黑色	40～77	薄钢板、中等厚度的表面硬化工件
HRE	3.175 mm 钢球	981（100）	红色	70～100	铸铁、铝、镁合金、轴承合金
HRF	1.588 mm 钢球	588.6（60）	红色	40～100	薄板软钢、退火铜合金
HRG	1.588 mm 钢球	1 471.5（150）	红色	31～94	磷青铜、铍青铜
HRH	3.175mm 钢球	588.6（60）	红色		铝、锌、铅

3.3 钢的热处理

钢的热处理工艺是通过加热、保温和冷却的方法改变钢的组织结构以获得工件所需要性能的一种热加工工艺。

热处理可以用来改善力学性能，尤其是钢和铸铁的热处理应用最为广泛。机械零件、工具、夹具、刃具、量具大部分是由钢或铸铁制成，制成成品后又需要有一定的硬度、耐磨性、韧性等，这些要求通过对毛坯和待加工工件采用热处理来实现。金属热处理工艺大体可分为整体热处理、表面热处理、局部热处理和化学热处理等。根据加热介质、加热温度和冷却方法的不同，每一大类又可区分为若干不同的热处理工艺。同一种金属采用不同的热处理工艺，可获得不同的组织，从而具有不同的性能。钢铁是工业上应用最广的金属，而且钢铁显微组织也最为复杂，因此钢铁热处理工艺种类繁多。

1. 退火

退火是将钢件（钢坯）加热到临界温度以上 $30 \sim 50$℃（一般 $750 \sim 800$℃），保温一段时间，然后缓慢冷却下来（一般用炉冷）。退火用于铸锻件和冷轧坯件及硬度较高的合金钢。

（1）消除内应力和组织不均及晶粒粗大现象。

（2）消除冷轧坯的冷硬现象和内应力，降低硬度以便于切削。

（3）增加塑性和韧性。

2. 正火

正火是将钢件加热到临界温度以上 $30 \sim 50$℃，保温一段时间，然后用空气冷却，冷却速度比退火快。正火常用于低碳、中碳及渗碳钢件，使其组织细化，增加强度与韧性，改善切削性，为保证渗碳质量做准备。

3. 淬火

淬火是将钢件加热到临界温度以上（碳钢为 $770 \sim 870$℃），保温一段时间，然后在水、盐水或油中急速冷却。淬火用于中碳钢以上的各种钢材提高硬度和强度及耐磨性，但会使钢变脆，所以淬火后必须回火。表面淬火是将工件表面迅速加热到淬火温度，然后用水或油使其急速冷却，根据加热方式的不同分为感应表面加热和火焰加热淬火。常用中碳钢以上钢材，主要使零件表面获得硬度和耐磨性，而内部仍保持原有的强度和韧性，如用来处理齿轮等。

4. 回火

回火是将淬硬的钢件加热到临界温度以下，保温一段时间，然后在空气中或油中冷却，用来消除淬火后产生的脆性和应力，提高零件塑性和韧性，保证要求的力学性能。

（1）低温回火。回火温度在 $150 \sim 250$℃之间，其目的是在基本保持淬火钢硬度的前提下，适当地提高淬火钢的韧性，降低淬火应力。低温回火适用于刀具、量具、冷冲模具和滚动轴承等。

（2）中温回火。回火温度在 $350 \sim 450$℃之间，用于需要足够硬度、高的弹性并保持一定韧性的零件，如弹簧、锻模等。

（3）高温回火。回火温度在 $500 \sim 650$℃之间。高温回火后硬度大幅度降低，但可获得较高强度和韧性良好配合的综合机械性能。淬火后随即进行高温回火，这一联合热处理操作，在生产中称为调质处理。机器中受力复杂、要求具有较高综合机械性能的零件，如齿轮、机床主轴、传动轴、曲轴、连杆等，均需进行调质处理。

5. 调质

淬火后高温回火。用于各种中碳钢的毛坯或制件获得很高的韧性和足够强度，提高综合机械性能。

6. 表面热处理

在机械中常有一些零件，如传动齿轮、凸轮轴、主轴等是在动载荷及强烈摩擦条件下工作，为了保证这种零件表面具有高的耐磨性，应使它具有高硬度；为了保证这种零件能承受较大冲击载荷，又应使它具有良好的塑性和韧性。在这种情况下，最好的办法是使该零件的表层和心部具有不同的组织，从而保证不同的力学性能。钢的表面热处理工艺就是专门对表层进行热处理强化的工艺过程。

钢的表面热处理主要有表面淬火与化学热处理两大类。

（1）表面淬火。最常用的表面淬火方法是感应加热表面淬火。它是利用工件在交变磁场中产生感应电流，将工件表面加热到所需的淬火温度，然后快速冷却的方法，如图 3 - 19 所示。

（2）化学热处理。是将工件置于一定温度的活性介质中保温，使一种或几种元素渗入它的表层，以改变其表面的化学成分、组织和性能的热处理工艺。然后再经过适当的热处理，使工件达到预期性能。

根据渗入元素的不同，化学热处理有渗碳、氮化、碳氮共渗、渗硼和渗金属等。

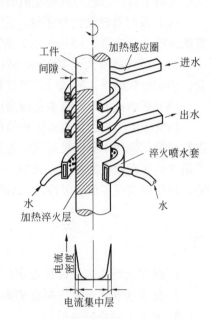

图 3 - 19 感应加热表面淬火示意图

【工艺及操作】

3.4 测定洛氏硬度的基本操作

（1）试验前，先将硬度计右侧上方载荷手轮指示值 150kg、100kg、60kg 对正红点位置，测 HRC 值时红点对应 150kg，测 HRA 值时红点对应 60kg，测 HRB 值时红点对应 100kg（此时压头应换成钢球压头）。

（2）将擦干净的标准硬度块或试样放在擦干净的工作台上，顺时针旋转丝杆手轮，缓慢上升，将硬度块或试样顶起主轴（压头），加上初载，指示器小指针由黑点到红点处为初载，此时大指针转三圈，使大指针朝上为止，大指针允许相差 ±5 个刻度，若超过 5 个刻度，此点应作废，重新试验。

（3）旋转指示器（表盘）外壳，使 C、B 之间长刻线与大指针对正。

（4）拉动加荷手柄（硬度计右侧下方前手柄），施加主实验力，这时指示器的大指针按逆时针方向转动，经过 4～8 s 的转动停下来后，即可将卸载荷手柄（硬度计右侧下方后手柄）推回，卸除主试验力。注意试验力的施加与卸除，均需缓慢进行。

（5）在指示器上读数并记录，采用金刚石压试验时，按表盘外圈的黑字读取，采用钢球压试验时，按表盘内圈的红字读取。一般情况下，在试样测四个点硬度值，第一点硬度值不计，取后三点硬度值的平均数为该试样的硬度值，特殊情况按技术要求。

（6）反时针转动丝杆手轮，使试样下降再移动试样，接着按以上（2）～（5）过程测试第 2 点，第 3、4……点，两点测试压痕应大于 4 mm。

（7）试样高度大于 100 mm 时，必须将丝杆外塑料保护套拿掉，以避免将工作台顶起，影响测试结果，测试后再将其套上，以保护丝杆免受灰尘侵袭。

（8）移动或上升时应避免撞击压头，压头损坏应及时更换压头，以保证正常使用。

洛氏硬度实验的优点是操作简单迅速，硬度值可直接读出，压痕较小。可在工件上进行实验，采用不同标尺可测定各种软硬不同的金属和厚薄不一的试样的硬度，因而广泛用于热处理质量的检验。其缺点是代表性差，由于材料中有偏析及组织不均匀等缺陷，致使所测硬度值重复性差，分散度大。

训练与思考

1. 运用火花鉴别法区别出中、低、高碳钢及铸铁材料。

2. 使用金相显微镜观察金相试样，并写出分析报告。

3. 对实习时给定的钢材进行淬火、回火及硬度测定后，写出测试报告。

4. 实习车间的齿轮、轴、螺栓、手锯、榔头、游标卡尺是用什么材料制造出来的？

5. Q235、45、T10A、9SiCr、16Mn、20Cr、50Si2Mn、W18Cr4V、H68、QSn8 – 12、QT600 – 02 等材料牌号的意义是什么？

6. 什么是热处理？常用的热处理工艺有哪些？

7. 什么是完全退火？什么是正火？两者有哪些异同点和有什么不同用途？

8. 淬火的作用是什么？如何保证淬火的质量，淬火后为什么要紧接着进行回火？

9. 回火的作用是什么？回火分哪几种，各有何特点？

10. 什么是调质处理？

11. 表面处理的目的是什么？叙述火焰加热表面淬火的特点，渗碳处理的特点。

12. 试述电阻炉的基本工作原理，热处理电阻炉的选用应考虑的主要技术参数。

第4章 铸造成型

【教学目的与要求】

（1）掌握铸造工艺的分类、定义及基本术语。

（2）掌握砂型铸造、熔模铸造、压力铸造、实型铸造基本原理及操作过程。

（3）掌握铸造工艺设计方法及基本内容。

（4）掌握砂型铸造模样、芯盒、砂芯的制备原理及基本操作过程。

（5）弄清手工造型不同操作方法的区别及注意事项。

（6）掌握常见铸件缺陷造成原因分析及解决方法。

【重点与难点】

（1）砂型铸造的基本原理及操作过程，特别是模样、芯盒、砂芯等组成部件的制备要求、操作要领及其对铸件质量的影响。

（2）不同的手工造型方法，对铸造工艺设计要求、制造砂芯及铸件质量的影响。

【基础知识】

铸造是指熔炼金属，制造铸型，并将熔融金属浇入铸型，凝固后获得一定形状和性能铸件的成形方法。用铸造方法得到的金属件称为铸件。

铸造的方法很多，主要有砂型铸造、金属型铸造、压力铸造、离心铸造以及熔模铸造等，其中以砂型铸造应用最广泛。

铸造的优点是可以铸出各种大小规格或形状复杂的铸件，且成本低，材料来源广，所以铸造是机械制造中生产零件或毛坯的主要方法之一。在机器设备中，铸件所占的比重较大，如机床、内燃机等机械中，铸件的重量约占机器总重量的75%以上。但铸件也有力学性能较差、生产工序多、质量不稳定、工人劳动条件差等缺点。随着铸造合金、铸造工艺技术的发展，特别是精密铸造的发展和新型铸造合金的成功应用，使铸件的表面质量、力学性能都有显著提高，铸件的应用范围日益扩大。

4.1 砂型铸造

砂型铸造的典型工艺过程包括模样和芯盒的制作、型砂和芯砂配制、造型制芯、合型（合箱）、熔炼金属、浇注、落砂、清理及检验。图4-1是砂型铸造常规工艺流程，图4-2是套筒砂型铸造工艺过程示意图。

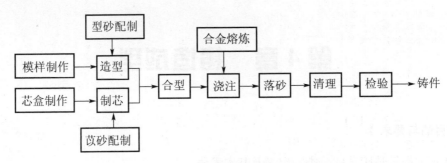

图 4 – 1　砂型铸造常规工艺流程

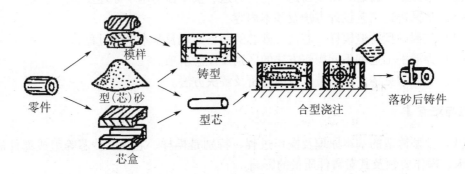

图 4 – 2　套筒砂型铸造工艺过程示意图

4.2　熔模铸造

用易熔材料（蜡或塑料等）制成精确的可熔性模型，并涂以若干层耐火涂料，经干燥、硬化成整体型壳，加热型壳熔失模型，经高温焙烧而成耐火型壳，在型壳中浇注铸件。铸件尺寸精度高，表面粗糙度低，适用于各种铸造合金、各种生产批量；生产工序繁多，生产周期长，铸件不能太大。熔模铸造工艺过程示意图如图 4 – 3 所示。

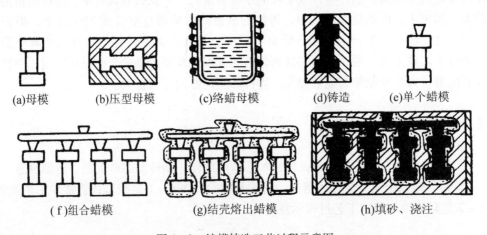

(a)母模　　(b)压型母模　　(c)络蜡母模　　(d)铸造　　(e)单个蜡模

(f)组合蜡模　　　　(g)结壳熔出蜡模　　　　(h)填砂、浇注

图 4 – 3　熔模铸造工艺过程示意图

4.3　压力铸造

压力铸造是在高压作用下，将金属液以较高的速度压入高精度的型腔内，力求在压力下快速凝固，以获得优质铸件的高效率铸造方法。它的基本特点是高压（5～150 MPa）和高速（5～100 m/s），可进行半自动化或自动化的连续生产；产品质量好，尺寸精度高于金属型铸造，强度比砂型铸造高20%～40%。但压铸设备投资大，制造压铸模费用高、周期长，只宜大批量生产。生产中多用于压铸铝、镁及锌合金。卧式冷室压铸机的压铸过程示意图如图4-4所示。

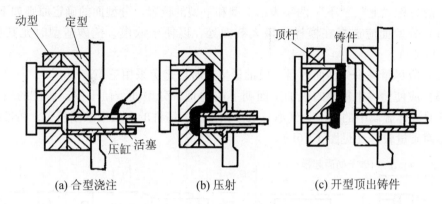

(a) 合型浇注　　　　(b) 压射　　　　(c) 开型顶出铸件

图4-4　卧式冷室压铸机的压铸过程示意图

4.4　实型铸造

实型铸造是使用泡沫聚苯乙烯塑料制造模样（包括浇注系统），在浇注时，迅速将模样燃烧气化消失掉，金属液充填了原来模样的位置，冷却凝固后而成铸件的铸造方法，其工艺过程示意图如图4-5所示。

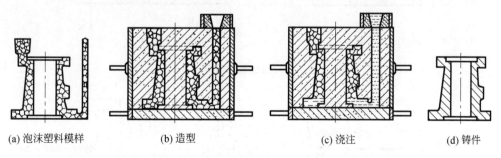

(a) 泡沫塑料模样　　　　(b) 造型　　　　(c) 浇注　　　　(d) 铸件

图4-5　实型铸造工艺过程示意图

【 工艺及操作 】

4.5 铸造工艺的设计

铸造工艺设计包括选择及确定铸型分型面、砂型结构及铸造工艺参数等内容。

4.5.1 分型面

分型面是指上、下砂型的接合面，其表示方法如图4-6所示。短线表示分型面的位置，箭头和"上"、"下"两字表示上型和下型的位置。分型面的确定原则如下：

（1）分型面应选择在模样的最大截面处，以便于取模，挖砂造型时尤其要注意（见图4-6a）。

（2）应尽量减少分型面数目，成批量生产时应避免采用三箱造型。

（3）应使铸件中重要的机加工面朝下或垂直于分型面，便于保证铸件的质量。因为浇注时液体金属中的渣子、气泡总是浮在上面，铸件的上表面缺陷较多，铸件的下表面和侧面质量较好（见图4-6b）。

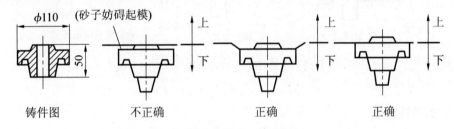

（a）分型面应选在最大截面处

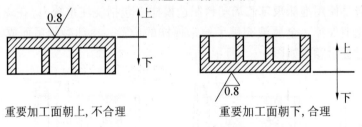

（b）分型面的选定

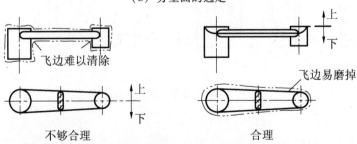

（c）分型面的位置应能减少错箱、飞边

图4-6 分型面的确定原则示意图

（4）应使铸件全部或大部分在同一砂型内，以减少错箱、飞边和毛刺，提高铸件的精度（见图4-6c）。

4.5.2 型芯

型芯一般由芯体和芯头两部分组成。芯体的形状应与所形成的铸件相应部分的形状一致。芯头是型芯的外伸部分，落入铸型的芯座内，起定位和支承型芯的作用。芯头的形状取决于型芯的型式，芯头必须有足够的高度（h）或长度（l）及合适的斜度（图4-7），才能使型芯方便、准确和牢固地固定在铸型中，以免型芯在浇注时飘浮、偏斜和移动。

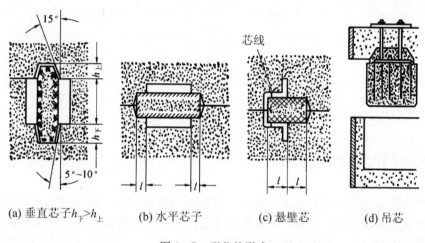

(a) 垂直芯子 $h_下 > h_上$ (b) 水平芯子   (c) 悬壁芯   (d) 吊芯

图4-7 型芯的形式

4.5.3 铸造工艺参数

影响铸件、模样的形状，与尺寸的某些工艺数据称为铸造工艺参数，主要有下列几项：

（1）加工余量。指铸件上预先增加在机械加工时切去的金属层厚度。加工余量值与铸件大小、合金种类及造型方法等有关。单件小批量生产的小铸铁件的加工余量为4.5～5.5 mm；小型有色金属铸件加工余量为3 mm；灰铸铁件的加工余量值可参阅JB2854-1980。

（2）最小铸出的孔和槽。对过小的孔、槽，由于铸造困难，一般不予铸出。不铸出孔、槽的最大尺寸与合金种类、生产条件有关。单件小批生产的小铸铁件上直径小于30 mm的孔一般不铸出。

（3）拔模斜度。指平行于起模方向的模样壁的斜度。其值与模样高度有关，模样矮时（≤100 mm）为3°左右，模样高时（101～160 mm）为0.5°～1°。

（4）铸件收缩率。铸件冷凝后体积要收缩，各部分尺寸均小于模样尺寸，为保证铸件尺寸要求，在模样（芯盒）上加一个收缩尺寸。它等于收缩率乘以铸件名义尺寸。

砂型铸造时部分合金收缩率的经验值见表 4-1。

表 4-1 砂型铸造时部分合金收缩率的经验值

合金种类		铸造收缩率	
		自由收缩	受阻收缩
灰铸铁	中小型铸件	1.0	0.9
	中大型铸件	0.9	0.8
	特大型铸件	0.8	0.7
球墨铸铁		1.0	0.8
碳钢和低合金钢		1.6~2.0	1.3~1.7
锡青铜		1.4	1.2
无锡青铜		2.0~2.2	1.6~1.8
硅黄铜		1.7~1.8	1.6~1.7
铝硅合金		1.0~1.2	0.8~1.0

4.6 模样和芯盒的制作

模样是铸造生产中必要的工艺装备。对具有内腔的铸件，铸造时内腔由砂芯形成，因此还要制备造砂芯用的芯盒。制造模样和芯盒常用的材料有木材、金属和塑料。在单件、小批量生产时广泛采用木质模样和芯盒，在大批量生产时多采用金属或塑料模样、芯盒。金属模样与芯盒的使用寿命长达 10~30 万次，塑料模样的最多几万次，而木质的仅在 1 000 次左右。

为了保证铸件质量，在设计和制造模样和芯盒时，必须先设计出铸造工艺图，然后根据工艺图的形状和大小，制造模样和芯盒。在设计工艺图时，要考虑下列一些问题：

① 分型面的选择。选择分型面时必须使模样能从砂型中取出，并使造型方便和有利于保证铸件质量。

② 拔模斜度。为了易于从砂型中取出模样，凡垂直于分型面的表面，都做出 0.5°~4° 的拔模斜度。

③ 加工余量。铸件需要加工的表面，均需留出适当的加工余量。

④ 收缩量。铸件冷却时要收缩，模样的尺寸应考虑收缩的影响。通常铸铁件要加大 1%；铸钢件加大 1.5%~2%；铝合金为 1%~1.5%。

⑤ 铸造圆角。铸件上各表面的转折处，都要做成过渡性圆角，以利于造型及保证铸件质量。

⑥ 芯头。有砂芯的砂型，必须在模样上做出相应的芯头。

4.7 型砂与芯砂的制备

砂型铸造用的造型材料主要是用于制造砂型的型砂和用于制造砂芯的芯砂。通常型砂是由原砂（山砂或河砂）、粘土和水按一定比例混合而成，其中粘土约为9%，水约为6%，其余为原砂。有时还加入少量如煤粉、植物油、木屑等附加物以提高型砂和芯砂的性能。

型砂的质量直接影响铸件的质量。型砂质量差会使铸件产生气孔、砂眼、粘砂、夹砂等缺陷。良好的型砂应具备下列性能：

① 透气性。砂能让气体透过的性能称为透气性。高温金属液浇入铸型后，型腔内充满大量气体，这些气体必须由铸型内顺利排出去，否则将会使铸件产生气孔、浇不足等缺陷。

② 强度。型砂抵抗外力破坏的能力称为强度。型砂必须具备足够高的强度才能在造型、搬运、合箱过程中不引起塌陷，浇注时也不会破坏铸型表面。型砂的强度也不宜过高，否则会因透气性、退让性的下降，使铸件产生缺陷。

③ 耐火性。指型砂抵抗高温热作用的能力。耐火性差，铸件易产生粘砂。型砂中SiO_2含量越多，型砂颗粒越大，耐火性越好。

④ 可塑性。指型砂在外力作用下变形，去除外力后能完整地保持已有形状的能力。可塑性好，造型操作方便，制成的砂型形状准确、轮廓清晰。

⑤ 退让性。指铸件在冷凝时，型砂可被压缩的能力。退让性不好，铸件易产生内应力或开裂。型砂越紧实，退让性越差。在型砂中加入木屑等物可以提高退让性。

在单件小批生产的铸造车间里，常用手捏法来粗略判断型砂的某些性能，如用手抓起一把型砂，紧捏时感到柔软容易变形；放开后砂团不松散、不粘手，并且手印清晰；把它折断时，断面平整均匀并没有碎裂现象，同时感到具有一定强度，就认为型砂具有合适的性能要求，如图4-8所示。

型砂湿度适当时 手放开后可看   折断时断面没有碎裂状
可用手捏成砂团   出清晰的手纹   同时有足够的强度

图4-8 手捏法检验型砂

4.8 造型制芯

1. 手工造型

铸型一般由上型、下型、型芯、型腔和浇注系统组成，如图4-9所示。铸型组元间的接合面称为分型面。铸型中造型材料所包围的空腔部分，即形成铸件本体的空腔称为型腔。液态金属通过浇注系统流入并充满型腔，产生的气体从出气口等处排出。

手工造型操作灵活，一般可分为整模两箱造型、分模造型、挖砂造型、活块模造型及三箱造型等。

（1）整模两箱造型

当零件的最大截面在端部，则选它作分型面，将模样做成整体的整模两箱造型过程如图4-10所示。

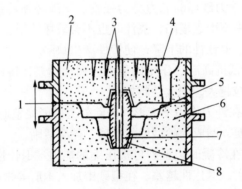

1—分型面；2—上型；3—出气孔；4—浇注系统；5—型腔；6—下型；7—型芯；8—芯头芯座

图4-9 铸型装配图

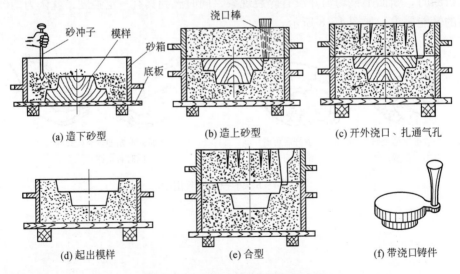

(a) 造下砂型　　　　(b) 造上砂型　　　　(c) 开外浇口、扎通气孔

(d) 起出模样　　　　(e) 合型　　　　(f) 带浇口铸件

图4-10 齿轮坯整模两箱造型过程

①造下砂型。如图4-10a所示，将模样安放在底板上的砂箱内，安放两个定位销座（图中未表示出），加型砂后用砂冲子捣紧，用刮砂板刮平。

②造上砂型。翻转下砂型，按要求放好上砂箱、横浇口、直浇口棒和定位销，撒分型砂后加型砂造上砂型，如图4-10b所示。

③扎通气孔。取出浇口棒，开外浇口并按要求扎通气孔，如图4-10c所示。

④开箱起模与合型。打开上砂型起出模样（图4-10d），修型后合型，如图4-10e所示。

⑤浇注后经落砂所得的铸件如图4-10f所示。

整模造型的型腔全在一个砂箱里，能避免错箱等缺陷，铸件形状、尺寸精度较高。模样制造和造型都较简单，多用于最大截面在端部的、形状简单的铸件生产。

（2）分模造型

当铸件不适宜用整模造型时，通常以最大截面为分型面，把模样分成两半，采用分模两箱造型，也可将模样分成几部分，采用多箱造型。

套筒的分模两箱造型过程，如图4-11所示。

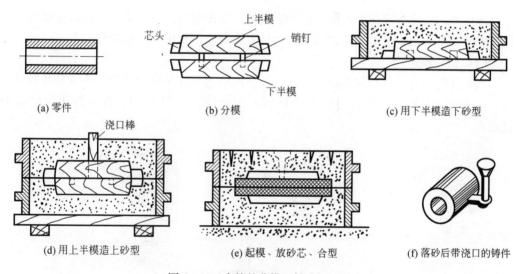

(a) 零件　　　(b) 分模　　　(c) 用下半模造下砂型

(d) 用上半模造上砂型　　　(e) 起模、放砂芯、合型　　　(f) 落砂后带浇口的铸件

图4-11　套筒的分模两箱造型过程

这种造型方法简单，应用较广。分模造型时，若砂箱定位不准，夹持不牢，易产生错箱，影响铸件精度；铸件沿分型面还会产生披缝，影响铸件表面质量，清理也费时。

（3）挖砂造型

当铸件的最大截面不在端部，且模样又不便分成两半时，常采用挖砂造型。图4-12所示为手轮的挖砂造型过程。

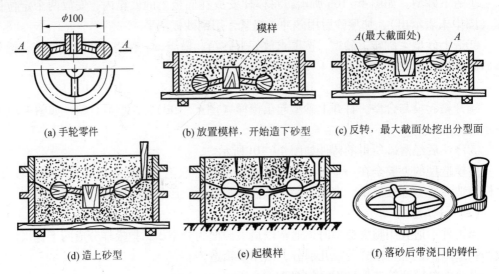

(a) 手轮零件　　(b) 放置模样，开始造下砂型　　(c) 反转，最大截面处挖出分型面

(d) 造上砂型　　　　(e) 起模样　　　　(f) 落砂后带浇口的铸件

图 4 – 12　手轮的挖砂造型过程

造型时，要将下砂型中阻碍起模的砂挖掉，以便起模。由于要准确挖出分型面，操作较麻烦，要求操作技术水平较高，故这种方法只适用于单件或小批量生产。

（4）活块模造型

当铸件侧面有局部凸起阻碍起模时，可将此凸起部分做成能与模样本体分开的活动块。起模时，先把模样主体起出，然后再取出活块，如图 4 – 13 所示为活块模造型过程。

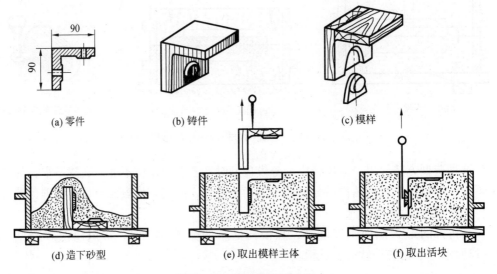

(a) 零件　　　　　(b) 铸件　　　　　(c) 模样

(d) 造下砂型　　　(e) 取出模样主体　　　(f) 取出活块

图 4 – 13　活块模造型过程

活块模造型时必须将活块下面的型砂捣紧，以免起模时该部分型砂塌落，同时要避免撞紧活块，造成起模困难。活块造型主要用于单件或小批量生产带有突出部分的

铸件。

（5）三箱造型

用三个砂箱制造铸型的过程称为三箱造型。前述各种造型方法都是使用两个砂箱，操作简便、应用广泛。但有些铸件如两端截面尺寸大于中间截面时，需要用三个砂箱，从两个方向分别起模，图4-14所示为槽轮铸件的三箱造型过程。

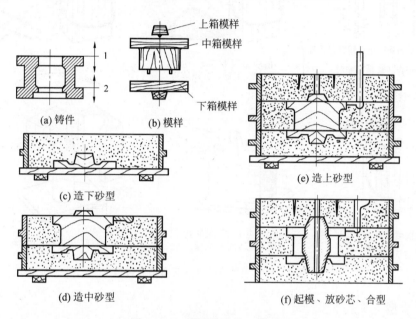

图4-14　槽轮铸件的三箱造型

三箱造型的特点是：模样必须是分开的，以便于从中砂型内起出模样；中砂型上、下两面都是分型面，且中箱高度应与中型的模样高度相近；造型过程操作较复杂，生产率较低，易产生错箱缺陷，只适于单件小批量生产。

2. 制造砂芯

砂芯的作用是形成铸件的内腔。浇注时砂芯受高温液体金属的冲击和包围，因此除要求砂芯具有铸件内腔相应的形状外，还应具有较好的透气性、耐火性、强度、退让性等性能，故要用杂质少的石英砂和用植物油、水玻璃等粘结剂来配制芯砂，并在砂芯内放入金属芯骨和扎出通气孔以提高强度和透气性。砂芯是用芯盒制造而成的，其工艺过程和造型过程相似，如图4-15所示。做好的砂芯，用前必须烘干。

4.9　合型

将已制作好的砂型和砂芯按照图样工艺要求装配成铸型的工艺过程叫合型。

（1）下芯

下芯的次序应根据操作上的方便和工艺上的要求进行。砂芯多用芯头固定在砂型里，下芯后要检验砂芯的位置是否准确、是否松动。要通过填塞芯头间隙使砂芯位置稳固。根据需要也可用芯撑来辅助支撑砂芯。

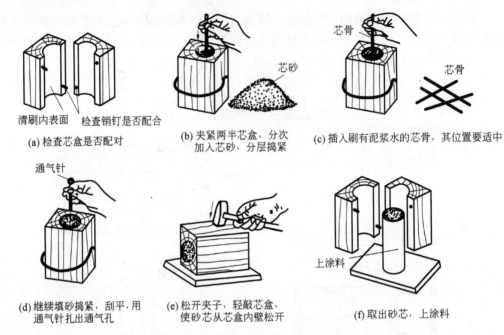

(a) 检查芯盒是否配对 清刷内表面 检查销钉是否配合

(b) 夹紧两半芯盒，分次 加入芯砂，分层捣紧 芯砂

(c) 插入刷有泥浆水的芯骨，其位置要适中 芯骨

(d) 继续填砂捣紧，刮平，用 通气针扎出通气孔 通气针

(e) 松开夹子，轻敲芯盒， 使砂芯从芯盒内壁松开

(f) 取出砂芯，上涂料 上涂料

图 4-15　用垂直分开式芯盒造芯过程

（2）合型

合型前要检查型腔内和砂芯表面的浮砂和脏物是否清除干净，各出气孔、浇注系统各部分是否畅通和干净，然后再合型。合型时上型要垂直抬起，找正位置后垂直下落按原有的定位方法准确合型。

（3）铸型的紧固

小型铸件的抬型力不大，可使用压铁压牢。中、大型铸件的抬型力较大，可用螺栓或箱卡固定。

4.10　合金的浇注

把液体合金浇入铸型的过程称为浇注。浇注是铸造生产中的一个重要环节。浇注工艺是否合理，不仅影响铸件质量，还涉及工人的安全。

1. 浇注工具

浇注常用工具有浇包、挡渣钩等。浇注前应根据铸件大小、批量选择合适的浇包，并对浇包和挡渣钩等工具进行烘干，以免降低金属液温度及引起液体金属的飞溅。

2. 浇注工艺

（1）浇注温度。浇注温度过高，铁液在铸型中收缩量增大，易产生缩孔、裂纹及粘砂等缺陷；温度过低则铁液流动性差，又容易出现浇不足、冷隔和气孔等缺陷。合适的浇注温度应根据合金种类、铸件的大小、形状及壁厚来确定。对形状复杂的薄壁灰铸铁件，浇注温度为1 400℃左右；对形状较简单的厚壁灰铸铁件，浇注温度为1 300℃左右即可；而铝合金的浇注温度一般在700℃左右。

（2）浇注速度。浇注速度太慢，铁液冷却快，易产生浇不足、冷隔以及夹渣等缺陷；浇注速度太快，则会使铸型中的气体来不及排出而产生气孔，同时易造成冲砂、抬箱和跑火等缺陷。铝合金液浇注时勿断流，以防铝液氧化。

（3）浇注的操作。浇注前应估算好每个铸型需要的金属液量，安排好浇注路线，浇注时应注意挡渣。浇注过程中应保持外浇口始终充满，这样可防止熔渣和气体进入铸型。

浇注结束后，应将浇包中剩余的金属液倾倒到指定地点。

4.11 铸件常见缺陷的分析

在实际生产中，常需对铸件缺陷进行分析，其目的是找出产生缺陷的原因，以便采取措施加以防止。对于铸件设计人员来说，了解铸件缺陷及产生原因，有助于正确地设计铸件结构，并了解铸造生产时的实际条件，恰如其分地拟定技术要求。

铸件的缺陷很多，常见的铸件缺陷名称、特征及产生的主要原因见表4-2。

分析铸件缺陷及其产生原因是很复杂的，有时可见到在同一个铸件上出现多种不同原因引起的缺陷，或同一原因在生产条件不同时，会引起多种缺陷。

具有缺陷的铸件是否定为废品，必须按铸件的用途和要求，以及缺陷产生的部位和严重程度来决定。一般情况下，铸件有轻微缺陷，可以直接使用；铸件有中等缺陷，可允许修补后使用；铸件有严重缺陷，则只能报废。

表4-2 常见的铸件缺陷名称、特征及产生的主要原因

缺陷名称	特 征	产生的主要原因
气孔	在铸件内部或表面有大小不等的光滑孔洞	型砂含水过多，透气性差；起模和修型时刷水过多；砂芯烘干不良或砂芯通气孔堵塞；浇注温度过低或浇注速度太快等
缩孔 补缩冒口	缩孔多分布在铸件厚断面处，形状不规则，孔内粗糙	铸件结构不合理，如壁厚相差过大，造成局部金属积聚；浇注系统和冒口的位置不对，或冒口过小；浇注温度太高，或金属化学成分不合格，收缩过大
砂眼	在铸件内部或表面有充塞砂粒的孔眼	型砂和芯砂的强度不够；砂型和砂芯的紧实度不够；合箱时铸型局部损坏；浇注系统不合理，冲坏了铸型

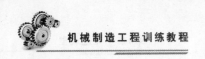
续表

缺陷名称	特 征	产生的主要原因
粘砂	铸件表面粗糙,粘有砂粒	型砂和芯砂的耐火性不够;浇注温度太高;未刷涂料或涂料太薄
错箱	铸件在分型面处有错移	模样的上半模和下半模未对好;合箱时,上下砂箱未对准
冷隔	铸件上有未完全融合的缝隙或洼坑,其交接处是圆滑的	浇注温度太低;浇注速度太慢或浇注过程曾有中断;浇注系统位置开设不当或浇道太小
浇不足	铸件不完整	浇注时金属量不够;浇注时液体金属从分型面流出;铸件太薄;浇注温度太低;浇注速度太慢
裂缝	铸件开裂,开裂处金属表面氧化	铸件结构不合理,壁厚相差太大;砂型和砂芯的退让性差;落砂过早

4.12 砂型铸造训练实例

零件名称:双头齿轮零件

浇注材料:石蜡

实操要领及基本步骤:

第一步:石蜡坯料熔化。熔化工具采用电磁炉和复合底不锈钢煲,加热温度100℃,熔化后冷却至60℃左右保温。

第二步:手工造型。芯模如图4-16所示,选择中心面为分型面,采用整模两箱造型。

(1)造下砂型,如图4-17所示。

(2)造上砂型,如图4-18所示。

图 4 - 16 双头齿轮铸造芯模

图 4 - 17 下砂型

图 4 - 18 上砂型

图 4 - 19 双头齿轮铸件图

（3）扎通气孔。

（4）开箱起模与合型。

第三步：浇注蜡水。浇注后至少空冷 2 小时以上。

第四步：落砂出件，如图 4 - 19 所示。

训练与思考

1. 试述砂型铸造、熔模铸造、压力铸造及实型铸造的工艺过程。

2. 结合自己使用型砂进行造型的体验，简述对型砂的主要要求。

3. 什么叫作分型面？选择分型面时必须注意什么问题？

4. 型芯的作用是什么？制作型芯时应注意哪些方面？

5. 造型的基本方法有哪几种？各种造型方法的特点及其应用范围如何？

6. 说明气孔、缩孔、砂眼等三种缺陷的特征及其产生的主要原因。

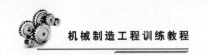

第5章 锻压成型

【教学目的与要求】

(1) 掌握锻造、冲压的分类、定义及基本术语。
(2) 掌握自由锻造的基本原理及操作过程。
(3) 掌握冲压工艺的基本原理及操作过程。
(4) 掌握冲模的基本装配工艺及拆装方法。

【重点与难点】

(1) 手工自由锻造过程中，坯料加热及锻件冷却方式，空气锤及手工自由锻的操作要点。
(2) 冲模拆装过程中，装配顺序、装配基准及量具工具的使用对正确装配冲模结构的影响。

【基础知识】

锻造和板料冲压总称为锻压。锻压是对金属坯料施加一外力，使之产生塑性变形，从而获得具有一定尺寸、形状和内部组织的毛坯或零件的一种成型方法。

锻造所用的材料通常采用可锻性较好的中碳钢和低合金钢；板料冲压件一般采用塑性良好的低碳钢、铜板和铝板等。铸铁等脆性材料不能进行锻压加工。

锻造生产出来的零件与其他加工方法制造的零件相比，显著的特点是强度高、耐冲击，因此，凡是在机器中负荷大、受冲击的零件一般都采用锻压方法生产。板料冲压在工业中占有极其重要的位置，特别在汽车、电器、仪表等工业中的应用极为广泛。

5.1 锻造成型

锻造的工艺方法主要有自由锻、模锻和胎模锻。生产时，按锻件质量的大小、生产批量的多少选择不同的锻造方法。自由锻适合单件、小批量生产。模锻能锻出形状复杂、尺寸精确的锻件，生产效率高，适合大批量生产。胎模锻生产效率高于自由锻而低于模锻，适合中小型锻件的小批量及中批量生产。

5.1.1 自由锻

锻造时，金属坯料受上下抵铁的压缩变形，而向四周自由地塑性流动，称为自由锻。自由锻主要分为手工自由锻和机器自由锻两种。

1. 自由锻的特点

（1）应用设备和工具有很大的通用性，且工具简单，只能锻造形状简单的锻件，操作强度大，生产率低；

（2）自由锻可以锻出质量从不到 1 kg 到 300 t 的锻件。对大型锻件，自由锻是唯一的加工方法，因此自由锻在重型机械制造中有特别重要的意义；

（3）自由锻依靠操作者控制其形状和尺寸，锻件精度低，表面质量差，金属消耗也较多。

因此自由锻主要用于品种多、产量不大的单件小批量生产，也可用于模锻前的制坯工序。

2. 空气锤

常用的机器自由锻设备有空气锤、蒸气–空气锤和水压机，其中空气锤使用灵活，操作方便，是生产小型锻件最常用的自由锻设备。

空气锤的结构如图 5–1 所示，由锤身、压缩缸、工作缸、传动机构、操纵机构、落下部分及砧座等组成。

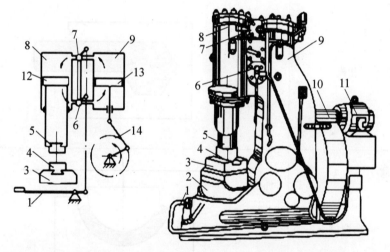

1—踏杆；2—砧座；3—砧垫；4—下抵铁；5—上抵铁；6—下旋阀；7—上旋阀；8—工作缸；
9—压缩缸；10—减速装置；11—电动机；12—工作活塞；13—压缩活塞；14—连杆

图 5–1　空气锤的结构

空气锤的公称规格是以落下部分的质量来表示，落下部分包括了工作活塞、锤杆、锤头和上抵铁。例如 65 kg 空气锤，是指其落下部分质量为 65 kg，而不是指它的打击力。

空气锤的工作原理是：电动机通过减速机构带动曲柄连杆机构转动，曲柄连杆机构把电动机的旋转运动转化为压缩活塞的上下往复运动，压缩活塞通过上下旋阀将压缩空气压入工作缸的下部或上部，推动落下部分的升降运动，实现锤头对锻件的打击。

5.1.2　胎模锻

胎模是一种不固定在锻压设备上的活动锻模。锻造时大多靠人力操持，劳动强度大于模锻。胎模较模锻模具精度低，成形能力差，生产效率低于模锻，但胎模锻的设备、模具费用少，锻件成本低，工艺灵活性大，在自由锻锤上即可进行锻造。

胎模的基本类型可分为摔模、扣模、弯曲模、筒模（套模）、垫模、合模和冲切模，如表 5 – 1 所示。

表 5 – 1　胎模的分类

序号	分类	简图
1	摔模	
2	扣模	
3	弯曲模	
4	筒模	

续表

序号	分类	简图
5	垫模	
6	合模	
7	冲切模	

5.2　板料冲压成型

板料冲压是利用装在冲床上的冲模，使板料产生分离或变形的加工方法。因多数情况下板料无须加热，故亦称冷冲压，又简称冷冲或冲压。

常用的板材为低碳钢、不锈钢、铝、铜及其合金等，它们塑性高，变形抗力低，适合于冷冲压加工。另外还有非金属（如石棉板、硬橡皮、胶木板、皮革等）的板材、带材或其他型材。用于加工的板料厚度一般小于 6 mm。

板料冲压易实现机械化和自动化，生产效率高；冲压件尺寸精确，互换性好；表面光洁，无需机械加工；广泛用于汽车、电器、日用品、仪表和航空等制造业中。

5.2.1 冲床主要设备

冲压所用的设备种类有多种，但主要设备是剪床和冲床。

1. 剪床

剪床的用途是将板料切成一定宽度的条料或块料，以供给冲压所用，剪床传动机构示意图如图 5－2 所示。剪床的主要技术参数是能剪板料的厚度和长度，如 Q11－2 × 1 000型剪床，表示能剪厚度为 2 mm、长度为 1 000 mm 的板材。剪切宽度大的板材用斜刃剪床，当剪切窄而厚的板材时，应选用平刃剪床。

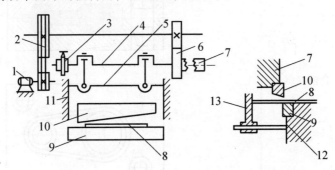

1—电动机；2—带轮；3—制动器；4—曲柄；5—滑块；6—齿轮；7—离合器；8—板料；9—下刀片；
10—上刀件；11—导轨；12—工作台；13—挡铁

图 5－2　剪床传动机构示意图

2. 冲床

冲床有很多种类型，常用的开式冲床如图 5－3 所示。电动机 4 通过 V 形带 10 带动大飞轮 9 转动，当踩下踏板 12 后，离合器 8 使大飞轮与曲轴相连而旋转，再经连杆 5 使滑块 11 沿导轨 2 做上下往复运动，进行冲压加工。当松开踏板时，离合器脱开，制动器 6 立即制止曲轴转动，使滑块停止在最高位置上。

5.2.2 冲压模具

1. 冲模结构

冲压模具简称冲模，种类繁多。其中，典型的冲裁模具如图 5－4 所示。冲模的上模通过模柄固定在冲床的滑块上，随滑块上下运动；下模用螺栓固定在工作台上。冲模主要零部件有：

（1）凸模与凹模。属工艺零件，直接使冲压件成型。它们一般是用过盈配合压装在固定板上，然后用螺钉和销钉固定在上下模座上。

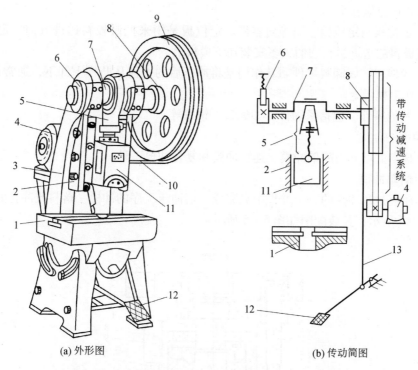

(a) 外形图　　　　　　　　　　　　(b) 传动简图

1—工作台；2—导轨；3—床身；4—电动机；5—连杆；6—制动器；7—曲轴；
8—离合器；9—飞轮；10—V形带；11—滑块；12—踏板；13—拉杆

图 5 – 3　常用的开式冲床

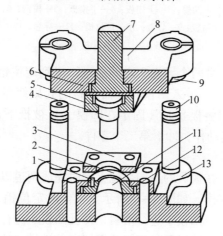

1—定位销；2—导板；3—卸料板；4—冲头；5—冲头压板；6—模垫；7—模柄；
8—上模板；9—导套；10—导柱；11—凹模；12—凹模压板；13—下模板

图 5 – 4　典型的冲裁模具

（2）模架。属支撑部件。模架的结构形式有许多种，包括上、下模座和导柱、导套。上模座用于安装模柄和凸模组件；下模座用于安装凹模和送料、卸料等零件。导套、导柱分别固定在上、下模座上，保证冲压时上下模能对准。

（3）模柄。属支撑零件，通过模柄使冲压模具固定在冲床滑块上。它一般是过盈

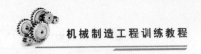
配合，压装在上模座上。

（4）定位板与定位销。属导向零件。定位板是用来控制板料送进方向，定位销是用来控制板料的送进量，它们大多安装在下模板上。

（5）卸料板。属卸料零件。其作用是将冲压后的工件从凸模上卸下，通常用螺钉、弹簧吊装在上模板上。

（6）其他零件。包括紧固件，如螺钉、销钉等。

2. 冲模的分类

冲模基本上可分为简单冲模、连续冲模和复合冲模三种。

（1）简单冲模

简单冲模是在冲床的一个冲程中只完成一道冲压工序的冲模。落料或冲孔的简单冲模如图 5-4 所示，其装配图如图 5-5 所示。

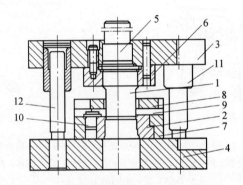

1—凸模；2—凹模；3—上模板；4—下模板；5—模柄；6，7—压板；
8—卸料板；9—导板；10—定位销；11—导套；12—导柱

图 5-5　简单冲模装配图

工作时条料在凹模上沿两个导板 9 之间送进，碰到定位销 10 停止。凸模向下冲压时，冲下的零件（或废料）进入凹模孔，而条料的孔则绕紧凸模一起回程向上运动；当向上运动的条料碰到卸料板 8 时（固定在凹模上）被推下，这样，条料得以在导板间继续被送进。重复上述动作，冲下第二个零件。

（2）连续冲模

冲床在一个冲程中，在模具的不同部位上同时完成两道以上冲压工序的冲模，称之为连续冲模，也称为级进模，如图 5-6 所示。工作时定位销 2 对准预先冲出的孔进行导正，上模向下运动，落料凸模 1 进行落料，冲孔凸模 4 进行冲孔。当上模回程时，卸料板 6 从凸模上推下残料。这时再将坯料 7 继续向前送进，执行第二次冲裁。

（3）复合冲模

冲床在一个冲程中，在模具的同一个部位上同时完成两道以上冲压工序的冲模，称之为复合冲模，如图 5-7 所示。复合冲模的最大特点是模具中有一个凸凹模 1。凸凹模的外缘是落料凸模的刃口，内孔则为拉深凹模。当凸凹模向下运动时，条料首先在凸凹模 1 的外缘与落料凹模 4 之间落料。落料件被下模中的拉深凸模 2 顶住，继续向下运动时，凸凹模 1 中的拉深凹模与下模中的拉深凸模 2 进行拉深。回程中，顶出器 5 和卸料器3将拉深件9推出模具。复合模具适用于大批量生产高精度的冲压件。

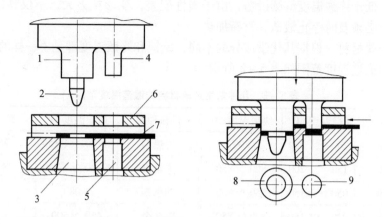

1—落料凸模；2—定位销；3—落料凹模；4—冲孔凸模；5—冲孔凹模；6—卸料板；
7—坯料；8—成品；9—废料

图 5-6　连续冲模

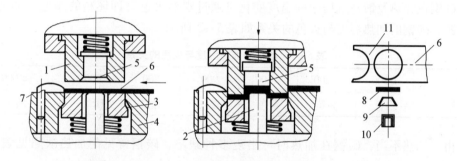

1—凸凹模；2—拉深凸模；3—压板（卸料器）；4—落料凹模；5—顶出器；
6—条料；7—挡料销；8—坯料；9—拉深件；10—零件；11—切余材料

图 5-7　落料及拉深复合冲模

【工艺及操作】

5.3　锻造的加热和冷却

　　加热的目的是提高金属坯料的塑性并降低变形抗力，以改善其锻造性能，一般来说，随着温度的升高，金属材料的强度降低而塑性提高，变形抗力下降，用较小的变形力就能使坯料稳定地改变形状而不出现破裂。但是，加热温度如果过高，会使锻件产生加热缺焰，甚至造成废品。因此，加热是锻造工艺过程中一个重要环节，它直接影响锻件的质量。为了保证金属在变形时具有良好的塑性，又不致产生加热缺陷，锻造必须在合理的温度范围内进行。

　　1. 始锻温度与终锻温度

　　坯料在锻造时，所允许的最高加热温度，称为该材料的始锻温度。加热温度高于始锻温度，会使锻件质量下降，甚至造成废品。各种材料停止锻造的温度，称为该材料的终锻温度。低于终锻温度继续锻造，由于塑性变差，变形抗力大，不仅难以继续变形，且易锻裂，必须及时停止锻造，重新加热。

每种金属材料，根据其化学成分的不同，始锻和终锻温度都是不一样的。几种常用金属材料的锻造温度范围如表5-2所示。

表5-2　几种常用金属材料的锻造温度范围

材料种类	始锻温度/℃	终锻温度/℃	材料种类	始锻温度/℃	终锻温度/℃
碳素结构钢	1 200～1 250	800	耐热钢	1 100～1 150	800～850
合金结构钢	1 150～1 200	800～850	弹簧钢	1 100～1 150	800～850
碳素工具钢	1 050～1 150	750～800	轴承钢	1 080	800
合金工具钢	1 050～1 150	800～850	铝合金	450～500	350～380
高速工具钢	1 100～1 150	900	铜合金	800～900	650～700

碳钢在加热及锻造过程中的温度变化可通过观察火色（即坯料的颜色）的变化大致判断。碳钢的加热温度与火色的关系如表5-3所示：

表5-3　碳钢的加热温度与火色的关系

温度（℃）	1 300	1 200	1 100	900	800	700	≤600
火色	白色	亮黄	黄色	樱红	赤红	暗红	黑色

由于加热不当，碳钢在加热时可出现多种缺陷，碳钢常见的加热缺陷见表5-4所示。

表5-4　碳钢常见的加热缺陷

名称	实　质	危　害	防止（减少）措施
氧化	坯料表面铁元素氧化	烧损材料；降低锻件精度和表面质量；减少模具寿命	在高温区减少加热时间；采用控制炉气成分的无氧化加热或电加热等
脱碳	坯料表面碳分氧化	降低锻件表面硬度，表层易产生龟裂	
过热	加热温度过高，停留时间长造成晶粒大	锻件力学性能降低，须再经过锻造或热处理才能改善	控制加热温度，减少高温加热时间
过烧	加热温度接近材料熔化温度，造成晶粒界面杂质氧化	坯料一锻即碎，只得报废	

续表

名称	实　质	危　害	防止（减少）措施
裂纹	坯料内外温差太大，组织变化不均匀造成材料内应力过大	坯料产生内部裂纹，报废	某些高碳或大型坯料，开始加热时应缓慢升温

2. 锻造加热炉

在工业生产中，锻造加热炉有很多种，如明火炉、反射炉、室式重油炉等，也可采用电能加热。

典型的电能加热设备是高效节能红外箱式炉，其结构如图 5 - 8 所示：它采用硅碳棒为发热元件，并在内壁涂有高温烧结的辐射涂料，加热时炉内形成高辐射均匀温度场，因此升温快，单位耗电低，达到节能目的。红外炉采用无级调压控制柜与其配套，具有快速启动、精密控温、送电功率和炉温可任意调节的特点。

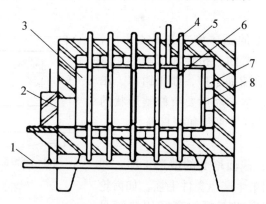

1—踏杆；2—炉门；3—炉膛；4—温度传感器；5—硅碳棒冷端；6—硅碳棒热端；7—耐火砖；8—反射层

图 5 - 8　红外箱式炉

3. 锻件的冷却

锻件冷却是保证锻件质量的重要环节，通常，锻件中的碳及合金元素含量越多，锻件体积越大，形状越复杂，冷却速度越缓慢，否则会造成表面过硬不易切削加工、变形甚至开裂等缺陷。常用的冷却方法有三种：

（1）空冷。锻后在无风的空气中，放在干燥的地面上冷却。常用于低、中碳钢和合金结构钢的小型锻件。

（2）坑冷。锻后在充填有石灰、砂子或炉灰的坑中冷却，常用于合金工具钢锻件，而碳素工具钢锻件应先空冷至 650～700 ℃，然后再坑冷。

（3）炉冷。锻后放入 500～700 ℃ 的加热炉中缓慢冷却，常用于高合金钢及大型锻件。

以上三种方法的特点和适用场合见表 5 - 5。

表 5 - 5　锻件常用的冷却方式、特点及适用场合

方　式	特　点	适用场合
空　冷	锻后置空气中散放，冷速快，晶粒细化	低碳、低合金中小件或锻后不直接切削加工件
坑冷（堆冷）	锻后置干沙坑内或箱内堆在一起，冷速稍慢	一般锻件，锻后可直接切削
炉　冷	锻后置原加热炉中，随炉冷却，冷速极慢	含碳或含合金成分较高的中、大件，锻后可切削

5.4　自由锻的基本工序及操作

1. 基本工序

实现锻件基本成形的工序称之为基本工序，如镦粗、拔长、冲孔、弯曲、扭转和切割等。基本工序前要有做准备的辅助工序，如压钳口、压钢锭棱边和切肩等。基本工序后要有修整形状的精整工序，如滚圆、摔圆、平整和校直等。

（1）镦粗

使坯料高度减小，截面增大的锻造工序，如图 5 - 9 所示，通常用来生产盘类件毛坯，如齿轮坯、法兰盘等。圆钢镦粗下料的高径比要满足

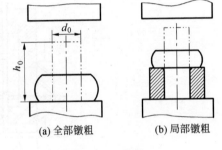

(a) 全部镦粗　　(b) 局部镦粗

图 5 - 9　镦粗

$h_0/d_0 = 2.5 \sim 3$，坯料太高，镦粗时会发生侧弯或双鼓变形，锻件易产生夹黑皮折叠而报废，如图 5 - 10 和图 5 - 11 所示。

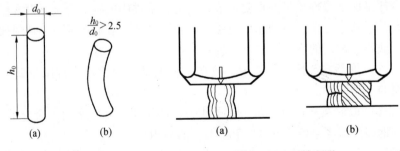

图 5 - 10　侧弯变形　　　　　　图 5 - 11　双鼓变形

镦粗的两端面要平整且与轴线垂直，否则可能产生镦歪现象。矫正镦歪的方法是将坯料斜立，轻打镦歪的斜角，然后放正，继续锻打（图 5 - 12）。如果锤头或抵铁的工作面因磨损而变得不平直时，则锻打时要不断将坯料旋转，以便获得均匀的变形而不致镦歪。锤击应力量足够，否则就可能产生细腰形，如图 5 - 13a 所示。若不及时纠正，

继续锻打下去，则可能产生夹层，使工件报废，如图 5 – 13b 所示。

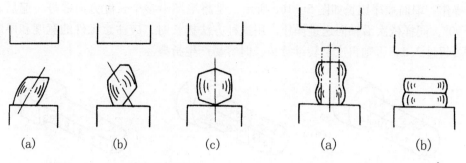

图 5 – 12　镦歪的产生和矫正　　　图 5 – 13　细腰形及夹层的产生

（2）拔长

拔长是使坯料长度增加，横截面减少的锻造工序，又称延伸或引伸，如图 5 – 14 所示。拔长用于锻制长而截面小的工件，如轴类、杆类和长筒形零件。

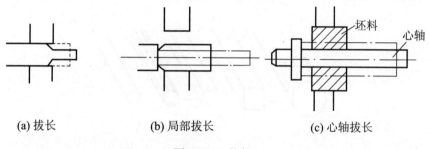

(a) 拔长　　　　　　(b) 局部拔长　　　　　　(c) 心轴拔长

图 5 – 14　拔长

拔长的一般规则、操作方法及注意事项：

①拔长时，每次的送进量 L 应为砧宽 B 的 $0.3 \sim 0.7$ 倍，若 L 太大，则金属横向流动多，纵向流动少，拔长效率反而下降。若 L 太小，又易产生夹层，如图 5 – 15 所示。一般 $L > \Delta h/2$。

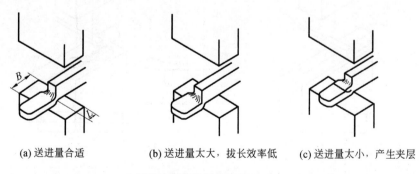

(a) 送进量合适　　　(b) 送进量太大，拔长效率低　　(c) 送进量太小，产生夹层

图 5 – 15　拔长的送进量

②拔长过程中要将毛坯料不断反复地翻转90°，并沿轴向送进操作，如图 5 – 16a 所

示。螺旋式翻转拔长如图 5-16b 所示，是将毛坯沿一个方向作 90° 翻转，并沿轴向送进的操作。单面顺序拔长如图 5-16c 所示，是将毛坯沿整个长度方向锻打一遍后，再翻转 90°，同样依次沿轴向送进操作。用这种方法拔长时，应注意工件的宽度和厚度之比不要超过 2.5，否则再次翻转继续拔长时容易产生折叠。

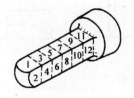 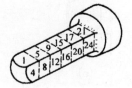 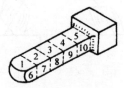

(a) 反复翻转拔长　　　(b) 螺旋式翻转拔长　　　(c) 单面顺序拔长

图 5-16　拔长时锻件的翻转方法

③圆形截面坯料拔长时，先锻成方形截面，在 $N-1$ 道次时锻成八角形截面，最后倒棱滚打成圆形截面，如图 5-17 所示。这样拔长效率高，且能避免引起中心裂纹。

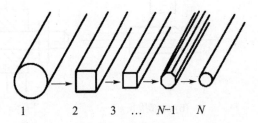

图 5-17　圆形坯料拔长时的过度截面形状

④锻制台阶轴或带台阶的方形、矩形截面的锻件时，在拔长前应先压肩。压肩后对一端进行局部拔长即可锻出台阶，如图 5-18 所示。

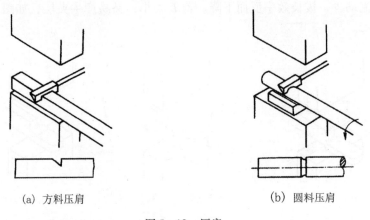

(a) 方料压肩　　　　　　　　　　(b) 圆料压肩

图 5-18　压肩

⑤锻件拔长后须进行修整，修整方形或矩形锻件时，应沿下抵铁的长度方向送进，如图 5-19a 所示，以增加工件与抵铁的接触长度。拔长过程中若产生翘曲应及时翻转

180°轻打校平。圆形截面的锻件用型锤或摔子修整，如图 5 – 19b 所示。

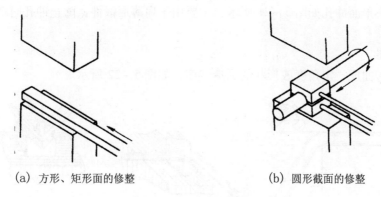

（a）方形、矩形面的修整　　　　（b）圆形截面的修整

图 5 – 19　拔长后的修整

（3）冲孔

用冲子在坯料上冲出通孔或不通孔的锻造工序。

一般规定：锤的落下部分重量在 0.15 ～ 5 t 之间，最小冲孔直径相应为 $\phi 30 \sim$ $\phi 100$ mm；孔径小于 100 mm，而孔深大于 300 mm 的孔可不冲出；孔径小于 150 mm 而孔深大于 500 mm 的孔也不冲出。

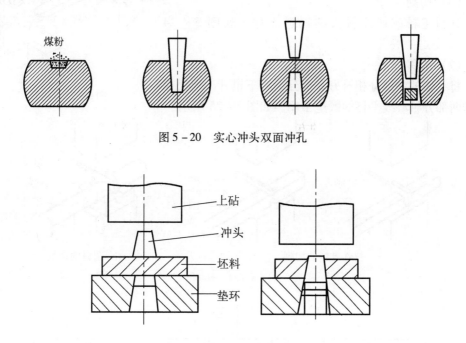

图 5 – 20　实心冲头双面冲孔

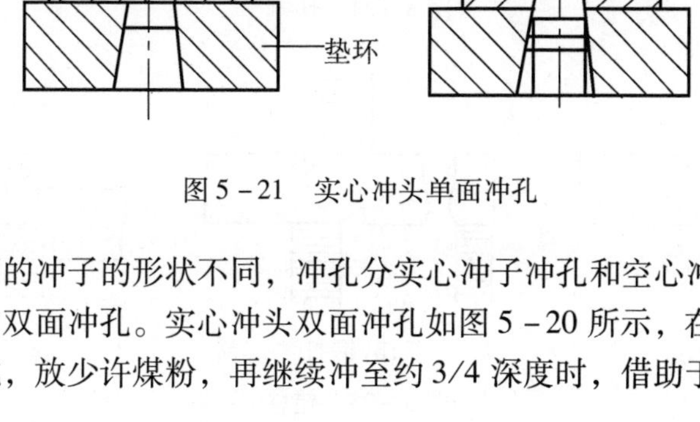

图 5 – 21　实心冲头单面冲孔

根据冲孔所用的冲子的形状不同，冲孔分实心冲子冲孔和空心冲子冲孔。实心冲子冲孔分单面冲孔和双面冲孔。实心冲头双面冲孔如图 5 – 20 所示，在镦粗平整的坯料表面上先预冲一凹坑，放少许煤粉，再继续冲至约 3/4 深度时，借助于煤粉燃烧的膨胀气

体取出冲子,翻转坯料,从反面将孔冲透。

实心冲头单面冲孔如图5-21所示,主要用于扁薄形锻件,防止冲孔时产生较大的变形。

（4）弯曲

使坯料弯曲成一定角度或形状的锻造工序,如图5-22所示。

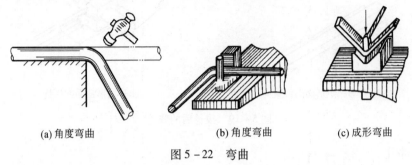

（a）角度弯曲　　　　　　（b）角度弯曲　　　　　（c）成形弯曲

图5-22　弯曲

（5）扭转

使坯料的一部分相对另一部分旋转一定角度的锻造工序,如图5-23所示。

（6）切割

分割坯料或切除料头的锻造工序,如图5-24所示。

（7）错移

将毛坯的一部分相对另一部分上、下错开,但仍保持这两部分轴心线平行的锻造工序,如图5-25所示。

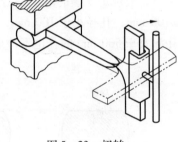

图5-23　扭转

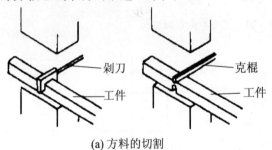

（a）方料的切割　　　　　　　　（b）圆料的切割

图5-24　切割

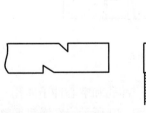
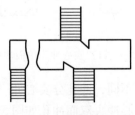

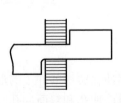

（a）压肩　　　　　　　（b）锻打　　　　　　　（c）修整

图5-25　错移

2. 自由锻的操作

（1）空气锤的操作

通过踏杆或手柄操纵配气机构（上、下旋阀），可实现空转、悬空、压紧、连续打击和单次打击等操作。

①空转。转动手柄，上下旋阀的位置使压缩缸的上下气道都与大气连通，压缩空气不进入工作缸，而是排入大气中，压缩活塞空转。

②悬空。上旋阀的位置使工作缸和压缩缸的上气道都与大气连通，当压缩活塞向上运行时，压缩空气排入大气中，而活塞向下运行时，压缩空气经由下旋阀，冲开一个防止压缩空气倒流的逆止阀，进入工作缸下部，使锤头始终悬空。悬空的目的是便于检查尺寸，更换工具，清洁整理等。

③压紧。上下旋阀的位置使压缩缸的上气道和工作缸的下气道都与大气连通，当压缩活塞向上运行时，压缩空气排入大气中，而当活塞向下运行时，压缩缸下部空气通过下旋阀并冲开逆止阀，转而进入上下旋阀连通道内，经由上旋阀进入工作缸上部，使锤头向下压紧锻件。与此同时，工作缸下部的空气经由下旋阀排入大气中。压紧工件可进行弯曲、扭转等操作。

④连续打击。上下旋阀的位置使压缩缸和工作缸都与大气隔绝，逆止阀不起作用。当压缩活塞上下往复运动时，将压缩空气不断压入工作缸的上下部位，推动锤头上下运动，进行连续打击。

⑤单次打击。由连续打击演化出单次打击。即在连续打击的气流下，手柄迅速返回悬空位置，打一次即停。单打不易掌握，初学者要谨慎对待，手柄稍不到位，单打就会变为连打，此时若翻转或移动锻件易出事故。

（2）手工自由锻的操作

①锻击姿势。手工自由锻时，操作者站离铁砧约半步，右脚在左脚后半步，上身稍向前倾，眼睛注视锻件的锻击点。左手握住钳杆的中部，右手握住手锤柄的端部，指示大锤的锤击。

锻击过程，必须将锻件平稳地放置在铁砧上，并且按锻击变形需要，不断将锻件翻转或移动。

②锻击方法。手工自由锻时，持锤锻击的方法可有：

• 手挥法。主要靠手腕的运动来挥锤锻击，锻击力较小，用于指挥大锤的打击点和打击轻重。

• 肘挥法。手腕与肘部同时作用、同时用力，锤击力度较大。

• 臂挥法。手腕、肘和臂部一起运动，作用力较大，可使锻件产生较大的变形量。但费力甚大。

③锻造过程严格注意做到"六不打"：

• 低于终锻温度不打；

• 锻件放置不平不打；

• 冲子不垂直不打；

• 剁刀、冲子、铁砧等工具上有油污不打；

- 镦粗时工件弯曲不打;
- 工具、料头易飞出的方向有人时不打。

5.5 冲压的基本工序

1. 剪切

利用剪床,把板料剪切成条料的过程称之为剪切。常用的剪床有平口刃剪床、斜口刃剪床和圆盘剪床。

2. 冲裁

冲孔和落料统称为冲裁,是使板料按封闭轮廓分离的工序。如图 5 - 26 所示,落料时,冲落部分为工件,而余料则为废料;冲孔时,在工件上冲出所需的孔,冲落部分为废料。

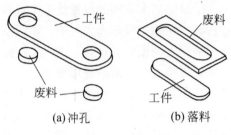

(a) 冲孔   (b) 落料

图 5 - 26   冲孔与落料

3. 弯曲

弯曲是将板料弯成一定角度和曲率的变形工序。如图 5 - 27 所示,弯曲时,板料的内侧受挤压,而外侧被拉伸。当拉应力超过板料的强度极限时,就会出现裂纹。所以弯曲件要选择塑性较高的板料,正确地选取弯曲半径,合理地利用板料的纤维方向。

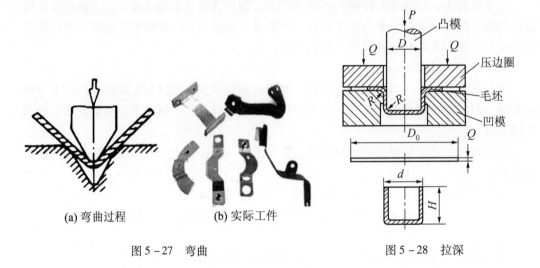

(a) 弯曲过程   (b) 实际工件

图 5 - 27   弯曲   图 5 - 28   拉深

4. 拉深

拉深也称拉延,属于变形工序,如图 5 - 28 所示。拉深用的坯料通常由落料工序获得。板料在拉深模作用下,成为杯形或盒形工件。

为了避免拉裂,拉深凹模和凸模的工件部分应加工成圆角。为了确保拉深时板料能顺利通过,凹面和凸面之间有比板料厚度稍大的间隙。拉深时,为了减少摩擦阻力,应在板料或模具上涂润滑剂。另外,为了防止板料起皱,通过压边圈和模具上的螺钉将板料压住。深度大的拉深件,需经多次拉深才能完成,为此,在拉深工序之间通常要进行退火，以消除拉深过程中金属产生的加工硬化，恢复其塑性。

5.6　冲模的装配与拆装

5.6.1　冲模装配的一般工艺

①确定装配顺序。装配顺序的选择关键是要保证凸、凹模的相对位置精度，使其间隙均匀。通常是先装基准件，再装关联件，然后调整凸模、凹模间隙，最后装其他辅件。

②确定装配基准。装配基准件是起到连接其他零部件的作用，并决定了这些零件之间正确的相互位置。冲模中常用凸、凹模及其组件或导向板、固定板作为基准件。

③装配模具固定部分的相关零件。如与下模座相连的凹模、凹模固定板、定位板等。

④装配模具活动部分的相关零件。如与上模座相连的凸模、凸模固定板、卸料板等。

⑤组合。将凸模部件和凹模部件组合起来，调整凸模与凹模之间的间隙，使间隙符合设计要求。

⑥紧固。间隙调整好后，把紧固件拧紧，然后再一次检查配合间隙。

⑦检查装配质量。检查凸、凹模的配合间隙，各部分的连接情况及模具的外观质量。

5.6.2　冲模的安装与调整

1. 冲模的安装

冲模是通过模柄安装在冲床上，装模时必须使模具的闭合高度介于冲床的最大闭合高度和最小闭合高度之间，通常应满足：

$$(H_{max} - H_1) - 5 \geqslant h \geqslant (H_{min} - H_1) + 10$$

式中　H_{max}——冲床最大闭合高度，即滑块位于下死点位置，连杆调至最短时，滑块端面至工作台面的距离；

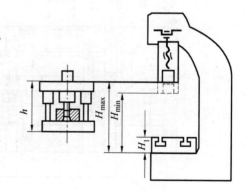

图 5－29　冲模安装尺寸

H_{min}——冲床最小闭合高度，即滑块位于下死点位置，连杆调至最长时，滑块端面至工作台面的距离；

H_1——冲床垫板的厚度；

h——模具的闭合高度，即合模状态下，上模座至下模座的距离，如图 5－29 所示。

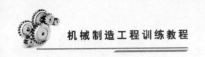

2. 冲模的调整

●凸、凹模刃口间隙的调整。凸、凹模要吻合，深度要适中，可通过调整冲床连杆长度来实现，以能冲出合格件为准。

●卸料系统的调整。卸料板的形状要与工件贴合，行程要足够大，卸料弹簧或橡皮的弹力应能顺利把料卸下。漏料槽和出料孔应畅通无阻。

5.6.3　冲模的拆装实验

通过拆装冲压模具，并对其结构进行分析，目的是了解实际生产中各种冲压模具的结构、组成及模具各部分的作用，了解冲压模具凸、凹模的一般固定方式，并掌握正确拆装冲压模具的方法。

1. 工具、量具及模具的准备

（1）单工序冲模、单工序拉深模和复合模若干套，每套模具最好配有相应的成形零件，以便对照零件分析模具的工作原理和结构。

（2）拆装用具（锤子、铜棒、扳手和螺丝刀等）、量具（直尺、游标卡尺和塞尺等）以及煤油、棉纱等清洗用的辅料。

2. 拆装内容及步骤

（1）打开上、下模，认真观察模具结构，测量有关调整件的相对位置（或做记号），拟定拆装方案，经指导人员认可后方可进行拆装工作。

（2）按所拟拆装方案拆卸模具。注意某些组件是过盈配合，最好不要拆卸。

（3）对照实物画出模具装配图（草图），标出各零件名称，如图5-30所示。

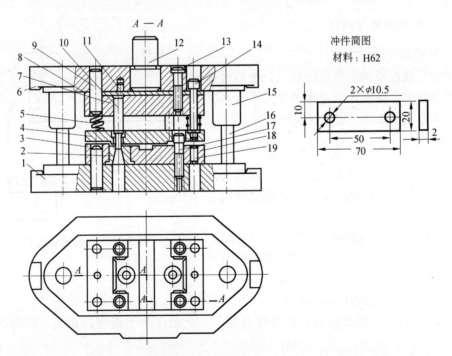

1—下模座；2—凹模；3—定位板；4—弹压卸料板；5—弹簧；6—上模座；7、18—固定板；
8—垫板；9、11、19—定位销；10—凸模；12—模柄；13、14、17—螺钉；15—导套；16—导柱

图5-30　冲孔模具

（4）观察模具与成形零件，分析模具中各零件的材料、热处理要求和在模具中的作用，如表5-6所示。

表5-6 冲孔模具中各零件的材料、热处理要求和作用

序号	零件名称	材料	热处理及硬度	零件作用
1	下模座	HT200		安装导柱、凹模、固定板等
2	凹模	Cr12MoV	淬火、回火58～62HRC	冲压的工作零件
3	定位板	45	淬火、回火30～40HRC	对冲压件定位
4	弹压卸料板	45	淬火、回火30～40HRC	卸料用
5	弹簧	65Mn		对卸料板产生卸料推力
6	上模座	HT200		安装导套、模柄、固定板等
7、18	固定板	45	淬火、回火30～40HRC	分别固定凸模和凹模
8	垫板	45	淬火、回火30～40HRC	支承作用
9、11、19	销钉	35	淬火、回火30～40HRC	对固定板、垫板定位
10	凸模	Cr12MoV	淬火、回火58～62HRC	冲压的工作零件
12	模柄	Q235		与冲床的滑块连接
13、14、17	螺钉	45		紧固固定板
15	导套	20	渗碳58～62HRC	导向作用
16	导柱	20	渗碳58～62HRC	导向作用

（5）画出所冲压的工件图，如图5-30中的"冲件简图"。

（6）观察完毕，将模具各零件擦拭干净、涂上机油，按正确装配顺序装配好。

（7）检查装配正确与否，在冲床上安装和调整冲模，并试冲出冲压件。

（8）整理清点拆装用工具。

3. 实验报告要求

（1）画出一副模具装配草图和凸、凹模零件图；注明模具各主要零件的名称、材质、热处理要求和用途。

（2）模具结构分析。分析工件图，分析模具结构特点，说明模具的冲压过程。

5.7 锻造成型训练实例

零件名称：正六角形螺母毛坯。

锻造坯料：$\phi25 \times 90$ mm 圆钢。

实操要领及基本步骤：

第一步：坯料加热。将圆棒放入加热炉内加热至1 000℃左右保温。

第二步：锻造厚18 mm圆饼。将加热后的圆棒取出，夹紧圆周面后垂直放在空气

锤砧座上进行自由锻造。锻造过程中，若出现打歪现象，需要进行垂直修正，遵循歪右摆左、歪左摆右、歪前摆后、歪后摆前的原则。在锻造弯曲工件的时候，将工件平放，遵循锻一下转动一下工件原则将其逐步锻成圆柱形。若工件温度下降较大影响锻造效果，则将工件重新放入加热炉内升温取出，按照上述步骤重复锻造，直至工件厚度接近18 mm。

第三步：粗锻正六角形螺母毛坯。夹紧厚度为 18 mm 的圆饼上下表面后放入空气锤砧座上（若温度不足则放入加热炉内升温），使圆周面与抵铁表面接触。控制空气锤力度，粗锻六角形第一对边后，平放工件，将工件上下表面锻平。接着转动工件 60°，粗锻第二对边，然后平放工件锻平表面。最后再转动工件 60°，粗锻第三对边，锻平。

图 5 – 31　正六角形螺母锻造毛坯

第四步：精锻正六角形螺母毛坯。按照第三步的动作步骤，控制后力度，修正锻打工件各边面，直至工件精度基本满足正六角形体形状及尺寸精度，完成的工件如图 5 – 31 所示。

训练与思考

1. 锻造毛坯与铸造毛坯相比，力学性能有何不同？锻造加工有哪些特点？试举出三个需锻造制坯零件的例子。

2. 锻造前坯料加热的目的是什么？怎样确定低碳钢、中碳钢的始锻温度和终锻温度？

3. 空气锤的吨位是怎样确定的？65 kg 空气锤的打击力是 65 kg 吗？

4. 自由锻的基本工序有哪些？齿轮坯、轴类件的锻造各需哪些工序？镦粗时对坯料的高径比有何限制？为什么？

5. 冲模有哪几类？它们如何区分？试给出垫圈的两种冲压方法及其使用的冲模。

6. 冲压的基本工序有哪些？剪切与冲裁、落料与冲孔有何异同？

7. 冲模通常包括哪几个部分？各有何作用？

8. 冲模的装配基准件和装配顺序应如何选择？试画出某一冲模的装配系统图。

9. 冲模的拆卸应注意哪些事项？

10. 如何安装调试冲模？如果冲床曲轴位于上限，连杆调至最短，此时安装冲模会有何危险？

第6章 焊接成型

【教学目的与要求】

(1) 掌握焊接工艺的分类、定义及基本术语。

(2) 掌握焊条电弧焊的基本原理及操作过程。

(3) 掌握电阻焊的基本原理及操作过程。

(4) 掌握气焊的基本原理及操作过程。弄清气焊与气割的区别。

(5) 弄清不同焊接过程的安全规范及相关标准。

【重点与难点】

(1) 熔化焊过程中，焊接接头的物理冶金现象，及其对焊接质量的影响。

(2) 固态焊过程中，焊接接头的物理冶金现象，及其对焊接质量的影响。

(3) 焊接质量的保证及焊接缺陷的检测方法。

【基础知识】

焊接是在工业上广泛使用的一种连接方式，以此方式形成的零件称焊接结构件，简称焊接件。焊接主要是利用电流或火焰产生的热量将被连接件局部加热至熔化，或以熔化的金属材料填充，或用加压等方法将被连接件熔接，使焊件达到原子结合的一种加工方法。焊接是一种不可拆连接，具有连接可靠、节省材料、工艺简单、结构重量轻、易于现场操作等优点。焊接在造船、机械、电子、化工、建筑等工业部门中都得到广泛的应用。焊接方法种类很多，按焊接工艺特征可分为熔化焊、压力焊和钎焊三大类。生产上常用的焊接方法有焊条电弧焊、气焊和电阻焊等。

6.1 焊条电弧焊

6.1.1 焊条电弧焊的焊接过程

电弧焊是利用电弧放电所产生的热量，将焊条和工件局部加热熔化，冷凝后而完成焊接的。焊接过程中电弧把电能转化为热能和机械能，加热零件，使焊丝或焊条熔化并过渡到焊缝熔池中去，熔池冷却后形成一个完整的焊接接头。电弧焊应用广泛，可以焊接板厚从 0.1mm 到数百毫米的金属结构件，在焊接领域中占有十分重要的地位。

焊条电弧焊的过程如图 6-1 所示。将工件和焊钳分别接到电焊机的两个电极上，并用焊钳夹持焊条。焊接时，先将焊条与工件瞬时接触，随即再把它提起，在焊条和工件之间产生电弧。电弧热将工件接头处和焊条熔化，形成一个熔池。随着焊条沿焊缝方向向前移动，新的熔池不断形成，先熔化了的金属迅速冷却、凝固，形成一条牢固的焊缝，从而使两块分离的金属连成一个整体。

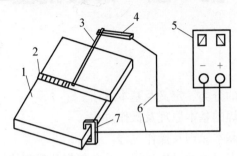

1—焊件；2—焊缝；3—焊条；4—焊钳；5—焊接电源；6—电缆；7—地线接头

图 6-1　焊条电弧焊过程

6.1.2　电焊条的结构与分类

1. 电焊条的结构

焊接电弧焊所用的焊接材料为焊条，焊条主要由焊芯和药皮两部分组成，如图6-2所示。

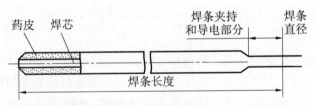

图 6-2　电焊条的结构

焊芯一般是一根具有一定长度及直径的金属丝。焊接时，焊芯有两个功能：一是传导焊接电流，产生电弧；二是焊芯本身熔化作为填充金属与熔化的母材熔合形成焊缝。我国生产的焊条，基本上以含碳、硫、磷较低的专用钢丝（如 H08A）作焊芯制成。焊条规格用焊芯直径代表，焊条长度根据焊条种类和规格，有多种尺寸，见表6-1。

表 6-1　焊条规格

焊条直径（d）/mm	焊条长度（L）/mm		
2.0	250	300	
2.5	250	300	
3.2	350	400	450
4.0	350	400	450

续表

焊条直径（d）/mm	焊条长度（L）/mm		
5.0	400	450	700
5.8	400	450	700

焊条药皮又称涂料，在焊接过程中起着极为重要的作用。首先，它可以起到积极保护作用，利用药皮熔化放出的气体和形成的熔渣，起机械隔离空气作用，防止有害气体侵入熔化金属；其次可以通过熔渣与熔化金属发生冶金反应，去除有害杂质，添加有益的合金元素，起到冶金处理作用，使焊缝获得满足要求的力学性能；最后，还可以改善焊接工艺性能，使电弧稳定、飞溅小、焊缝成形好、易脱渣和熔敷效率高等。

2. 电焊条的型号和牌号

（1）焊条电弧焊所用焊条的种类很多，按我国统一标准的焊条牌号，共分为十大类：如结构钢焊条、不锈钢焊条、铸铁焊条、铜及铜合金焊条、特殊用途焊条等，其中应用最广的是结构钢焊条。

（2）按焊条药皮熔化后的熔渣化学性质的不同，焊条可分为酸性焊条和碱性焊条两大类。药皮中含酸性氧化物较多的焊条，熔渣呈酸性，称为酸性焊条，可用于交、直流电源焊接一般的焊接结构；药皮中含碱性氧化物较多的焊条称为碱性焊条，一般宜用直流反接，常用于重要结构的焊接。

（3）焊条型号是国家标准中的焊条代号，如标准规定碳钢焊条型号是以字母"E"加四位数字组成，即 E XXXX。其中，字母"E"表示焊条；前两位数字是熔敷金属抗拉强度的最小值；第三位数字表示焊接位置（"0"及"1"表示焊条适用于全位置焊接，即平焊、立焊、横焊、仰焊，"2"为平焊及平角焊等）；第三、四位数字组合时表示焊条的药皮类型及适用的电源种类。如"03"为钛钙型药皮，交、直流电源均可；"20"为氧化铁药皮，交流或直流正接等。

例如：

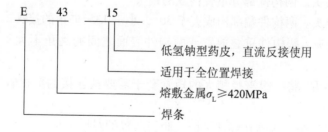

（4）焊条牌号是焊条行业统一的焊条代号，常用的酸性焊条牌号有 J422（相当于 E4303、J502）等，碱性焊条牌号有 J427、J507（相当于 E5015）等。牌号中的"J"表示结构钢焊条，牌号中3位数字的前两位"42"或"50"表示焊缝金属的抗拉强度等级，分别为 420MPa 和 500MPa；最后一位数字表示药皮类型和焊接电源种类，1～5为酸性焊条，使用交流或直流电源均可，6～7为碱性焊条，只能用直流电源。

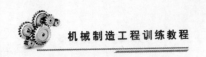

6.1.3 焊接接头与坡口

1. 焊接接头的类型

用焊接方法连接的接头称为焊接接头（简称为接头）。它由焊缝、熔合区、热影响区及其邻近的母材组成。在焊接结构中焊接接头起两方面的作用，第一是连接作用，即把两焊件连接成一个整体；第二是传力作用，即传递焊件所承受的载荷。

根据 GB／T337594《焊接名词术语》中的规定，焊接接头可分为 10 种类型，即对接接头、T 形接头、十字接头、搭接接头、角接接头、端接接头、套管接头、斜对接接头、卷边接头和锁底接头，见图 6 − 3。其中以对接接头和 T 形接头应用最为普遍。

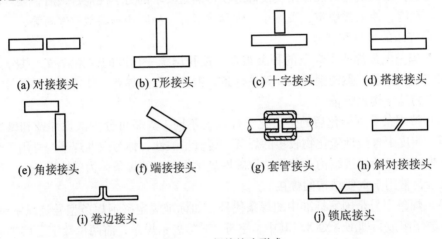

(a) 对接接头　　(b) T形接头　　(c) 十字接头　　(d) 搭接接头

(e) 角接接头　　(f) 端接接头　　(g) 套管接头　　(h) 斜对接接头

(i) 卷边接头　　　　　　　　　(j) 锁底接头

图 6 − 3　焊接接头形式

（a）对接接头。两构件表面构成大于或等于 135°，小于或等于 180°夹角的接头。

（b）T 形接头。一构件的端面与另一构件表面构成直角或近似直角的接头。

（c）十字接头。三个构件装配成"十字"形的接头。

（d）搭接接头。两构件部分重叠构成的接头。

（e）角接接头。两构件端部构成大于 30°，小于 135°夹角的接头。

（f）端接接头。两构件重叠放置或两构件表面之间的夹角不大于 30°构成的端部接头。

（g）套管接头。将一根直径稍大的短管套于需要被连接的两根管子的端部构成的接头。

（h）斜对接接头。接缝在焊件平面上倾斜布置的对接接头。

（i）卷边接头。待焊构件端部预先卷边，焊后卷边只部分熔化的接头。

（j）锁底接头。一个构件的端部放在另一构件预留底边上所构成的接头。

2. 常用坡口的形式

根据设计或工艺需要，将焊件的待焊部位加工成一定几何形状的沟槽称为坡口。开坡口的目的是为了得到在焊件厚度上全部焊透的焊缝。

坡口的形式由 GB/T985.1—2008《气焊、焊条电弧焊、气体保护焊和高能束焊的推荐坡口》等标准制定。常用的坡口形式有：Ⅰ形坡口、Y形坡口、带钝边U形坡口、双Y形坡口、带钝边单边V形坡口等，如图6-4所示。

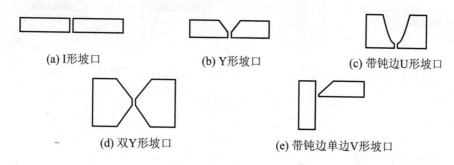

(a) Ⅰ形坡口　　　　　(b) Y形坡口　　　　　(c) 带钝边U形坡口

(d) 双Y形坡口　　　　　(e) 带钝边单边V形坡口

图6-4 焊接坡口形式

根据焊件的不同，可采用不同的坡口形式。常用的Y形、带钝边U形、双Y形三种坡口形式各有其适用条件：

（1）Y形坡口

①坡口面加工简单。

②可单面焊接，焊件不用翻身。

③焊接坡口空间面积大，填充材料多，焊件厚度较大时，生产率低。

④焊接变形大。

（2）带钝边U形坡口

①可单面焊接，焊件不用翻身。

②焊接坡口空间面积大，填充材料少，焊件厚度较大时，生产率比Y形坡口高。

③焊接变形较大。

④坡口面根部半径处加工困难，因而限制了此种坡口的大量推广应用。

（3）双Y形坡口

①双面焊接，因此焊接过程中焊件需翻身，但焊接变形小。

②坡口面加工虽比Y形坡口略复杂，但比带钝边U形坡口的简单。

③坡口面积介于Y形坡口和带钝边U形坡口之间，因此生产率高于Y形坡口，填充材料也比Y形坡口少。

6.1.4 焊接位置

在实际生产中，焊缝可以在空间的不同位置施焊。对接接头的各种焊接位置如图6-5所示，其中以平焊位置最为合适。平焊时操作方便，劳动条件好，生产率高，焊缝质量容易保证；立焊、横焊位置次之；仰焊位置最差。

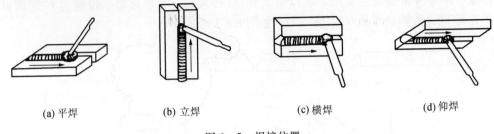

| (a) 平焊 | (b) 立焊 | (c) 横焊 | (d) 仰焊 |

图 6 – 5　焊接位置

6.2　气焊与气割

6.2.1　基本原理

气焊和气割所使用的气体火焰是由可燃性气体和助燃气体混合燃烧而形成，根据其用途，气体火焰的性质有所不同。

1. 气焊及其应用

气焊是利用气体火焰加热并熔化母体材料和焊丝的焊接方法，与电弧焊相比，其优点如下：

（1）气焊不需要电源，设备简单；

（2）气体火焰温度比较低，熔池容易控制，易实现单面焊双面成形，并可以焊接很薄的零件；

（3）在焊接铸铁、铝及铝合金、铜及铜合金时焊缝质量好。

气焊也存在热量分散，接头变形大，不易自动化，生产效率低，焊缝组织粗大，性能较差等缺陷。

气焊常用于薄板的低碳钢、低合金钢、不锈钢的对接、端接，在熔点较低的铜、铝及其合金的焊接中仍有应用，焊接需要预热和缓冷的工具钢、铸铁也比较适合。

2. 气割

气割是利用气体火焰将金属加热到燃点，由高压氧气流使金属燃烧成熔渣且被排开以实现零件切割的方法。气割工艺是一个金属加热—燃烧—吹除的循环过程。

气割的金属必须满足下列条件：

（1）金属的燃点低于熔点；

（2）金属燃烧放出较多的热量，且本身导热性较差；

（3）金属氧化物的熔点低于金属的熔点。

完全满足这些条件的金属有纯铁、低碳钢、低合金钢、中碳钢，而其他常用金属如：高碳钢、铸铁、不锈钢、铜、铝及其合金一般不能进行气割。

3. 气体火焰

气焊和气割用于加热及燃烧金属的气体火焰是由可燃性气体和助燃气体混合燃烧而形成。助燃气体使用氧气，可燃性气体种类很多，最常用的是乙炔和液化石油气。

乙炔的分子式为 C_2H_2，在常温和 1 个标准大气压（1atm = 101.325kPa）下为无色气体，能溶解于水、丙酮等液体，属于易燃易爆危险气体，其火焰温度为 3 200℃，工业用乙炔主要由水分解电石得到。液化石油气主要成分是丙烷（C_3H_8）和丁烷（C_4H_{10}），价格比乙炔低且安全，但用于切割需要较大的耗氧量。

气焊主要采用氧–乙炔火焰，在两者的混合比不同时，可得到图 6–6 所示 3 种不同性质的火焰。

氧气与乙炔的体积之比在 1.0～1.2 之间时形成中性焰，如图 6–6a 所示。中性焰由白亮的焰心以及内焰和外焰组成。焰心端部之外 2～4 mm 处的温度最高，可达 3 150℃。焊接时，应使熔池和焊丝处于内焰的高温度点加热。由于内焰是由 H_2 和 CO 组成，能保护熔池金属不受空气的氧化和氮化，因此一般都应用中性焰进行焊接。

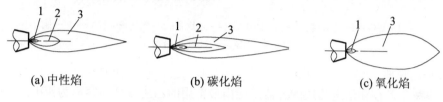

(a) 中性焰　　　　　　(b) 碳化焰　　　　　　(c) 氧化焰

图 6–6　氧–乙炔火焰形状

（2）碳化焰

氧气与乙炔的体积之比略低于 1.0 时形成碳化焰，如图 6–6b 所示。碳化焰长而无力，焰心轮廓不清，温度较中性焰稍低，通常可达 2 700～3 000℃。

碳化焰常用于高碳钢、铸铁及硬质合金的焊接；但不能用于低、中碳钢的焊接。原因是火焰中乙炔燃烧不完全，会使焊缝增碳而变脆。

（3）氧化焰

氧气与乙炔的体积之比高于 1.2 时形成氧化焰，如图 6–6c 所示。氧化焰短小有劲，焰心呈锥形，温度较中性焰稍高，可达 3 100～3 300℃。氧化焰对熔池金属有较强的氧化作用，一般不宜采用。实际应用中，只在焊接黄铜、镀锌铁板时才采用轻微氧化焰。

6.2.2　气焊工艺

气焊工艺包括气焊设备使用、气焊工艺规范制定、气焊操作技术、气焊焊接材料选择等方面的内容。

1. 气焊设备

气焊设备包括氧气瓶、氧气减压器、乙炔发生器（或乙炔瓶和乙炔减压器）、回火防止器、焊炬等组成，如图 6–7 所示。

（1）氧气瓶

氧气瓶是运送和贮存高压氧气的容器，其容积为 40L，工作压力为 15MPa。

按照规定，氧气瓶外表漆成天蓝色，并用黑漆标明"氧气"字样。保管和使用时应防止沾油污染；放置时必须平稳可靠，不应与其他气瓶混在一起；不许暴晒、火烤及敲打，以防爆炸。使用氧气时，不得将瓶内氧气全部用完，最少应留 100～200 kPa，以便在再装氧气时吹除灰尘和避免混进其他气体。

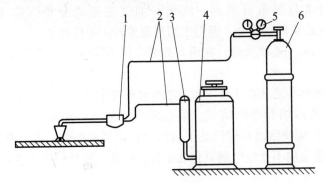

1—焊炬；2—橡胶管；3—回火防止器；4—乙炔瓶；5—氧气减压器；6—氧气瓶

图 6-7　氧-乙炔气焊设备

（2）乙炔瓶

乙炔瓶是贮存和运送乙炔的容器。国内最常用的乙炔瓶公称容积为 40L，工作压力为 1.5MPa。其外形与氧气瓶相似，外表漆成白色，并用红漆写上"乙炔"、"不可近火"等字样。在瓶内装有浸满丙酮的多孔性填料，可使乙炔稳定而又安全地贮存在瓶内。使用乙炔瓶时，除应遵守氧气瓶的使用要求外，还应该注意：瓶体的温度不能超过 30～40℃；搬运、装卸、存放和使用时都应竖立放稳，严禁在地面上卧放并直接使用，一旦要使用已卧放的乙炔瓶，必须先直立后静止 20 min，再连接乙炔减压器后使用，不能遭受剧烈的震动。

（3）减压器

减压器是将高压气体降为低压气体的调节装置。

对于不同性质的气体，必须选用符合各自要求的专用减压器。通常，气焊时所需的工作压力一般都比较低，如氧气压力一般为 0.2～0.4 MPa，乙炔压力最高不超过 0.15 MPa。因此，必须将气瓶内输出的气体压力降低后才能使用。减压器的作用是降低气体压力，并使输送给焊炬的气体压力稳定不变，以保证火焰能够稳定燃烧。减压器在专用气瓶上应安装牢固。各种气体专用的减压器，禁止换用或替用。

（4）回火防止器

在气焊或气割过程中，当气体压力不足、焊嘴堵塞、焊嘴太热或焊嘴离焊件太近时，会发生火焰沿着焊嘴回烧到输气管的现象，被称为回火。回火防止器是防止火焰向输气管路或气源回烧而引起爆炸的一种保险装置。

（5）焊炬

其功用是将氧气和乙炔按一定比例混合，以确定的速度由焊嘴喷出，进行燃烧以形成具有一定能量和性质稳定的焊接火焰。按乙炔进入混合室的方式不同，焊炬可分成射吸式和等压式两种。最常用的是射吸式焊炬，其构造如图 6-8 所示。工作时，氧气从喷嘴以很高速度射入射吸管，将低压乙炔吸入射吸管，使两者在混合管充分混合后，由焊嘴喷出，点燃即成焊接火焰。

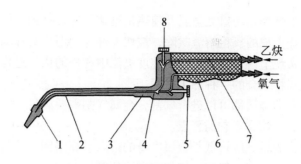

1—焊嘴；2—混合管；3—乙炔阀门；4—氧气阀门
5—氧气调节阀；6—氧气导管；7—乙炔导管；8—乙炔调节阀
图6－8 射吸式焊炬的结构

2. 气焊工艺

（1）气焊材料选择

气焊材料主要有焊丝和焊剂。焊丝有碳钢焊丝、低合金钢焊丝、不锈钢焊丝、铸铁焊丝、铜及铜合金焊丝、铝及铝合金焊丝等种类，焊接时根据零件材料对应选择，达到焊缝金属的性能与母材匹配的效果。在焊接不锈钢、铸铁、铜及铜合金、铝及铝合金时，为防止因氧化物而产生的夹杂物和熔合困难，应加入焊剂。一般将焊剂直接撒在焊件坡口上或蘸在气焊丝上。在高温下，焊剂与金属熔池内的金属氧化物或非金属夹杂物相互作用生成熔渣，覆盖在熔池表面，以隔绝空气，防止熔池金属继续氧化。

（2）焊接速度

焊速过快易造成焊缝熔合不良、未焊透等缺陷；焊速过慢则产生过热、焊穿等问题。焊接速度应根据零件厚度，在适当选择能率的前提下，通过观察和判断熔池的熔化程度来掌握。

（3）焊丝直径

焊丝直径主要根据零件厚度来确定，见表6－2。

表6－2 焊丝直径的选择

零件厚度（mm）	焊丝直径 d（mm）	零件厚度（mm）	焊丝直径 d（mm）
1～2	1～2 或不加焊丝	5～10	3.2～4
2～3	2～3	10～15	4～5
3～5	3～3.2		

6.2.3 气割

1. 气割过程

气割的原理是用燃气与氧混合燃烧产生的热量（即预热火焰的热量）预热金属表面，使预热处金属达到燃烧温度，并使其呈活化状态，然后送进高纯度、高速度的切割氧流，使金属（主要是铁）在氧中剧烈燃烧，生成氧化熔渣同时放出大量热量，借助这些燃烧热和熔渣不断加热切口处金属并使热量迅速传递，直到工件底部，同时借助高速氧流的动量把燃烧生成的氧化熔渣吹除，被切工件与割炬相对移动形成割缝，达到切割金属的目的。从宏观上讲，气割是在高纯度氧流中燃烧的化学过程和借切割氧流动量排除熔渣的物理过程相结合的一种加工过程。

但是，不是所有的金属都可以进行气割，金属气割需要满足一定的条件：

（1）金属的熔点应该高于它的燃点。

（2）金属氧化物的熔点应该低于金属本身的熔点。高铬钢、镍铬钢等金属其本身熔点低于氧化物熔点，不能用一般的火焰切割方法切割。

（3）金属的导热性不应过高，否则，预热火焰的热量和在切割过程中产生的热量将在金属切割处剧烈地散失，使切割过程中断。

（4）生成的氧化物应富有流动性，否则切割时形成的氧化物不能很好地被氧射流吹掉，妨碍切割过程。

6.3 电阻焊

6.3.1 电阻焊的特点

电阻焊是将零件组合后通过电极施加压力，利用电流通过零件的接触面及临近区域产生的电阻热将其加热到熔化或塑性状态，使之形成金属结合的方法。根据接头形式电阻焊可分成点焊、缝焊、凸焊和对焊四种。

与其他焊接方法相比，电阻焊具有一些优点：①不需要填充金属，冶金过程简单，焊接应力及应变小，接头质量高；②操作简单，易实现机械化和自动化，生产效率高。

其缺点是接头质量难以用无损检测方法检验，焊接设备较复杂，一次性投资较高。

电阻点焊低碳钢、普通低合金钢、不锈钢、钛及合金材料时可以获得优良的焊接接头。电阻焊目前广泛应用于汽车拖拉机、航空航天、电子技术、家用电器、轻工业等行业。

1. 点焊

点焊是焊件在接头处接触面上的个别点上被焊接起来。点焊要求金属具有较好的塑性。

焊接时，先把焊件表面清理干净，再把要焊的板料搭接装配好，压在两柱状铜电极之间，施加压力（F）压紧，如图 6-9 所示。当通过足够大的电流时，在板的接触处产生大量的电阻热，将重心最热区域的金属很快加热到高塑性或熔化状态，形成一个透镜形的液态熔池。继续保持压力 F，断开电流，金属冷却后，形成了一个焊点。

2. 缝焊

缝焊工作原理与点焊相同，但用滚轮电极代

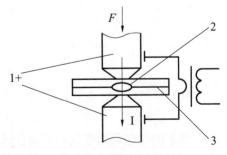

1—电极；2—液态熔池；3—焊件

图 6-9 点焊图

替了点焊的圆柱状电极，滚轮电极施压于零件并旋转，使零件相对运动，在连续或断续通电下，形成一个个熔核相互重叠的密封焊缝，如图 6-10a 所示。焊缝焊一般应用在有密封性要求的接头制造上，适用材料板厚为 0.1 mm～2 mm，如汽车油箱、暖气片、罐头盒的生产。

3. 凸焊

凸焊是在一焊件接触面上预先加工出一个或多个突起点，在电极加压下与另一零件接触，通电加热后突起点被压塌，形成焊接点的电阻焊方法，如图 6-10b 所示。突起点可以是凸点、凸环或环形锐边等形式。凸焊焊接循环与点焊一样。凸焊主要应用于低碳钢、低合金钢冲压件的焊接，另外螺母与板焊接、线材交叉焊也多采用凸焊的方法。

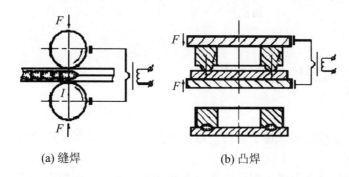

(a) 缝焊　　　　　　　　　　(b) 凸焊

图 6-10　缝焊与凸焊

4. 对焊

对焊方法主要用于断面小于 $250mm^2$ 的丝材、棒材、板条和厚壁管材的连接。工作原理如图 6-11 所示，将两零件端部相对放置加压使其端面紧密接触，通电后利用电阻热加热零件接触面至塑性状态，然后迅速施加大的顶锻力完成焊接。

对焊可分为电阻对焊和闪光对焊两种主要方法。

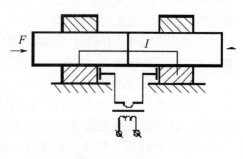

图 6-11　对焊

（1）电阻对焊

把两块要连接的焊件对接到电路中去，并施加轴向初压力，使工件互相压紧。在整个回路中，因两个工件的接触处具有最大的电阻，因此，当通过一定的电流时，接触处就产生大量的电阻热，很快就把接触处的金属加热到稍低于它的熔化温度。这时，再施加一个顶锻力，焊件就被焊接在一起。

电阻对焊操作时要严格控制加热温度和顶锻速度。当焊件接触面附近被加热至黄白色（1 300℃）时，即刻断电，同时施加顶锻压力。若加热温度不足，顶锻不及时或顶锻力太小，焊接接头就不牢固；若加热温度太高，就会产生"过烧"现象，也会影响接头强度；若顶锻力太大，则可能产生开裂的现象。电阻对焊操作简单，焊接接头表面光滑，但内部质量不高。焊前必须将焊件的端面仔细地平整和清理，去除油污。否则就会造成加热不均匀或接头中残留杂质等缺陷，使焊接的质量更差。

（2）闪光对焊

闪光对焊和电阻对焊装置相同，只是在开始焊接时，两工件对焊面仅轻微接触，并不施加轴向初压力。当电流通过接触点时，接触点附近的金属被迅速加热而熔化。熔化的金属以火花的形式从接口中射出。工件继续靠近，接触点不断产生，形成连续的火花喷射。同时，工件整个接头也在被强烈加热。待工件接头端全部熔化，而且距离端面一定深度加热到足够高的温度时，马上施加挤压力 P，把工件焊接在一起。

闪光对焊焊接时火花喷射将熔化的金属、表面的氧化物及其他脏物等一起喷出，所以焊后内部质量较好。焊前对焊接端面要求不高，但焊接接头表面粗糙。

【工艺及操作】

6.4　焊条电弧焊的基本操作

1. 接头清理

焊前，接头处应除尽铁锈、油污，以便于引弧、稳弧和保证焊缝质量。

2. 引弧方法

焊接电弧的建立称引弧，焊条电弧焊有两种引弧方式：划擦法和直击法。

划擦法操作是在焊机电源开启后，将焊条末端对准焊缝，并保持两者的距离在15mm 以内，依靠手腕的转动，使焊条在零件表面轻划一下，并立即提起 2～4 mm，电弧引燃，然后开始正常焊接。

自击法是在焊机开启后，先将焊条末端对准焊缝，然后稍点一下手腕，使焊条轻轻撞击零件，随即提起 2～4 mm，就能使电弧引燃，开始焊接。

3. 焊条的运动操作

焊条电弧焊是依靠人工操作焊条运动实现焊接的，此种操作也称运条。运条包括控制焊条角度、焊条送进、焊条摆动和焊条前移，如图 6 – 12 所示。运条技术的具体运用根据零件材质、接头型式、焊接位置、焊件厚度等因素决定。

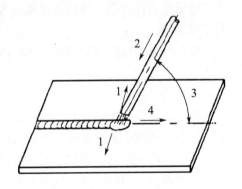

1—摆动；2—送进；3—焊条与零件夹角；
4—前移

图 6 – 12　焊条运动和角度控制

常见的焊条电弧焊运条方法如图 6 – 13 所示，直线形运条方法适用于板厚 3～5 mm 的不开坡口对接平焊；锯齿形运条法多用于厚板的焊接；月牙形运条法对熔池加热时间长，容易使熔池中的气体和熔渣浮出，有利于得到高质量焊缝；正三角形运条法适合于不开坡口的对接接头和 T 字接头的立焊；正圆圈形运条法适合于焊接较厚零件的平焊缝。

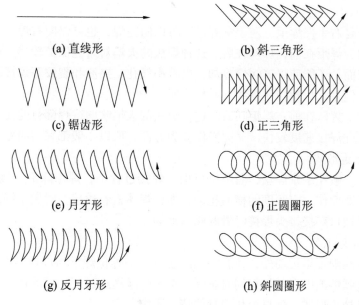

(a) 直线形 (b) 斜三角形

(c) 锯齿形 (d) 正三角形

(e) 月牙形 (f) 正圆圈形

(g) 反月牙形 (h) 斜圆圈形

图6-13 常见焊条电弧焊运条方法

4. 焊缝的起头、接头和收尾

焊缝的起头是指焊缝起焊时的操作，由于此时零件温度低、电弧稳定性差，焊缝容易出现气孔、未焊透等缺陷，为避免此现象，应该在引弧后将电弧稍微拉长，对零件起焊部位进行适当预热，并且多次往复运条，达到所需要的熔深和熔宽后再调到正常的弧长进行焊接。

在完成一条长焊缝焊接时，往往要消耗多根焊条，这里就有前后焊条更换时焊缝接头的问题。为不影响焊缝成形，保证接头处焊接质量，更换焊条的动作越快越好，并在接头弧坑前约15mm处起弧，然后移到原来弧坑位置进行焊接。

焊缝的收尾是指焊缝结束时的操作。焊条电弧焊一般熄弧时都会留下弧坑，过深的弧坑会导致焊缝收尾处缩孔、产生弧坑应力裂纹。对焊缝收尾操作时，应保持正常的熔池温度，做无直线运动的横摆点焊动作，逐渐填满熔池后再将电弧拉向一侧熄灭。此外，还有三种焊缝收尾的操作方法，即划圈收尾法、反复断弧收尾法和回焊收尾法，也在实践中常用。

6.5 气焊基本操作

1. 气焊火焰的点火与熄灭

在火焰点燃时，先微开氧气调节阀，再打开乙炔调节阀，用明火点燃气体火焰，这时的火焰为碳化焰，然后按焊接要求调节好火焰的性质和能率即可进行正常焊接作业。熄灭火焰时，首先关闭乙炔调节阀，然后再关闭氧气调节阀即将气体火焰熄灭。若顺序颠倒，会冒黑烟或产生回火。

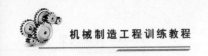

2. 焊接方向

气焊操作是右手握焊炬，左手拿焊丝；可以向左焊，也可以向右焊。

向右焊时，焊炬在前，焊丝在后。这种焊法的火焰对熔池保护较严，并有利于把熔渣吹向焊缝表面，还能使焊缝缓慢冷却，以减小气孔、夹渣和裂纹等焊接缺陷，因此焊接质量较好。但是，焊丝挡住视线，操作不便。

向左焊时，焊丝在前，焊炬在后。这种焊法的火焰吹向待焊部分的接头表面，能起预热作用，因此焊接速度较快。又因操作较为方便，所以一般都采用向左焊。

3. 焊炬运走形式

气焊操作一般左手拿焊丝，右手持焊炬。焊接过程中，焊炬除沿焊接方向前进外，还应根据焊缝宽度作一定幅度的横向运动，如在焊薄板卷边接头时做小锯齿形或小斜圆形运动、不开坡口对接接头焊接时做圆圈运动等。

4. 焊丝运走形式

焊丝运走除随焊炬运动外，还有焊丝的送进。平焊位焊丝与焊炬的夹角可在 90° 左右，焊丝要送到熔池中，与母材同时熔化。至于焊丝送进速度、摆动形式或点动送进方式须根据焊接接头形式、母材熔化等具体情况决定。

6.6　气割基本操作

气割的操作步骤如下：

点火前，急速开启割炬氧气阀门，用氧吹风，以检查喷嘴的出口，无风时不得使用。

射吸式割炬，点火时应先微微开启割炬上的乙炔阀，然后用点火器点燃，当发现冒黑烟时，立即打开氧气手轮调节火焰。

气割时，右手握住割炬手把，并以右手的大拇指和食指握住预热氧调节阀，便于调整预热火焰能率；左手的大拇指和食指握住切割氧调节阀，便于切割氧的调节，其余三指平稳地托住射吸管，掌握方向使割炬与割件保持垂直。

预热：气割开始时，先用预热火焰将起割处的金属预热到燃烧温度（燃点），但有时为了起割方便也可将起割处表面加热到熔化的温度。

燃烧：慢慢开启切割氧调节阀，向被加热到燃点的金属喷射切割氧，使金属在纯氧中剧烈燃烧。

氧化和吹渣：金属氧化燃烧后，生成熔渣，看到被氧流吹动时，便加大切割氧气流，使熔渣被切割氧吹掉；所生成的热量和预热火焰的热量，将下层金属加热到燃点，随着割炬的移动就将金属逐渐割穿。

气割完成后，熄灭火焰时，应先关闭割炬的切割氧阀门，再关乙炔和预热氧气阀门。

此外，气割必须从工件的边缘开始。如果要在工件的中部挖割内腔，则应在开始气割处先挖一个大于 $\phi 5$ 的孔，以便气割时排出氧化物，并使氧气流能吹到工件的整个厚度上。在批量生产时，气割工作可以在气割机上进行。割炬能沿着一定的导轨自动做直线、圆弧和各种曲线运动，准确地切割出所要求的工件形状。

训练与思考

1. 焊接电弧焊的两种引弧方法分别是：＿＿＿＿＿法和＿＿＿＿＿法。

2. 焊条由哪两部分组成？各部分的作用是什么？

3. 常见的焊接接头型式有哪些？对接接头常见的坡口型式有哪几种？坡口的作用是什么？

4. 氧－乙炔火焰有哪几种类型？说说他们的特征和应用。

5. 气割金属满足的条件是什么？

6. 电阻焊的基本类型有哪几种？各自的特点和应用范围如何？

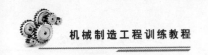
第7章 塑料成型技术

【教学目的与要求】

（1）了解塑料成型技术的主要工艺，塑料成型技术和模具的相互关系。

（2）通过本章理论学习和操作实习，学生能够熟练掌握塑料注塑机的原理和参数设置、操作使用、常见故障的判断和排除，以及塑料模具的安装和使用。

【本章的重点和难点】

本章讲述常见塑料成型技术，其中的重点是注塑成型技术、模具设计原理。

【基础知识】

7.1 常用塑料简介

塑料是以树脂为主体的高分子材料，也称为聚合物或高聚物，是世界三大工程材料中的一种很重要材料，在国民经济中有极为广泛的应用。塑料的应用与机械行业有密切的联系，所以成为一些高校工程训练的内容。

7.1.1 塑料的分类

塑料因聚合物不同而品种繁多，每一品种又可以分为不同的牌号。常见分类方法有如下几种：

（1）根据塑料的来源，可分为天然树脂和合成树脂。

（2）根据塑料的用途，可分为通用塑料和工程塑料。

（3）按塑料成型方式，可分为模压塑料、层压塑料、注塑塑料、挤塑塑料和吹塑塑料、浇注塑料、反应注塑塑料等。

（4）根据塑料受热特性，可分为热塑固性塑料和热固性塑料。

7.1.2 常见塑料的特性和用途

1. 聚氯乙烯（PVC）

聚氯乙烯是世界产量最大的通用塑料品种之一，聚氯乙烯无毒、无臭，应用广泛，可加工成板材、管材、棒材、容器、薄膜和日用品等。由于电气绝缘性能优良，聚氯乙烯在电子、电工工业中，可制造插座开关、电缆等。

2. ABS 树脂

ABS 树脂是由苯烯腈、丁二烯、苯乙烯共聚而成，是最重要的工程塑料之一，在工业、日用品上都有极为广泛的应用，主要用来制造叶轮、轴承、把手、冰箱外壳等产品，还可以制造纺织器材、电气零件、文教体育用品、玩具等。

3. 环氧树脂（EP）

环氧树脂（EP）是具有环氧基的高分子化合物，在固化过程中不产生气泡、无副产物，因而收缩率小，热膨胀系数小，因为这些特性，环氧树脂在模具制造上有良好的应用。环氧树脂粘接性能很强，是人们熟知的"万能胶"，可以粘接多种金属和非金属制品。因为具有防水、防潮、防霉、耐热、耐冲击、绝缘性能好等特点，所以在电工行业也有广泛的应用，大量使用在变压器上。缺点是耐气候性差，耐冲击性能低，质地脆。

4. 聚乙烯（PE）

聚乙烯是目前产量最大、应用最广泛的通用塑料，具有性能优良、原材料来源丰富，价格便宜，加工成型容易等特点。聚乙烯为白色蜡状非透明材料，无毒、无臭、无味，可以用来制造塑料瓶、塑料袋、软管等食品包装产品。聚乙烯的电气性能好，可以用来制造电气绝缘零件，还可以制造承载力不高的零件，如齿轮、轴承零件等。但是，聚乙烯的成型收缩率大，方向性明显，制品易翘曲变形，与有机溶剂或蒸汽接触时会产生龟裂。

7.2 注塑成型工艺

塑料成型方法主要有注塑成型工艺、吹塑成型工艺、真空吸塑成型工艺和挤出成型工艺。其中注塑成型工艺是热塑性塑料最重要的成型方法，绝大部分的热塑性塑料都可以采用注塑成型工艺进行成型。该工艺的主要优点是成型周期短、加工适应性强，效率高、易实现自动化生产，可以制成各种形状的塑料制件，能一次成型外形复杂、尺寸精密、带有嵌件的塑料制件。

7.2.1 注塑成型机的结构

注塑成型机是完成注塑成型工艺的关键设备，主要分为柱塞式和螺杆式注塑机。注塑成型机主要由注射系统、合模系统、液压传动系统和控制系统组成，如图7-1所示。

（1）注射系统。注射系统主要由螺杆7、加热器8、料筒9和喷嘴10等部件组成。主要功能是：均匀加热并塑化塑料颗粒；按一定的压力和速度把定量的熔化塑料注射并充满注塑模具的型腔；完成注射过程后，对型腔里的熔化塑料进行保压并对型腔补充一部分熔化塑料以填充因冷却而收缩的熔料，使塑料制件的内部密实和表面平整，保证塑料制品的质量。

（2）合模系统。合模系统主要由合模机构15和合模液压缸16组成，主要功能是：实现模具的可靠开、闭动作，在注射、保压过程中保持足够的合模锁紧力，防止塑料制品溢出；完成塑料制品的顶出。

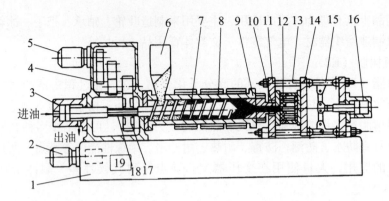

1—机身；2—电动机及液压泵；3—注射液压缸；4—齿轮箱；5—齿轮传动电动机；6—料斗；7—螺杆；8—加热器；9—料筒；10—喷嘴；11—固定模板；12—模具；13—拉杆；14—动模固定板；15—合模机构；16—合模液压缸；17—螺杆传动齿轮；18—螺杆花键；19—油箱

图 7-1　注塑成型机结构

合模机构主要有液压式、液压肘杆式、电动机式三种。图 7-2 是液压肘杆式合模机构示意图，基本动作过程是移模液压缸 2 推动移动模板完成合模动作。

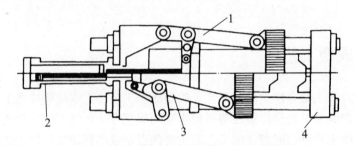

1—闭模；2—移模液压缸；3—开模；4—固定模板

图 7-2　液压肘杆式合模机构示意图

（3）顶出机构。顶出机构的作用是在保压结束后取出注塑模具中的塑料制品。根据动力来源，顶出机构分为机械顶出、液压顶出和气动顶出三种结构。

（4）液压系统。液压系统是注塑机的主要动力来源，主要机构的运动、工作都是由液压系统完成的。

（5）控制系统。控制系统是注射机神经中枢系统，它与液压系统相配合，正确无误地实现注射机的工艺过程要求（压力、温度、时间）和各种程序动作，主要由各种电器元件、仪表动作程序回路、加热、测量、控制回路等组成。注射机的整个操作由电器系统控制。

7.2.2　注塑成型机的成型过程

注塑成型过程是一个循环过程，图 7-3 为注塑成型的工作循环。基本步骤是：将塑料原料加入到注塑机的料斗 6（图 7-1），随着螺杆 7 的转动，塑料随螺杆向前输送并被压实。在加热装置和螺杆剪切作用下，原料被加热呈粘流态，在注塑机注射装置持续而快速的压力作用下进入模具的型腔并冷却、固化、成型，形成所需要的塑料制品。

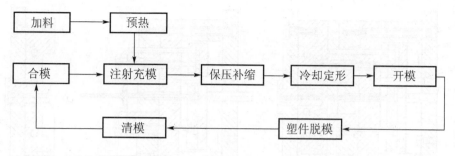

图7-3 注塑成型的工作循环

注塑成型的一般程序如下：

（1）合模与锁紧过程

合模是注塑成型工作过程的起始点，合模由注塑机的合模系统完成。合模过程中，动模固定板14（见图7-1）按慢—快—慢规律移动，作用是一方面以较低速度合模，减少冲击，避免模具内嵌件的松动脱落甚至损坏模具。低速锁模可以保证模具有足够的合模力，防止在注射、保压阶段产生溢边，影响制品的质量。

（2）注射装置前移过程

当合模系统闭合，锁紧模具后，注塑机移动，液压缸启动，使注射装置前移，保证注塑机的喷嘴10与模具的主浇道紧密配合，为下一阶段的注射做好准备。

（3）注射与保压过程

在这一过程中，首先是注射装置的注射液压缸工作，推动注塑机的螺杆7前移，使料筒9前部的高温熔化塑料以高压、高速状态进入模腔内。熔化的塑料注入模腔后，由于热传导的作用，塑料产生体积收缩，为了保证塑料制品的致密性、尺寸精度和力学性能，注塑系统再一次对模具注射补料，直到浇注系统的塑料冷却凝固为止。完成上述过程后，注射系统继续进行冷却、预塑化，然后进行注塑装置后退、开模、顶出制品等动作，完成一次成型过程。接着进行第二次注塑成型过程，如此周而复始地工作。

7.3 塑料模具的组成

塑料成型的基本加工过程是将熔化状态的塑料充满塑料模具的型腔里，形成与模具型腔形状、尺寸一样的塑料制品。

根据塑料成型工艺分为不同的塑料模具，用于塑料注射成型的模具叫注射成型模具，简称为注塑模，它是各种塑料模具中结构较为复杂的一种模具。注塑模主要用于热塑性塑料的成型，近年来逐渐用于热固性塑料成型。

注塑模的基本结构包括定模和动模两大部分。定模部分安装在注射机的固定模板上，动模部分安装在注塑机的可移动的动模固定板上。在注塑过程中，动模部分所在的合模系统在液压驱动下，在导柱的导向作用下与定模紧密配合，塑料熔体经注塑机的喷嘴从模具的浇注系统高速进入型腔，成型冷却后开模，即定模和动模分开，塑料制件留在动模上，顶出机构将塑件推出掉下。图7-4为典型的注塑模结构示意图。

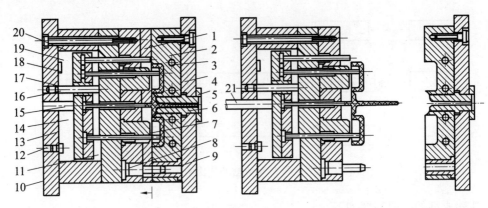

1—动模；2—定模；3—冷却水道；4—定模座板；5—定位环；6—浇口套；7—凸模；8—导柱；9—导套；10—动模座板；11—支撑板；12—限位销；13—推板；14—推杆固定板；15—拉料杆；16—推板导柱；17—推板导套；18—推杆；19—复位杆；20—垫块；21—注塑机顶杆

图 7 - 4　典型的注塑模具结构示意图

典型注塑模具一般由以下几个部分组成：

（1）成型部件。如图 7 - 4 所示，成型部件由定模 2、动模 1 组成。定模、动模合模后构成封闭的型腔，用于填充塑料熔体，形成塑料制件的形状和尺寸。

（2）浇注系统。浇注系统是熔融塑料从注塑机的喷嘴进入模具所流经的通道，一般由主浇道、分浇道、浇口等组成。图 7 - 4 的浇口套 6 中的孔为主浇道，其形状为圆锥形，目的是便于熔融塑料顺利流入及开模时主浇道的凝料顺利拔出。主浇道圆锥大端的上下通道为分浇道。分浇道是主浇道和浇口之间的通道，一般多型腔模具或大型塑料模具上有多个分浇道。

（3）导向系统。导向系统包括定模和动模之间的导向机构、推出机构的导向机构两种。前者保证动模和定模在合模时准确对模，保证塑件的形状和尺寸精度，如图 7 - 4 的导柱 8 和导套 9；后者是避免推出过程中推出板歪斜而设置的，如图 7 - 4 所示的推板导柱 16 和推板导套 17。

（4）冷却装置。为了提高塑料模具的成型效率，防止制品脱模后变形，注塑模具一般都有冷却装置，如图 7 - 4 所示的冷却水道 3。

（5）脱模机构。脱模机构是在开模时使塑料制件从模具中脱出的装置。一般脱模机构与注塑机的顶出机构配合，如图 7 - 4 中的推板 13、推杆固定板 14、拉料杆 15、推杆 18 和复位杆 19。

（6）抽芯机构。当塑件在垂直于分模方向的面有孔或者凸台时，需要在该方向设置凸模或者型芯来形成这些特征。如图 7 - 5 箱形制品的外侧有凹凸部分，这种情况下必须在模具外侧设置可移动的凹凸型芯，凹凸型芯的侧向移动就是由抽芯机构来实现的。

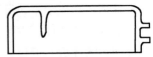

图 7 - 5　箱形制品

7.4 其他成型工艺简介

除了上述注塑成型工艺外，塑料成型还有吸塑成型、吹塑成型和挤出成型等工艺。分别介绍如下。

7.4.1 吹塑成型工艺

吹塑成型是将处于熔融状态的塑料胚型件置于模具内（熔融状态的塑料胚型件在吹塑成型机完成），再将压缩空气注入塑料胚型中使其膨胀，形成与模具内腔形状相同的塑料制件。该工艺主要用来制造薄壁塑料瓶、桶及玩具等。

图7-6是吹塑成型工艺的示意图。其工艺原理是，挤出成型机挤出熔融的塑料型胚3，移动型胚3进入对开的模具2中，模具闭合，向塑料型胚通入压缩空气，使塑料型胚膨胀，紧密地贴附模具型腔壁，形成和模具内壁形状一样的塑料制件，然后保压，使制件最后成型，再冷却成型，排除压缩空气，开模取出塑料制件5，这样完成了一个工作循环。

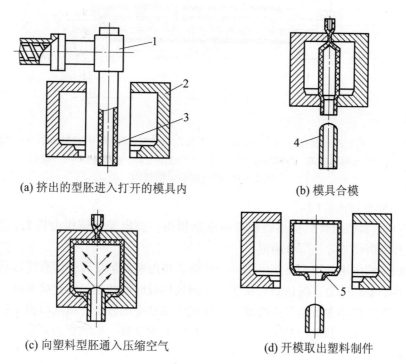

(a) 挤出的型胚进入打开的模具内　　　　(b) 模具合模

(c) 向塑料型胚通入压缩空气　　　　(d) 开模取出塑料制件

1—挤出机头；2—吹塑模；3—管状型胚；4—压缩空气吹管；5—塑料制件

图7-6　吹塑成型工艺示意图

根据塑料型胚来源的不同，吹塑成型分为挤出吹塑成型、注塑吹塑成型、注塑拉伸吹塑成型、多层吹塑成型等工艺，工艺过程相似。

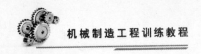

7.4.2 挤出成型工艺

挤出成型又称挤塑成型，是热塑性塑料加工中一种重要的、用途广泛的成型工艺。几乎所有的热塑性塑料都可以用挤出成型工艺加工成型。

挤出成型的工艺过程是将塑料在主机的旋转螺杆和料筒之间进行输送、压缩、塑化，然后定量、连续地通过位于挤塑机主机头部的口模和定型装置，获得所需要的塑料制件，主要用来加工膜、带、丝、片、管和棒等产品。

1. 挤出成型主机结构

挤出成型主机由塑化系统、传动系统和加热系统组成，主要完成材料的加热、压缩、熔融和塑化等步骤，熔融塑料从料斗 2 开始、最后进入口模 10 进行成型，挤出成型主机结构见图 7-7 所示。

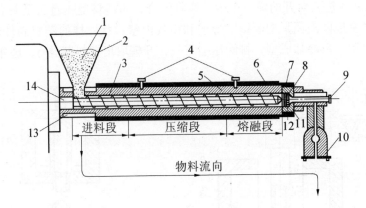

1—塑料；2—料斗；3—硬衬垫；4—热电偶；5—料筒；6—加热装置；7—衬套加热器；8—过滤板；
9—熔体热电偶；10—口模；11—衬套；12—滤网；13—冷却夹套；14—螺杆

图 7-7　挤出成型主机结构

2. 挤出成型辅机结构

图 7-8 是典型的管材挤出辅机，即成型机头。挤出成型辅机由机头、定型装置、冷却装置和牵引装置等几部分组成。

成型机头的作用是使来自挤出主机的熔融塑料由螺旋运动转变为直线运动并进一步塑化，产生必要的压力，保证塑料密实，从而获得截面形状相似的连续型材。

定型装置的作用主要是采用冷却、加压或者抽真空的方法，将从口模中挤出的塑料形状进一步稳定并对其进行修整，获得截面尺寸更加准确、形状更为精确、表面更为光亮的塑料制件。

机头由如下几个主要部分组成：

（1）过滤板。过滤板 9 为多孔结构，其作用是将塑料熔体由螺旋运动转变为直线运动并形成一定的压力。

（2）分流器。分流器 6 的作用是使经过的熔融塑料分流并变成薄环状的流体平稳地进入成型区，同时进一步加热和塑化塑料。

（3）定型模。离开成型区的塑料虽然已具备给定的截面形状，但因其温度较高而可能产生变形，因此，使用定型模对塑料冷却、定型，使塑件制件获得准确的尺寸和几何形状、良好的表面质量。

（4）温度调节器。为了保证熔融塑料在机头的顺利流动，一般在机头设置了温度调节器对塑料加热，如图7-8所示的电加热圈10、11。

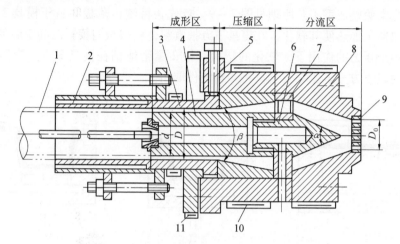

1—管材；2—定径套；3—口模；4—芯棒；5—调节螺钉；6—分流器；7—分流器支架；

8—机头体；9—过滤板；10、11—电加热圈

图7-8　成型机头结构示意图

3. 挤出成型的工艺过程

挤出成型的工艺过程类似于注塑成型，主要包括两个方面：一是塑料原料在主机中的传递、加热、塑化；二是从挤出主机出来的熔融塑料进入机头，在定型模的空腔里形成各种形状的型材。

（1）塑料在挤出机的处理过程。如图7-7挤出成型主机结构所示，塑料1由料斗2进入料筒5后，在螺杆的作用下向前输送，螺杆使熔融塑料产生压缩、熔融和塑化，然后到达挤出机的末端，进入滤网12，滤网是将若干片30～120目的不锈钢网叠放在一起，限制熔融树脂的流出、增高料筒内压力，使材料能很好地搅拌。最后经过多孔的过滤板8进入挤出机头。

（2）塑料在成型机头的处理过程。从挤出机出来的熔融塑料经过过滤板9后（见图7-8），进入分流器进行分流，变成薄环状的塑料后平稳地进入压缩区进行压缩，再进入成型区，由口模3和芯棒4初步确定制件的形状，制件继续移动进入定型模进一步冷却成型，即得所需的塑料制件。

（3）塑料管的最后冷却定型处理过程。一般来说，从定型模出来还需要冷却，以获得最终的形状和尺寸。

（4）最后，塑件经过定长切割之后，完成了整个挤出成型过程。

7.4.3　吸塑成型

吸塑成型工艺原理是把热塑性塑料板、片材固定在塑料模具上，用辐射加热器加热

至软化，然后用真空泵把板材和模具之间的空气抽掉，使板材按照模具轮廓成型，塑料冷却后，借助压缩空气使塑件从模具上分离。常用于吸塑加工的塑料有聚氯乙烯、聚苯乙烯和聚乙烯等材料。

1. 凹模真空成型工艺

凹模真空吸塑成型工艺原理见图 7-9。首先，将塑料薄板 2 置于模具 3 上方并固定，用加热器 1 加热使其软化，在模具下方抽真空，将薄板与模具之间空隙的空气抽成真空，在内外压力的作用下，软化的塑料薄板 2 紧密地贴在模具 3 上，当塑料冷却之后，再从模具下方充入压缩空气，将塑料制件取出。

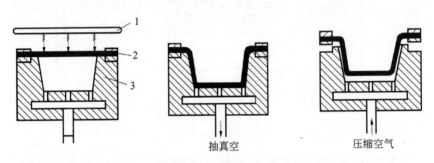

1—加热器；2—塑料薄板；3—模具

图 7-9　凹模真空吸塑成型工艺原理

上述方法的主要优点是塑料件外表面尺寸精度较高，一般用来成型深度不大的塑料制件。

2. 凸模真空吸塑工艺

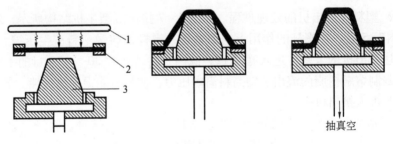

1—加热器；2—塑料薄板；3—模具

图 7-10　凸模真空吸塑工艺原理图

凸模真空吸塑工艺原理见图 7-10。被夹紧的塑料薄板 2 在加热器 1 的加热下软化，塑料板向下移动，当接触凸模 3 时，被冷却而且不被减薄，塑料板继续下移直到完全与凸模接触。此时，抽真空开始，制件的边缘及四周都减薄成型。这种工艺的优点是制件的底部厚度变化小。

吸塑成型还有其他成型工艺，如凹凸模真空成型工艺、吹泡成型工艺等。

训练与思考

1. 请简述最常见的几种工程塑料的名称、代号和应用范围。

2. 请简述注塑机的组成和工艺过程。

3. 注塑机的顶出装置可分液压顶出、机械顶出、气动顶出。实习时所使用的注塑机是采用哪种形式的顶出装置？顶出装置有何作用？

4. 合模机构"慢—快—慢"动作的作用是什么？

5. 比较注塑成型和砂型铸造的成型原理的异同。

6. 注塑模具由哪几个系统组成？它是如何安装在注塑机上的？

7. 吹塑成型的工艺过程是怎样完成的？

8. 真空吸塑工艺的特点是什么？主要用在什么地方？

第8章 材料表面处理技术

【教学目的与要求】

（1）掌握表面工程技术的基本分类和功能。

（2）掌握电镀和化学镀的基本原理。

（3）掌握铝及铝合金的阳极氧化特点和原理。

（4）掌握真空镀膜的装置原理和应用。

（5）掌握化学刻蚀技术的原理和特点。

【重点与难点】

（1）区分电镀和化学镀两种工艺在原理上的差别，各自的优势和劣势。

（2）铝阳极氧化处理的机理和氧化膜封闭处理的主要操作方法。

【基础知识】

8.1 概述

表面处理也称表面工程，它是将固体材料表面与基体一起作为一个系统进行设计，利用表面改性技术、薄膜技术和涂镀层技术，使材料表面获得它本身没有而又希望具有的性能的系统工程。它涵盖了在物体表面上所发生的各种技术，是一门正在迅速发展的综合性新型学科，是现代工业发展中不可或缺的重要技术之一。

表面工程技术包括了表面改性技术、薄膜技术和涂镀层技术。

（1）表面改性技术　表面改性技术是利用现代技术改变材料表面的化学组成、相结构，提高材料表面性能的处理技术。主要包括：表面形变强化处理、表面相变强化处理、离子注入、表面扩散渗处理、化学和电化学转化膜处理等。

（2）薄膜技术　采用物理气相沉积（蒸镀、溅射、离子镀）和化学气相沉积的方法在零件表面上沉积厚度为 100 nm 至数微米薄膜的形成技术，称为薄膜技术。

（3）涂镀层技术　在零件表面涂覆一层或多层表面层的形成技术称为涂镀层技术。主要包括：电镀和化学镀、油漆等有机涂层、金属和陶瓷等无机涂层、热浸镀层等。

表面工程技术的功能和作用：对工业产品实施表面处理，其功效有三个方面：一是可以保护产品，以确保产品所用材料的外观效果，提高耐用性；二是可以根据产品造型设计的意图，给产品表面附加上更加丰富的色彩、光泽和肌理等的变化，使产品外观效果更加生动、美观；三是根据产品的功能要求，可以赋予产品表面更高的耐磨性、耐蚀性、抗氧化性、导电性、绝缘性、电磁屏蔽性、润滑性、反光性、吸光性、可焊性等性能。

表面技术是一项内容丰富的工程技术。在本章主要介绍几种较典型的表面处理技术。

8.2 电镀

电镀是金属电沉积技术之一，它是一种利用电化学方法在工件表面获得金属沉积层的金属覆层工艺，也称为金属电沉积。电镀的目的是改善固体材料的外观，改变表面特性，赋予材料表面的耐蚀性、耐磨性、装饰性、焊接性及电、磁、光学性能等。电镀工艺设备简单，操作条件容易控制，镀层材料广泛，成本较低，因而在工业上得到广泛应用，是材料表面处理的重要方法。

8.2.1 电镀的一般原理

电镀是指在直流电的作用下，电解液中的金属离子还原并沉积到零件表面形成有一定性能的金属镀层的过程。电解液可以是水溶液，也可以是有机溶液和熔融盐，但以水溶液为电解液较普遍。

一般来说，阴极上金属电沉积的过程由以下步骤组成。

（1）传质：电解液中预镀金属的离子或其络离子由于浓度差而向阴极（工件）表面迁移；

（2）表面转化：金属的离子或其络离子在电极表面上或附近的液层中发生还原反应的步骤，如络离子配位体的变换或配位数的降低；

（3）电化学：金属的离子或其络离子在阴极上得到电子，还原成金属原子；

（4）新相生成：即生成新相，如金属或合金。

电解槽中的电化学反应示意图如图 8-1 所示。电解槽中有两个电极，一般工件为阴极。

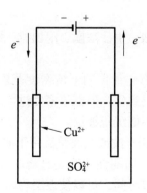

图 8-1 电镀槽中的电化学反应示意图

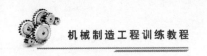

8.2.2　电镀溶液的组成

电镀溶液的成分和含量是否合适，是能否获得良好镀层的前提条件，通常镀液由如下成分组成：

（1）主盐：沉积金属的盐类。有单盐，如硫酸铜、硫酸镍等；有络盐，如锌酸钠、氰锌酸钠等。

（2）配合剂：与沉积金属离子形成配合物，改变镀液的电化学性质和金属离子沉积的电极过程，对镀层质量有很大影响。

（3）导电盐：提高镀液的导电能力，降低槽端电压以提高工艺电流密度，但不参加电极反应。

（4）缓冲剂：使镀液具有自行调节 pH 值的能力，以便在施镀过程中保持 pH 值的稳定。

（5）阳极活化剂：在电镀过程中，多数镀液靠可溶性阳极来补充金属离子。加入活性剂能维持阳极活性状态，不会发生钝化，保持正常的溶解反应。

（6）镀液稳定剂：避免生成不溶性的氢氧化物（这会使溶液中的金属离子大量减少，电镀过程电流无法增大）。例如某些碱性镀液会吸收空气中的 CO_2 而形成金属化合物沉淀，因此需加入 CO_2 接受剂（即镀液稳定剂）以避免镀液遭到破坏。

（7）特殊添加剂：为了改善镀液性能和提高镀层质量，常常加入某种特殊添加剂，按照作用可以分为光亮剂、晶粒细化剂、整平剂、湿润剂、应力消除剂和镀层硬化剂等。

8.2.3　影响电镀层质量的因素

电镀层的质量体现在它的物理化学性能、力学性能、组织特征、表面特征、孔隙率、结合力和残余应力等方面。这些特性除取决于金属的本性外，还受到镀液、电镀规范、基体金属盒镀前处理工艺等的影响。

1. 镀液的影响：

镀液的影响因素包括配合剂、主盐浓度、附加盐、添加剂等。

2. 电镀规范的影响

（1）电流密度：每种镀液有它最佳的电流密度范围。提高电流密度，必然增大阴极极化作用，使镀速升高，镀层致密；但电流密度过大，镀层会被烧黑或烧焦；电流密度过低，镀层晶粒粗化，甚至不能沉积镀层。

（2）电流波形的影响：单相半波或全波整流用于镀铬时，镀铬层是黑色的。

（3）周期换向电流的作用：周期性地改变直流电源直流电流的方向并通过适当地控制换向周期、电镀时间和退镀时间，可以使镀层均匀、平整、光亮。

（4）温度的影响：温度升高，阴极极化作用降低，镀层结晶粗大；但温度升高电流密度提高，使阴极电流效率提高，从而改善镀层韧性和镀液的分散能力。

搅拌的影响：搅拌增加电解液的流动，降低阴极浓差极化，使镀层结晶粗大。

3. pH 值及析氢的影响

（1）镀液的 pH 值影响氢的放电电位、碱性夹杂物的沉淀、沉积金属水化物的组成以及添加剂的吸附程度，因此控制 pH 值是非常重要的。

（2）金属在阴极上沉淀时，伴随有氢气的析出。析氢对镀层质量的影响是多方面的，其中以氢脆、针孔、起泡最为严重。

4. 基体金属的影响

如果基体金属的电位负于沉积金属的电位，就难以获得结合良好的镀层，甚至不能沉积。若基体材料易于钝化，不采取特殊活化措施就难以得到高结合力的镀层。镀件表面加工状态过于粗糙、多孔、有裂纹时，镀层亦粗糙。

5. 前处理的影响

电镀产品常常发现局部镀层脱落、鼓泡、花斑或局部无镀层等现象。究其原因，大多数情况下都是由于基体材料前处理不当造成的。因此，镀件电镀前必须进行非常仔细的前处理，一般需对镀件表面做如下处理：

（1）机械整平处理，包括磨光、抛光、喷砂、刷光等，以去除毛刺、夹砂、残渣等；

（2）化学或电化学处理，包括除油、除锈和侵蚀等，使基体金属露出干净、活性的表面，电镀时才能得到完整、致密、结合力良好的镀层。

8.3　化学镀

化学镀也称自催化镀，是在不外加电流的条件下，借助于合适的还原剂使溶液中的金属离子在具有自催化活性的表面被还原为金属状态并沉积的过程。这种方法是唯一能用来代替电镀的湿法镀膜法。与电镀相比，化学镀具有以下特点：

（1）镀覆过程不需要外接电源驱动。

（2）化学镀均镀能力好。处理部件不受几何形状限制，甚至对深孔件、管件内壁等表面都可获得均匀的镀层。

（3）镀层致密、孔隙率低，结合力一般优于电镀层。

（4）可处理的基体材料广泛。除金属材料外，还可在非金属如塑料、尼龙、玻璃、陶瓷以及半导体材料表面上镀覆。

（5）与电镀相比，化学镀溶液的成本高，稳定性差，不易维护、调整和再生。另外，镀种也没有电镀多。

化学镀镍是工艺最成熟、应用最广泛的化学镀层。以下将作详细论述。

8.3.1　化学镀镍的原理

化学镀镍是用强还原剂把镍盐溶液中的镍离子沉积在具有自催化活性的表面上。通常是使用次磷酸盐作还原剂，其反应过程为：

$$Ni^{2+} + H_2PO_2^- + H_2O \rightarrow Ni + H_2PO_3^- + 2H^+$$

部分 $H_2PO_2^-$ 发生自身氧化还原反应，沉积出磷：

$$3H_2PO_2^- \rightarrow 2P + H_2O + H_2PO_3^- + 2OH^-$$

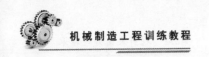

另外，还会发生析氢反应：

$$H_2PO_2^- + H_2O \rightarrow H_2PO_3^- + H_2 \uparrow$$

由化学镀镍的反应历程可见，化学镀镍层实际得到的是 Ni – P 合金层，磷含量在 3%～15%（质量分数）范围内变动，而且伴随有大量的氢气析出。

化学镀镍过程涉及的氧化还原反应的启动需要外界提供热能，即必须对溶液进行加热，沉积反应才会不断持续下去。

8.3.2 化学镀镍溶液的组成

化学镀镍溶液由主盐——镍盐、还原剂、络合剂、缓冲剂、稳定剂、加速剂、表面活性剂以及 pH 值调整剂等组成，以保证溶液最佳的镀速和稳定性。参考配方及工艺条件见表 8 –1。

表 8 – 1　化学镀镍磷溶液的配方（次磷酸盐溶液）

组成/	1	2	3	4	5
硫酸镍/（g/L）	20～30	20	25～35	20～34	25
次磷酸钠/（g/L）	20～24	27	10～30	20～35	30
乙酸钠/（g/L）	—	—	7	—	20
柠檬酸钠/（g/L）	—	—	10	—	30
乳酸/（g/L）	25～34	—	—	—	—
苹果酸/（g/L）	—	—	—	113～35	—
丁二酸/（g/L）	—	16（钠盐）	—	16	—
丙酸/（g/L）	2.0～2.5	—	—	—	—
乙酸/（g/L）	—	—	—	—	—
氟化钠/（g/L）	—	—	—	—	—
稳定剂/（g/L）	1～4（Pb）	—	—	1～3（Pb）	0～1（Pb）
pH 值	4.4～4.8	4.5～5.5	5.6～5.8	4.5～6.0	5.0
温度/℃	90～95	94～98	85	85～95	90

（1）主盐。主盐就是镍盐，为镀层金属的来源。主要有硫酸镍、氯化镍、醋酸镍等。使用最多的是硫酸镍 $NiSO_4 \cdot 7H_2O$，绿色结晶，溶液 pH 值为 4.5。

（2）还原剂。还原剂主要有次磷酸钠、硼氢化钠、烷基胺硼烷等。由于次磷酸钠价格低，镀液容易控制，Ni – P 合金镀层性能优良，因此多选用次磷酸钠 $NaH_2PO_2 \cdot H_2O$ 作还原剂。$NaH_2PO \cdot 2H_2O$ 易溶解于水，溶液 pH 值为 6。

（3）络合剂。加入络合剂的主要作用是防止镀液产生亚磷酸镍沉淀，避免溶液自然分解，延长使用寿命。常用的络合剂有柠檬酸、酒石酸、乳酸、苹果酸等。

（4）缓冲剂。缓冲剂能够在施镀过程中，维持镀液正常的 pH 值，从而稳定镀速，保证镀层质量以及阻止因 pH 值增大而导致镀液分解。这类物质有乙酸（醋酸）或其钠盐。

（5）表面活性剂。表面活性剂也叫湿润剂。可提高镀件表面的浸润性，有助于气体（H_2）的逸出，降低镀层的孔隙率。而且还可在镀液表面形成一层泡沫，起到保温、降低蒸发损失、减少酸味的作用。常用的表面活性剂多是阴离子型表面活性剂，如十二烷基硫酸钠、十二烷基苯磺酸钠等。

（6）pH 值调整剂。pH 值调整剂可调整镀液的 pH 值，如 H_2SO_4、HCl、NaOH、氨水等。

8.3.3 化学镀镍溶液的配制

化学镀镍溶液必须使用蒸馏水（或去离子水）和高纯度试剂配制。对于初次的开缸液，可按下述方法配制。

（1）按需配制镀液的体积进行计算，称量出各种化学药品。

（2）用适量热水并在不断搅拌下溶解镍盐。

（3）将络合剂及其他添加剂也用热水溶解（乳酸溶液需预先用碳酸氢钠中和至 pH 5 左右），然后将镍盐溶液在搅拌条件倒入其中，混合均匀。

（4）将另配制的次磷酸钠在搅拌下加入到镍盐及络合剂溶液中。

（5）上述溶液的配制用水量应为总体积的 3/4 左右。

（6）用稀碱溶液调整 pH 值，稀释至规定体积。

（7）必要时溶液进行过滤，便可使用。

8.4 铝及铝合金的阳极氧化处理

在适当的电解质溶液中，将要处理的金属作为阳极，在外电流的作用下，使其表面生成氧化膜的过程，称为阳极氧化。一些金属，如镁合金、钛及钛合金和铝及铝合金表面均可得到阳极氧化膜层，但广泛得到应用的是铝及铝合金的阳极氧化。在不同的电解液及工艺条件下可以获得性能各异、厚度在几微米至几百微米的氧化膜。铝及铝合金的阳极氧化膜有以下特点：

（1）氧化膜具有多孔结构，可使膜层对各种有机物、无机物、树脂、地蜡、染料及油漆等表现出良好的吸附能力。因此，膜层可用做涂装底层，也可将其染成各种不同的颜色，获得装饰的外观。

（2）氧化膜的硬度高，可以增强金属表面的耐磨性能。

（3）氧化膜的耐蚀性好。铝氧化膜在大气中很稳定，具有较好的耐蚀性，为进一步提高膜的防护性能，阳极氧化后的膜层通常再进行封闭或喷漆处理。

（4）氧化膜的电绝缘性好，具有很高的绝缘电阻和击穿电压，击穿电压可达 2 000V。

（5）氧化膜具有良好的绝热性，在许多具有一定温度的场合下，铝及其合金零件须经阳极氧化处理才能安全稳定地工作。

（6）氧化膜与基体金属的结合强度高，不容易分离。

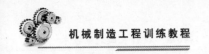

8.4.1 阳极氧化膜的形成机理

铝及其合金阳极氧化时一般使用铅作为阴极，电解液为中等溶解能力的酸性溶液，基本原理如图8-2所示。当进行阳极氧化时，在阳极（铝表面）发生下列反应：

$$H_2O - 2e \rightarrow [O] + 2H^+$$
$$2Al + 3[O] \rightarrow Al_2O_3$$

在阴极发生氢离子的还原反应：

$$2H^+ + 2e \rightarrow H_2 \uparrow$$

同时，酸对生成的氧化膜进行化学溶解：

$$Al_2O_3 + 6H^+ \rightarrow 2Al^{3+} + 3H_2O$$

氧化膜的生成与溶解是同时进行的。氧化初期，膜的生成速度大于溶解速度，膜的厚度不断增加；但由于氧化生成热和电解液的焦耳热使溶液温度升高，氧化膜的溶解加速，当膜的形成速度和溶解速度达到动态平衡时，膜厚达到一定值。此时，即使氧化时间再延长，氧化膜的厚度也不会再增加。由于溶解的缘故，形成的氧化膜是多孔膜层。

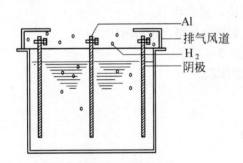

图8-2　铝及铝合金阳极氧化基本原理

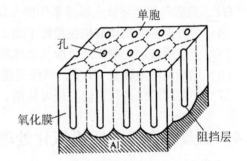

图8-3　阳极氧化膜微孔的显微结构模型

8.4.2 阳极氧化膜的着色和封闭

铝及其合金经阳极氧化处理后，在其表面生成了一层多孔氧化膜。对它进行着色，可获得各种不同的颜色，从而达到装饰的目的。最后经过封闭处理，能进一步提高膜层耐腐蚀、抗污染、电绝缘和耐磨的性能。图8-3是阳极氧化膜微孔的显微结构模型。

1. 氧化膜的着色

利用氧化膜的多孔隙特点，可通过物理吸附、化学和电化学反应进行着色。它可以提高产品的装饰性和耐蚀性，同时给铝制品表面以各种功能。主要的方法有电解着色、化学浸渍着色（有机染料着色和无机颜料着色）、涂装着色等。

有机染料着色法是染料分子对氧化膜通过物理吸附和化学反应进行填充。要求氧化膜必须均匀，有足够的厚度、足够的孔隙和吸附能力。该法着色色泽鲜艳，颜色范围广，但耐晒性差，多用于五金制品、室内装饰件等。表8-2所示为有机染料着色的工艺规范。

表 8-2 有机染料着色的工艺规范

颜色	染料名称	质量浓度/（g/L）	温度/℃	时间/min	pH 值
红色	1. 茜素红	5～10	60～70	10～20	5～5.5
	2. 铝红	3～5	室温	5～10	5～6
	3. 酸性大红	6～8	室温	2～15	4.5～5.5
	4. 活性艳红	2～5	70～80	2～15	
蓝色	1. 直接耐晒蓝	3～5	15～30	15～30	
	2. 酸性湖蓝	10～15	室温	3～8	5～5.5
	3. 活性艳蓝	5	室温	1～5	4.5～5.5
绿色	1. 直接耐晒翠绿	3～5	室温	5～10	4.5～5
	2. 酸性墨绿	2～5	70～80	5～15	
	3. 铝绿	3～5	室温	5～10	5～6
金黄色	1. 茜素黄	0.3	70～80	1～3	5～6
	2. 茜素红	0.5			
	3. 活性艳橙	0.5	70～80	5～10	
黄色	1. 直接耐晒嫩黄	8～10	70～80	10～15	6～7
	2. 茜素黄	2～3	60～70	10～20	
黑色	1. 酸性黑	10	室温	3～10	4.5～5.5
	2. 苯胺黑	5～10	60～70	15～30	5～5.5

2. 氧化膜的封闭处理

铝及其合金的阳极氧化膜具有很高的孔隙率，吸附能力强，容易受到污染和腐蚀。因此，无论着色与否，都应在阳极氧化或着色后及时进行封闭处理。其目的是固定色素体，同时提高膜的耐蚀性、提高抗污染能力。

封闭处理是阳极氧化膜的最后处理。经过封闭处理，多孔的膜变成了光滑透明的膜，提高了基体金属的耐蚀性能。在封闭过程中，膜层里的氧化物与水化合成水氧化铝（$Al_2O_3 \cdot H_2O$），引起氧化膜体积膨胀和晶格改变，导致膜的封闭，并产生了极为光滑透明的表面，但膜本身并没有破坏。封闭处理的方法有高温封闭法、常温封闭法和有机物封闭法。

8.5 真空蒸发镀膜

真空蒸发镀膜（简称蒸镀）是在真空条件下，加热蒸发物质使之汽化、成为具有一定能量的气态粒子（原子、分子或原子团），沉积到被镀物体表面，形成固态薄膜。蒸镀是物理气相沉积中发展较早、应用较广泛的一种干性镀膜技术。

8.5.1 真空蒸发镀膜装置及原理

蒸镀装置主要由真空抽气系统和镀膜室组成。图8-4所示为采用电阻蒸发源的真空蒸镀装置示意图。

1. 真空抽气系统

镀膜室在工作时为高真空状态，通过真空抽气系统获得。真空抽气系统由（超）高真空泵、低真空泵、排气管、阀门以及真空测量计等组成。可将镀膜室抽真空至 $10^{-2} \sim 10^{-3}$ Pa。

2. 镀膜室

镀膜室大多用不锈钢制成。镀膜室内包括有蒸发源、基板，被镀工件装夹在基板的位置，用卡具固定。此外，还置有测量膜厚并监控薄膜生长速率的膜厚计以及控制薄膜生长形态的基板加热器等。

3. 蒸发源

蒸发源是用来加热镀层材料使之蒸发变为气态的部件。目前，真空蒸发使用的蒸发源主要有电阻加热、电子束加热、高频感应加热、电弧加热和激光加热。其中，电阻加热蒸发源由电阻温度系数大的高熔点金属钨、钼、钽等制成。将待蒸镀的材料装在蒸发源上，电极通以低压大电流交流电，产生高温后直接进行蒸发。或者把待蒸镀材料放入 AL_2O_3、BeO 等坩埚中进行间接加热蒸发。大量蒸发成气态的金属原子，离开蒸发源的熔池表面，到达零件表面凝结成金属薄膜。电阻加热蒸发源一般用于蒸镀低熔点的金属和化合物。

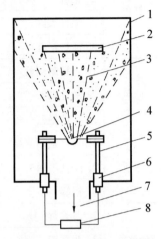

1—镀膜室；2—基板；3—金属蒸发流线；4—电阻蒸发源；5—电极；6—电极密封绝缘件；7—排气系统；8—交流电源

图8-4 真空蒸镀装置示意图

8.5.2 真空蒸发镀膜的应用

真空蒸发镀膜工艺比较简单，操作容易，而且成膜速度快，效率高。尤其是真空镀铝膜呈现出耀眼的金属光泽，在其上染色，可得到有金属质感的鲜艳色彩。因此，利用这些特点，开发了多种工业应用。比如，在塑料薄膜上真空镀铝后染金、银或彩色，可制成彩花、彩带、礼品包装用材，或剪切成丝，用于纺织品上，产生金银闪烁的特殊效果。在印刷了图案的塑料薄膜上镀铝，大量用作密封包装袋、广告商标铭牌等。还可制成复合包装材料，广泛用于各种防潮、防紫外线照射的食品包装，如制作软罐头。塑料薄膜表面经压纹处理后真空镀铝，可制成光衍射干涉膜（彩虹膜），具有装饰和防伪的作用。还由于真空镀铝具有高的可见光反射率，目前在制镜行业中已广泛采用蒸镀，以铝代替银。

8.6 材料表面化学蚀刻

8.6.1 化学蚀刻的原理和特点

表面蚀刻工艺主要用于复杂微细图案或微小尺寸的精密加工，如加工模具型腔表面或零件表面的商标、图案和文字等。蚀刻分为湿法蚀刻和干法蚀刻。湿法蚀刻主要是指化学蚀刻；而干法蚀刻是指利用一些高能束进行的蚀刻。

化学蚀刻是将零件要加工的部位与化学蚀刻液直接接触，发生化学反应，使该部位的材料被腐蚀溶解，以获得所需要的形状和尺寸。化学蚀刻加工时，应先将工件表面不加工的部位用抗腐蚀涂层覆盖起来，然后将零件浸入蚀刻液中或在零件表面涂覆蚀刻液，将裸露部位的余量蚀除，蚀刻深度可通过零件与化学蚀刻液接触时间的长短来控制。

化学蚀刻适用于能被化学蚀刻液腐蚀的金属和非金属材料。化学蚀刻液可根据零件的材料来选择，如铝可采用 20% NaOH 溶液或 20% HCl 溶液，钢铁则选用 $FeCl_3$ 水溶液。保护涂料通常以丁基橡胶、氯丁橡胶、氯磺化聚乙烯等为基料，加入填料、固化剂等。要求能对非加工表面进行可靠的保护，施工简便，在常温下快速干燥固化，毒性低，又要在加工后容易剥离。由于化学蚀刻加工中的腐蚀液和废气污染环境，对设备和人体也有危害作用，因此需采取适当的防护措施。

8.6.2 光化学蚀刻技术

化学蚀刻技术与光刻技术经常结合在一起使用，称为光化学蚀刻技术。

光化学蚀刻也称为照相腐蚀，主要用来加工塑料模具型腔表面的花纹、图案和文字，从而生产出所需要的塑料产品。如电视机的机壳，外表选择细的皮纹或砂纹，不反射光，有利于收看；汽车驾驶室内的方向盘、手柄、面板、音箱盖板，常选择橘皮纹、蛇皮纹等，如图 8 – 5 所示。

图 8 – 5 装饰纹的阴文图案

光化学蚀刻的加工原理是把所需要的图形摄影到照相底片上，再将底片上的图像经过光化学反应（曝光），复制到涂（粘）有感光胶的型腔或被蚀刻表面上。感光后的胶膜不溶于水，经过坚膜处理后强度和耐蚀性进一步提高。未感光的胶膜能溶于水，清洗去除后，需腐蚀的金属部位便裸露出来，经腐蚀液的浸蚀，即能在模具上获得所需要的花纹、图案。最后，用碱溶液将模具表面附着的保护性感光胶溶解、清洗干净、烘干、涂防锈油，即完成全部加工。光化学蚀刻主要工艺过程如图 8 – 6 所示。

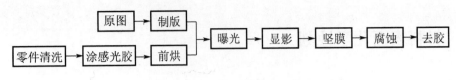

图 8-6　光化学蚀刻主要工艺过程

【工艺及操作】

8.7　化学镀镍工艺控制和操作

8.7.1　碳钢和低合金钢的化学镀镍前处理

镀前基体材料的表面状态是决定镀层质量优劣的首要因素，对于化学镀镍更是如此。许多缺陷，如漏镀、镀层早期剥落、表面粗糙等，主要原因就是没有做好镀前处理。因此，为了获得光亮致密、结合良好、耐蚀性强的镀层，必须首先进行仔细的表面处理。

在化学镀镍加工中，最常见的零件材料是碳钢和低合金钢。下面介绍有关这类材料的前处理方法和施镀工序。

（1）酸洗。酸洗是为了清除基体表面的氧化膜，提高镀层和基体的结合强度。酸洗液的主要成分是三酸，即硫酸、盐酸和硝酸。需注意酸洗时间不宜过长，若无严重的氧化皮，此道工序可省。

（2）水洗。将酸洗后的工件漂洗干净。

（3）零件表面打磨和抛光。其目的是减少表面缺陷和降低粗糙度，去除轻微的氧化膜。已经机加工的零件，此道工序可省。

（4）脱脂。脱脂也称除油。常用的方法有化学除油、电化学除油和超声波除油。采用碱性清洗剂时必须将其加热至 65～85℃，除油时间 10～20 分钟，以利于彻底清除油污。对于附着紧密的油脂和污垢，可先将工件进行加热烘烤。

（5）热水清洗。清洗的水温在 70～80℃，清洗时间 2～3 分钟。

（6）冷水清洗。逆流漂洗，室温下漂洗 2 分钟。

（7）电解清洗。使用碱性脱脂液，温度为 70～80℃。

（8）热水清洗。水温在 70～80℃，清洗 2～3 分钟。

（9）冷水清洗。逆流漂洗，室温下漂洗 2～3 分钟。

（10）活化。在零件进入镀槽前，为除去零件经准备工序的短时间内表面生成的轻微氧化膜，须将零件浸入稀酸作短时轻微腐蚀，这一处理也叫弱浸蚀处理或活化处理。为避免表面活化后生锈，从浸蚀、水洗到进入镀槽，零件转移速度要快。活化液为稀盐酸，室温下浸蚀 1～2 分钟。

（11）冷水清洗。逆流漂洗，室温下漂洗 2 分钟。

（12）去离子水洗。对大型工件可作预热浸洗，水温 70～80℃，清洗 3 分钟。

（13）化学镀镍。按照镀液工艺要求进行化学镀镍操作。

（14）冷水清洗。逆流漂洗，室温下漂洗 2～3 分钟。

（15）干燥。

8.7.2 化学镀镍工艺的控制

（1）镀液温度。化学镀镍需要镀液加热达到 50℃ 以上才会有比较明显的沉积速度。但是镀液在高温时会变得不稳定，容易发生自行分解。对于通常酸性次磷酸盐镀液的最佳操作温度范围在 85～90℃ 之间。实际操作时，应控制在最佳温度 ±2℃。另外，要防止局部温度过热。

（2）镀液 pH 值。镀液的 pH 值对于化学镀镍过程产生重大影响。在整个镀镍过程中，需要不断进行检测并加入 pH 值调整剂，才能维持镀液正常的 pH 值。对于常用的酸性次磷酸钠镀液的 pH 值，控制范围在 4.0～5.0 之间，最佳值为 4.8。

（3）装载比。装载比是指零件的施镀面积与镀液体积之比，用 dm^2/L 表示。一般镀液的装载比在 0.5～1 dm^2/L，施镀时不宜偏离太远。

（4）镀液的老化。化学镀镍过程中，镀液的主要成分镍盐和次磷酸盐将逐渐消耗。因此，应定时分析检验这两者的浓度并及时进行补充。当然，镀液终将发生老化，镀速不断降低，镀层耐蚀性下降。当不能满足工艺和性能要求时，就应报废镀液。

（5）镀液的搅拌与过滤。在施镀过程中，镀液要有空气搅拌或连续循环流动，保证镀液及温度的均匀。同时，镀液应定期或连续过滤，及时除去各种固体杂质。

（6）镀后热处理。为了提高化学镀镍层的硬度，可将镀后零件进行热处理。热处理的工艺及镀层合金成分对硬度有影响，一般采用的热处理工艺是在 400℃ 下保温 1 小时，然后随炉冷却至 180℃ 以下出炉。整个过程应在惰性气体中进行，以避免镀层表面氧化。经热处理后，镀层的硬度最高能达到 HV 900～1000 N/mm^2。

8.8 铝及铝合金的阳极氧化工艺操作

8.8.1 工艺流程

一般铝及其合金零件的处理工艺流程：机械抛光→除油脂→清洗→化学抛光或电解抛光→清洗→阳极氧化→清洗→中和→清洗→（染色→清洗→）封孔处理→检验。

8.8.2 阳极氧化工艺

铝及其合金阳极氧化的方法很多，按电解液的不同和氧化膜的特点，分为硫酸阳极氧化、铬酸阳极氧化、草酸阳极氧化、磷酸阳极氧化、硬质阳极氧化以及瓷质阳极氧化等方法。这里主要介绍最常用的硫酸阳极氧化处理的工艺。

在稀硫酸电解液中通以直流或交流电对铝及其合金进行阳极氧化，可获得厚度为 5～25μm、无色透明的氧化膜。用该法得到的氧化膜硬度较高、孔隙多、吸附性好、易染色。经封闭处理后，具有较高的耐蚀性。该法工艺简单，操作方便，溶液稳定，电耗较少，成本低廉，氧化时间短，生产效率高，适用范围广。硫酸阳极氧化的工艺规范见表 8 – 3 所示。

表 8 – 3 硫酸阳极氧化的工艺规范

溶液组成/（g/L）	直流法		交流法
	配方 1	配方 2	配方 3
硫酸 铝离子 AL^{3+}	180～200 <20	160～170 <15	100～150 <20
温度/℃ 电流密度/（A/dm^2） 电压/V 氧化时间/min	15～25 0.8～2.5 15～25 30～40	0～3 0.4～0.6 16～20 60	13～26 1.5～2.0 18～28 40～50
适用范围	一般铝及铝合金装饰	纯铝和铝镁合金装饰	一般铝及铝合金装饰

8.8.3 阳极氧化电解液成分和工艺参数的影响

（1）硫酸的质量浓度。硫酸的质量浓度高，氧化膜溶解速度增大，孔隙率增加，容易染色，但膜薄且软。降低硫酸的质量浓度，则氧化膜生长速度较快，孔隙率较低，硬度较高，反光性良好。

（2）铝离子。溶液中必须要有 1g/L 以上的铝离子存在才能获得均匀的氧化膜。但铝离子浓度也不能太高，否则会导致游离硫酸降低，影响膜层质量。一般的极限浓度为 20 g/L，大于此值必须部分更新溶液或除去铝离子。

（3）温度。电解液的温度对氧化膜质量影响很大。温度偏高，氧化膜疏松，甚至出现粉状膜层，厚度和硬度降低，着色不均匀，如温度高于 26℃ 时，膜的质量明显降低。而温度低于 10℃，氧化膜的厚度增加，硬度高，但孔隙率较低，膜的脆性增大。因此，必须严格控制电解液的温度。值得注意的是，阳极氧化是放热反应，同时，电解液内也产生焦耳热，氧化过程中溶液温度会不断升高，所以要采取强制冷却办法来保证工艺要求。

（4）电流密度。提高电流密度则膜层生长速度加快，生产效率提高，孔隙率增加易于着色。但电流密度过高，则电解液温升加快，使膜层溶解加快，甚至会烧蚀零件。但电流密度也不宜过低，否则，氧化时间很长，使膜层疏松，硬度降低。

（5）时间。阳极氧化时间可根据电解液的质量浓度、温度、电流密度和所需要的膜厚来确定。在相同条件下，随着时间延长，氧化膜的厚度增加，孔隙增多。但达到一定厚度后，生长速度会减慢下来，到最后不再增加。

（6）搅拌。搅拌能促使溶液对流，使温度均匀，不会造成因金属局部升温而导致氧化膜的质量下降。搅拌的设备有空压机和水泵。

（7）着色处理的注意事项：

　　①配制染色液，必须用蒸馏水或去离子水而不用自来水。因为自来水中的钙、镁等离子会与染料分子络合形成络合物，使染色液报废。

　　②染料完全溶解后，应煮沸、过滤，用蒸馏水稀释至所需浓度，再用醋酸或氨水调整 pH 值，并待温度控制到工艺范围后，便可染色。

　　③需染色的零件，在阳极氧化后要用冷水仔细清洗干净。不能用热水，也不能用手触摸零件。

　　④染色时，零件之间应避免互相贴合和碰撞。如需要颜色深，则可延长零件在染色液中的时间。

　　⑤要十分注意避免不同染色液之间的相互污染，以防染色液变色和报废。

　　⑥零件染色后，不宜放在水中长时间漂洗，以免表面脱色发花。

8.8.4　氧化膜的封闭处理

　　铝及其合金的阳极氧化膜具有很高的孔隙率，吸附能力强，容易受到污染和腐蚀。因此，无论着色与否，都应在阳极氧化或着色后及时进行封闭处理。其目的是固定色素体，同时提高膜的耐蚀性、提高抗污染能力。封闭处理的方法有高温封闭法、常温封闭法和有机物封闭法。

　　（1）高温封闭法。主要利用水化反应将非晶质氧化膜变成化学钝态的结晶质氧化膜的过程。被水化的结晶氧化膜体积膨胀，将膜孔堵塞。加有金属盐的高温封孔除水化反应外，还有金属盐的水解产物，一起封闭了氧化膜的微孔。高温封闭用水必须是蒸馏水或去离子水。高温封闭工艺规范见表 8-4。

　　（2）常温封闭法。高温封闭存在能耗大、氧化膜易发雾、硬度下降的缺点。常温封闭是用以氟化镍为主的溶液进行封闭，在 30～35℃ 使用，封闭速度快。

　　（3）有机物封闭法。阳极氧化膜还可以采用有机物进行封闭。如喷涂透明清漆、浸熔融石蜡、电泳涂漆、喷粉等。

表 8-4　高温封闭工艺规范

封闭方法	封闭液组成	pH 值	温度/℃	时间/min	特点及应用
水蒸气	常压水蒸气	—	>100	15～20	封孔速度快，耐蚀性强
沸水	纯水	5.5～7	>95	20～30	适合于大件
醋酸镍法	醋酸镍 5～5.8/(g·L^{-1}) 醋酸钴 1.0/(g·L^{-1}) 硼酸 8/(g·L^{-1})	5～6	70～90	15～20	提高有机染色的色牢度，有固色作用，宜用于有机染色件
重铬酸法	重铬酸钾 15/(g·L^{-1}) 碳酸钠 4/(g·L^{-1})	8～9	90～100	20～30	耐蚀性好，封孔膜略带黄色，特别适合于铝铜合金

8.9　塑料金属化装饰镀

许多塑料（包括 ABS、聚苯乙烯、聚丙烯等）产品，如石英钟壳、玩具、工艺品、服装饰件、家具装饰件、电器元件等表面都可利用真空镀膜技术实现金属化装饰处理。为了获得绚丽多彩的外观，通常采用真空镀铝，然后染色处理。

塑料金属化真空镀膜的工艺流程是：

塑料件前处理（清洗、烘烤、吹灰）→装夹→上底漆→烘干→真空镀膜→上面漆→烘干→染色。

（1）前处理。零件镀膜前应彻底清洗以去除油污，烘干，吹去污染微粒。否则，容易出现如斑点、斑纹等镀膜缺陷，甚至导致膜层局部脱落。

（2）涂底漆。可采用喷涂或浸渍的方法上漆。要求底漆与塑料件、镀层都能牢固粘着，并可改善被镀件表面的粗糙度。

（3）镀铝。采用真空电阻加热蒸发镀铝，真空度要求在 7×10^{-2} Pa 以上，镀材为 99.99% 纯度的铝丝，蒸发过程在几秒钟内完成，以保证铝膜的光亮。

（4）涂面漆。面漆要能与铝膜牢固粘着并要与底漆相容，要对相应的染料具有好的可染性，好的耐候性及保护性，透明耐磨。

（5）染色。在镀铝和上面漆后，若需进行染色，可通过选择染料和控制染色工艺而得到几乎所有的颜色。选用的染料，要求在面漆上染色性强，耐光性好，颜色鲜艳。染色后的零件用清水冲洗干净，自然晾干。

8.10　阳极氧化与化学蚀刻的综合训练

铝及铝合金经阳极氧化后，表面可着上各种颜色，而化学蚀刻能在金属表面形成各种花纹图案。若将这两种工艺结合起来，那么，在铝的表面就能形成具有各种色彩的图案。

综合训练的操作步骤如下：

（1）选取材料。根据要加工的图案大小，裁剪合适的铝片。

（2）前处理。（a）脱脂除油，将铝片放入 40～50℃ 的碱性溶液中，浸泡 3～5 分钟，去除油污及氧化膜；（b）清洗；（c）出光，把铝片放入出光液 20% HNO_3 溶液中，浸泡 3～5 分钟；（d）清洗。

（3）阳极氧化。将出光清洗后的铝片挂到电解槽电源的正极进行阳极氧化，时间 20～30 分钟。

（4）清洗。

（5）着色。将氧化清洗后的铝片浸入有机染色液中，进行 5～6 分钟染色。在这过程中，要适当晃动铝片以保证着色均匀。

（6）清洗。

（7）封闭及干燥。将着色后的铝片浸入沸腾热水中 10～20 分钟，然后热风干燥。

（8）上蜡。采用蜡作为化学蚀刻的保护涂料。将封孔后的铝片缓慢地放入熔融的蜡中并完全浸没，再将其垂直夹起，然后水平放置，使蜡均匀地涂在铝片上，静待蜡干。

（9）描图。将要蚀刻的图案复描在铝片的蜡层上。

（10）雕刻。用细针将图案线条上的蜡刻掉，露出铝片基底。要求轮廓线刻画得流畅光滑，上面的蜡要刻除干净，否则下个步骤就无法进行。

（11）腐蚀。将蚀刻液（NaOH 溶液）滴在雕刻后的图案线条上，此时可看见线条上原已着色的氧化膜被腐蚀掉，露出银白色的铝。如果要使银白色的线条着上其他颜色，可再重复第（3）～（7）步骤的操作。

（12）清洗。

（13）除蜡。铝片上的图案经氧化、着色、蚀刻后，用热风熔化去除保护涂层蜡，即完成加工。

训练与思考

一、填空题

1. 表面工程技术包括了_____技术、_____技术和_____技术。

2. 电镀是指在_____的作用下，电解液中的金属离子_____并沉积到零件表面形成有一定性能的金属镀层的过程。

3. 在电镀工艺中，电解槽中有两个电极，一般工件为_____，发生还原反应。

4. 不依赖外加电源，借助于合适的_____进行化学还原反应，使金属离子不断还原在自催化表面上，形成金属镀层的工艺方法，称为化学镀。

5. 化学镀镍的主盐主要有_____、_____和_____。

6. 电镀只能在导体上进行，所以非金属材料电镀前的导电底层通常采用_____工艺实现。

7. 铝及其合金的阳极氧化膜具有_____结构，可使膜层对各种有机物、无机物、树脂、地蜡、染料及油漆等表现出良好的_____能力。

8. 由于铝氧化膜有很高的孔隙率和吸附性，很容易被污染和腐蚀。因此实际生产中，铝件进行阳极氧化处理后无论是否需要进行着色都要进行_____处理。

9. 真空蒸发使用的蒸发源主要有_____加热、_____加热、_____加热、电弧加热和激光加热。

二、问答题

1. 试述你所了解的有关表面处理的应用事例以及作用。

2. 为什么化学镀不需外加电流就可施镀？

3. 化学镀有何特点？如何保证镀层质量？

4. 电镀和化学镀两种工艺在原理上有何差别？与电镀相比，化学镀工艺有哪些独特的特性？与化学镀相比，电镀的优势是什么？

5. 试述铝阳极氧化处理的机理和主要操作方法。

6. 本实习是采用何种方法染色？它有何优点？染色后为什么要进行封闭？是如何封闭的？

7. 在塑料表面进行真空蒸发镀铝，其镀膜工艺和过程如何？

三、创新设计

请自行设计具有一定创意性和艺术性的图案，并采用阳极氧化和化学蚀刻的方法制作。

第 3 篇

传统加工技术

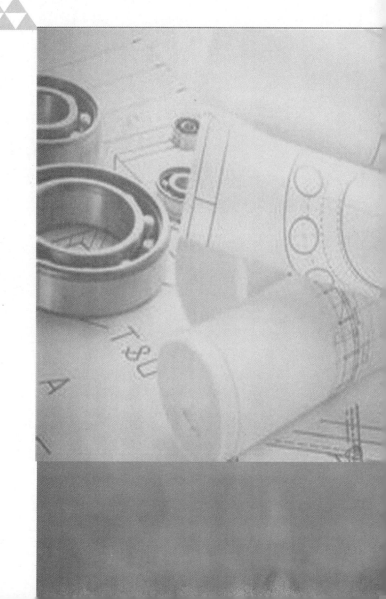

第9章 切削加工基础

【教学目的与要求】

1. 掌握常见切削方法的类型、定义及基本术语。
2. 理解切削运动的概念、切削运动的三要素以及常用刀具几何角度。
3. 熟悉常用的切削刀具材料及其分类。
4. 常用量具及其使用方法。

【重点与难点】

1. 金属切削过程的切削运动，包括主运动、进给运动等。
2. 常用刀具材料及刀具的几何角度。

【基础知识】

金属切削加工是利用刀具将毛坯上多余的金属材料切去，从而使工件达到规定精度和表面质量的机械加工方法。机械加工常用的方法有车削、铣削、镗削、钻削、刨削、拉削、磨削等。为了切除多余的金属，刀具和工件之间必须有相对运动，即切削运动。充分认识切削运动在切削加工中的作用，合理地选用切削用量、刀具材料和刀具几何形状，是金属切削加工实现优质、高效、低耗、安全的基本保证。

9.1 切削加工基本概念

9.1.1 切削运动与切削用量

1. 切削运动

切削运动可分为主运动和进给运动。

主运动是使工件与刀具产生相对运动以进行切削的最基本运动，主运动的速度最高，所消耗的功率最大。在切削运动中，主运动只有一个。它可以由工件完成，也可以由刀具完成；可以是旋转运动，也可以是直线运动。例如车削外圆时工件的旋转运动和刨削平面时刀具的直线往复运动都是主运动（图9-1）。

进给运动是不断地把被切削层投入切削，以逐渐切削出整个表面的运动。进给运动一般速度较低，消耗的功率较少，可由一个或多个运动组成，可以是连续的，也可以是间断的。车削外圆、铣削平面、刨削平面、钻孔、磨削外圆的切削运动简图如图9-1所示。

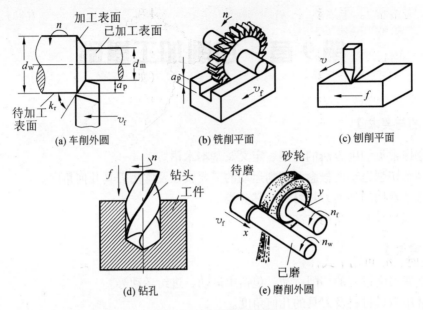

(a) 车削外圆　　(b) 铣削平面　　(c) 刨削平面

(d) 钻孔　　(e) 磨削外圆

图 9 – 1　切削运动简图

2. 切削用量

切削用量是指切削速度 v_c、进给量 f（或进给速度 v_f）和背吃刀量 a_p 三者的总称，可称为切削用量三要素。

（1）切削速度 v_c。切削刃上选定点相对于工件沿主运动方向的瞬时速度称为切削速度。以 v_c 表示，单位为 m/min，或 m/s。

若主运动为旋转运动（如车削、铣削等），切削速度一般为其最大线速度，计算公式为：

$$v_c = \frac{\pi d n}{1000 \times 60} \ (\text{m/s})$$

式中　d——工件或刀具直径（mm）；

　　　n——工件或刀具转速（r/min）。

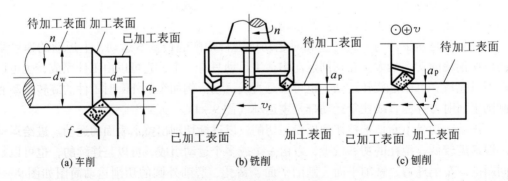

(a) 车削　　(b) 铣削　　(c) 刨削

图 9 – 2　切削用量三要素

（2）进给量 f。主运动的一循环或单位时间内刀具和工件沿进给运动方向的相对位移量称为进给量。如图9-2所示，用单齿刀具（如车刀、刨刀）进行加工时，常用刀具或工件每转或每行程刀具在进给运动方向上相对工件的位移量来度量，称为每转进给量（mm/r）或每行程进给量（mm/st）；用多齿刀具（如铣刀）加工时，也可用进给运动的瞬时速度即进给速度来表述，以 v_f 表示，单位为 mm/s 或 mm/min。

（3）背吃刀量 a_p。在通过切削刃上选定点并垂直于该点主运动方向的切削层尺寸平面中，垂直于进给运动方向测量的切削层尺寸，称为背吃刀量，以 a_p 表示，单位为 mm。车外圆时，a_p 可用下式计算：

$$a_p = \frac{d_w - d_m}{2} \quad (\text{mm})$$

式中 d_w——工件待加工表面（图9-2）直径，mm；

      d_m——工件已加工表面直径，mm。

钻孔时，a_p 可用下式计算：

$$a_p = \frac{d_m}{2} \quad (\text{mm})$$

式中 d_m——工件已加工表面直径，即钻孔直径，mm。

9.1.2 刀具材料和刀具主要几何角度

9.1.2.1 刀具材料

1. 对刀具材料的基本要求

刀具材料是指刀具切削部分的材料，在切削时要承受高温、高压、强烈的摩擦、冲击和振动，因此，刀具切削部分的材料应具备以下基本性能：

（1）高的硬度。刀具材料的硬度必须高于工件材料的硬度。刀具材料的常温硬度一般要求在 60 HRC 以上。

（2）高的耐磨性。以便维持一定的切削时间，一般刀具材料的硬度越高，耐磨性越好。

（3）足够的强度和韧性。以便承受切削力、冲击和振动，避免产生崩刃和折断。

（4）高的耐热性（热稳定性）。耐热性是指刀具材料在高温下保持硬度、强度不变的能力。

（5）良好的工艺性能。以便制造各种刀具，通常刀具材料应具有良好的锻造性能、热处理性能、焊接性能、磨削加工性能等。

2. 常用刀具材料

常用刀具材料有碳素工具钢、合金工具钢、高速钢、硬质合金等。

（1）碳素工具钢（如 T10、T12A）及合金工具钢（如 9SiCr）。特点是淬火硬度较高，价廉。但耐热性能较差，淬火时易产生变形，通常只用于手工工具及形状较简单、切削速度较低的刀具。

（2）高速钢。高速钢是含有较多 W、Mo、Cr、V 等元素的高合金工具钢。高速钢具有较高的硬度（热处理硬度可达 62～67 HRC）和耐热性（切削温度可达 500～

600℃）。它可以加工铁碳合金、非铁金属、高温合金等广泛的材料。高速钢具有高的强度和韧性，抗冲击振动的能力较强，适宜制造各类刀具。常用牌号分别是 W18Cr4V 和 W6Mo5Cr4V2 等。

（3）硬质合金。硬质合金是在高温下烧结而成的粉末冶金制品，具有较高的硬度（70～175HRC），能耐850～1 000℃的高温，具有良好的耐磨性，可加工包括淬硬钢在内的多种材料，因此获得广泛应用。其缺点是性脆怕冲击振动，刃口不锋利，较难加工，不易做成形状较复杂的整体刀具，因此通常将硬质合金焊接或机械夹固在刀体（刀柄）上使用（如硬质合金车刀）。常用的硬质合金有钨钴类（YG 类）、钨钛钴类（YT 类）和钨钛钽（铌）类硬质合金（YW 类）三类。

9.1.2.2 刀具主要几何角度

金属切削刀具切削部分的结构要素和几何角度有许多共同的特征。各种多齿刀具或复杂刀具，就其一个刀齿而言，都相当于一把车刀的刀头。

1. 车刀切削部分的组成

车刀切削部分由前刀面、主后刀面、副后刀面、主切削刃、副切削刃和刀尖组成（图9－3）。

（1）前刀面。刀具上切屑流过的表面。

（2）主后刀面。刀具上与工件上的加工表面相对着并且相互作用的表面，称为主后刀面。

（3）副后刀面。刀具上与工件上的已加工表面相对着并且相互作用的表面，称为副后刀面。

（4）主切削刃。刀具上前刀面与主后刀面的交线称为主切削刃。

（5）副切削刃。刀具上前刀面与副后刀面的交线称为副切削刃。

（6）刀尖。主切削刃与副切削刃的交点称为刀尖。刀尖实际是一小段曲线或直线，称修圆刀尖和倒角刀尖。

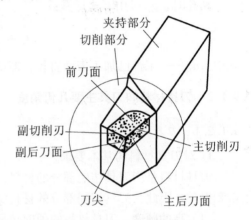

图9－3　硬质合金外圆车刀

2. 车刀切削部分的主要角度

车刀的主要角度如图9－4所示。

（1）前角 γ_0。前角 γ_0 是在正交平面内测量的前刀面与基面间的夹角。前角的正负方向按图示规定表示，即刀具前刀面在基面之下时为正前角，刀具前刀面在基面之上时为负前角。前角一般在 $-5°\sim25°$ 之间选取。

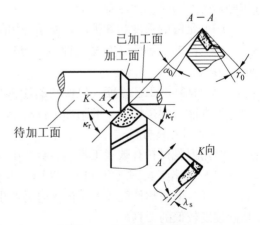

图9－4　车刀的主要角度

（2）后角 α_0。在正交平面内测量的主后刀面与切削平面间的夹角。后角不能为零度或负值，一般在 $6° \sim 12°$ 之间选取。

（3）主偏角 κ'_r。主偏角是在基面内测量的主切削刃在基面上的投影与进给运动方向的夹角。主偏角一般在 $30° \sim 90°$ 之间选取。

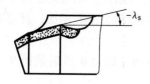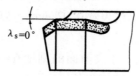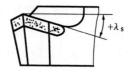

图 9 – 5 刃倾角的符号

（4）副偏角。副偏角是在基面内测量的副切削刃在基面上的投影与进给运动反方向的夹角。副偏角一般为正值。

（5）刃倾角 λ_s。刃倾角是在切削平面内测量的主切削刃与基面间的夹角。当主切削刃呈水平时，$\lambda_s = 0$；刀尖为主切削刃上最高点时，$\lambda_s > 0$；刀尖为主切削刃上最低点时，$\lambda_s < 0$（图 9 – 5）。刃倾角一般在 $-10° \sim 5°$ 之间选取。

9.2 常用量具及其使用方法

9.2.1 游标卡尺

游标卡尺是一种比较精密的量具，在测量中用得最多。通常用来测量精度较高的工件，它可测量工件的外直线尺寸、宽度和高度，有的还可用来测量槽的深度。如果按游标的刻度值来分，游标卡尺又分 0.1，0.05，0.02 mm 三种。

以刻度值 0.02 mm 的精密游标卡尺为例（图 9 – 6），这种游标卡尺由带固定卡脚的主尺和带活动卡脚的副尺（游标）组成。在副尺上有副尺固定螺钉。主尺上的刻度以 mm 为单位，每 10 格分别标以 1、2、3……以表示 10、20、30……这种游标卡尺的副尺刻度是把主尺刻度 49 mm 的长度，分为 50 等份，即每格为：

$$\frac{49}{50} = 0.98 \ （mm）$$

主尺和副尺的刻度每格相差：

$$1 - 0.98 = 0.02 \ （mm）$$

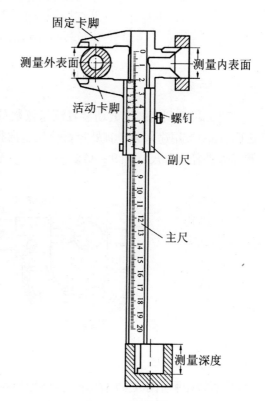

图 9 – 6 游标卡尺

（图中标注：固定卡脚、测量外表面、活动卡脚、测量内表面、螺钉、副尺、主尺、测量深度）

即测量精度为 0.02 mm。如果用这种游标卡尺测量工件，测量前，主尺与副尺的 0 线是对齐的，测量时，副尺相对主尺向右移动，若副尺的第 1 格正好与主尺的第 1 格对齐，则工件的厚度为 0.02 mm。同理，测量 0.06 mm 或 0.08 mm 厚度的工件时，应该是副尺的第 3 格正好与主尺的第 3 格对齐或副尺的第 4 格正好与主尺的第 4 格对齐。在一般测量时，先看副尺 0 线所对主尺前面是多少毫米，再看副尺上的第几条线正好与主尺上的一条刻线对齐。副尺上的每格表示 0.02 mm。然后把两个读数相加，就是被测工件的尺寸。

如图 9-7 所示，副尺 0 线所对主尺前面的刻度 64 mm，副尺 0 线后的第 9 条线与主尺的一条刻线对齐。副尺 0 线后的第 9 条线表示：

$$0.02 \times 0.18 \text{（mm）}$$

所以被测工件的尺寸为：

$$64 + 0.18 = 64.18 \text{（mm）}$$

图 9-7 0.02 mm 游标卡尺的读数方法

9.2.2 百分尺

百分尺是利用螺旋微动装置测量读数的，其测量精度比游标卡尺更高，准确度为 0.01mm。按用途来分，有外径百分尺、内径百分尺、螺纹百分尺等。通常所说的百分尺是指外径百分尺（图 9-8）。

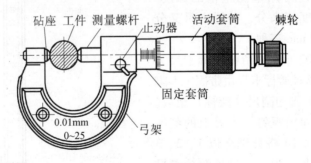

图 9-8 外径百分尺

刻线原理与读数方法百分尺的读数机构由固定套筒和活动套筒组成，在固定套筒上有上下两排刻度线，刻线每小格为 1mm，相互错开 0.5 mm。测微螺杆的螺距为 0.5 mm，与螺杆固定在一起的活动套筒的外圆周上有 50 等分的刻度。因此，活动套筒转一周，螺杆轴向移动 0.5 mm。如活动套筒只转一格，则螺杆的轴向位移为：

$$\frac{0.5}{50} = 0.01 \text{ （mm）}$$

这样，螺杆轴向位移的小数部分可从活动套筒上的刻度读出。可见，圆周刻度线是用来读出 0.5 mm 以下至 0.01 mm 的小数值（0.01 mm 以下的值可凭经验估出）。

读数分为三个步骤：

（1）读出固定套筒上露出刻线的毫米数和 0.5 mm 数；

（2）读出活动套筒上小于 0.5 mm 的小数值；

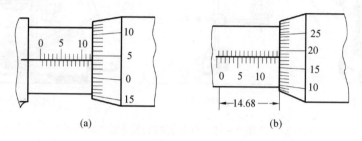

图 9-9 百分尺的刻线原理和读数示例

（3）将上述两部分相加，即得总尺寸。

图 9-9 是百分尺的刻线原理和读数示例。图 9-9a 的读数为：12 + 0.04 = 12.04（mm）；图 9-9b 的读数为：14.5 + 0.18 = 14.68（mm）。

9.2.3 百 百分表

百分表是一种精度较高的比较量具，它只能测出相对数值，不能测出绝对数值，主要用于测量形状和位置误差，也可用于机床上安装工件时的精密找正。百分表的读数准确度为 0.01 mm。百分表及传动原理如图 9-10 所示。当测量杆 1 向上或向下移动 1 mm 时，通过齿轮传动系统带动大指针 5 转一圈，小指针 7 转一格。刻度盘在圆周上

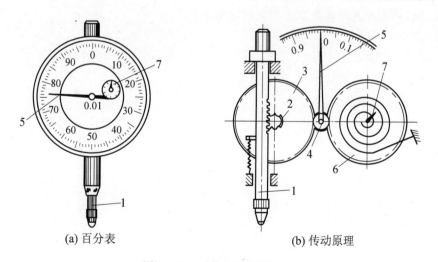

(a) 百分表   (b) 传动原理

图 9-10 百分表及传动原理

有 100 个等分格，各格的读数值为 0.01 mm。小指针每格读数为 1 mm。测量时指针读数的变动量即为尺寸变化量。刻度盘可以转动，以便测量时大指针对准零刻线。如图 9 –11 所示为百分表的安装方法。

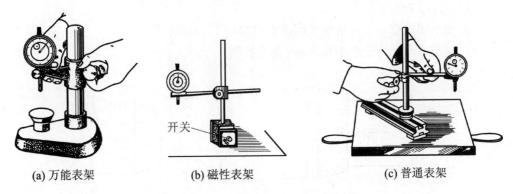

(a) 万能表架   (b) 磁性表架   (c) 普通表架

图 9 – 11　百分表的安装方法

训练与思考

1. 试用简图表示下列加工方法的主运动和进给运动：
   a. 在车上钻孔；b. 车端面；c. 在钻床上钻孔；d. 在牛头刨床上刨平面；e. 在铣床上铣平面；f. 在外圆磨床上磨外圆；g. 在平面磨床上磨平面。
2. 对刀具材料的性能有哪些要求？
3. 画图表示下列刀具的前角、后角、主偏角、副偏角和刃倾角。
   a. 外圆车刀；b. 端面车刀；c. 切断刀
4. 简述游标卡尺的使用方法及注意事项。
5. 试说明百分尺的读数方法和使用注意事项。

第10章 车削加工

【教学目的与要求】

(1) 掌握车削的加工工艺特点和典型零件表面的加工方法；

(2) 熟悉普通车床的基本结构、传动系统的组成，熟悉普通车床的基本操作；

(3) 了解车床常用附件及其使用方法。

【重点与难点】

(1) 熟悉普通车床的结构及操作方法；

(2) 熟悉典型零件表面的加工方法。

【基础知识】

车削加工是在车床上利用工件的旋转运动和刀具的移动来改变毛坯形状和尺寸，将其加工成所需零件的一种切削加工方法。其中工件的旋转为主运动，刀具的移动为进给运动（图10-1）。

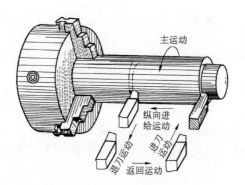

图10-1　车削运动

车床主要用于加工各种回转体表面（图10-2），加工的尺寸公差等级为IT11～IT6，表面粗糙度 Ra 值为 12.5～0.8 μm。车床的种类很多，其中应用最广泛的是卧式车床。

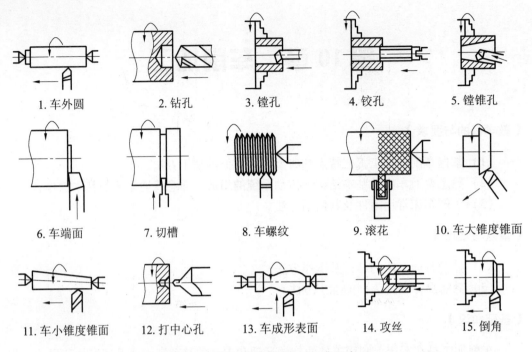

1. 车外圆	2. 钻孔	3. 镗孔	4. 铰孔	5. 镗锥孔
6. 车端面	7. 切槽	8. 车螺纹	9. 滚花	10. 车大锥度锥面
11. 车小锥度锥面	12. 打中心孔	13. 车成形表面	14. 攻丝	15. 倒角

图 10 - 2　普通车床所能加工的典型表面

10.1　卧式车床

10.1.1　卧式车床的结构

1. 卧式车床的型号

卧式车床用 C61×××来表示，其中 C——机床分类号，表示车床类机床；61——组系代号，表示卧式，其他表示车床的有关参数和改进号，如 C6132A 型卧式车床中"32"表示主要参数代号（最大车削直径为 320 mm），"A"表示重大改进序号（第一次重大改进）。

2. 卧式车床各部分的名称和用途

C6132 普通车床的外形如图 10 - 3 所示。

（1）变速箱。变速箱用来改变主轴的转速。主要由传动轴和变速齿轮组成。通过操纵变速箱和主轴箱外面的变速手柄——改变齿轮或离合器的位置，可使主轴获得不同的速度，主轴的反转是通过电动机的反转来实现的。

（2）主轴箱。主轴箱用来支承主轴，并使其作各种速度旋转运动；主轴是空心的，便于穿过长的工件；在主轴的前端可以利用锥孔安装顶尖，也可利用主轴前端圆锥面安装卡盘和拨盘，以便装夹工件。

（3）挂轮箱。挂轮箱用来搭配不同齿数的齿轮，以获得不同的进给量，主要用于车削不同种类的螺纹。

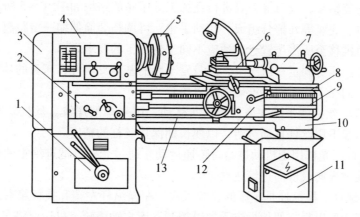

1—变速箱；2—进给箱；3—挂轮箱；4—主轴箱；5—三爪卡盘；6—刀架；7—尾座；
8—丝杠；9—光杠；10—床身；11—床腿；12—溜板箱；13—操纵杆

图 10-3 C6132 普通车床的外形

（4）进给箱。进给箱用来改变进给量。主轴经挂轮箱传入进给箱的运动，通过移动变速手柄来改变进给箱中滑动齿轮的啮合位置，便可使光杆或丝杆获得不同的转速。

（5）溜板箱。溜板箱用来使光杠和丝杠的转动改变为刀架的自动进给运动。光杠用于一般的车削，丝杠只用于车螺纹。溜板箱中设有互锁机构，使两者不能同时使用。

（6）刀架。刀架用来夹持车刀并使其做纵向、横向或斜向进给运动。它由以下几个部分组成（图 10-4）：

①中滑板。可沿床鞍上的导轨做横向移动。

②方刀架。把它固定在小滑板上，可同时装夹四把车刀；松开锁紧手柄，即可转动方刀架，把所需要的车刀更换到工作位置上。

③小滑板。它可沿转盘上面的导轨做短距离移动；当将转盘偏转若干角度后，可使小滑板做斜向进给，以便车锥面。

④转盘。它与中滑板用螺钉紧固，松开螺钉便可在水平面内扳转任意角度。

⑤床鞍。它与溜板箱连接，可沿床身导轨做纵向移动，其上面有横向导轨。

（7）尾座。尾座用于安装后顶尖以支

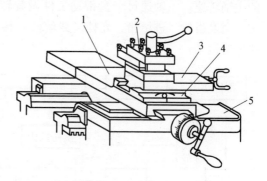

1—中滑板；2—方刀架；3—小滑板；
4—转盘；5—床鞍

图 10-4 刀架

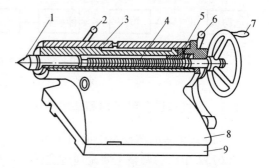

1—顶尖；2—套筒锁紧手柄；3—顶尖套筒；
4—丝杆；5—螺母；6—尾座锁紧手柄；
7—手轮；8—尾座体；9—底座

图 10-5 尾座结构

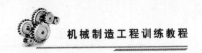

持工件，或安装钻头、铰刀等刀具进行孔加工。尾座的结构如图10-5所示，它主要由套筒、尾座体、底座等几部分组成。转动手轮，可调整套筒伸缩一定距离，并且尾座还可沿床身导轨推移至所需位置，以适应不同工件加工的要求。

（8）床身。床身固定在床腿上，床身是车床的基本支承件，床身的功用是支承各主要部件并使它们在工作时保持准确的相对位置。

（9）丝杠。丝杠能带动大拖板做纵向移动，用来车削螺纹。丝杠是车床中主要精密件之一，一般不用丝杠自动进给，以便长期保持丝杠的精度。

（10）光杠。光杠用于机动进给时传递运动。通过光杠可把进给箱的运动传递给溜板箱，使刀架做纵向或横向进给运动。

（11）操纵杆。操纵杆是车床的控制机构，在操纵杆左端和拖板箱右侧各装有一个手柄，操作工人可以很方便地操纵手柄以控制车床主轴正转、反转或停车。

10.1.2　卧式车床的传动系统

如图10-6是卧式车床的传动系统框图。电动机输出的动力，经变速箱通过带传动传给主轴，更换变速箱和主轴箱外的手柄位置，得到不同的齿轮组啮合，从而得到不同的主轴转速。主轴通过卡盘带动工件做旋转运动。同时，主轴的旋转运动通过换向机构、交换齿轮、进给箱、光杠（或丝杠）传给溜板箱，使溜板箱带动刀架沿床身做直线进给运动。

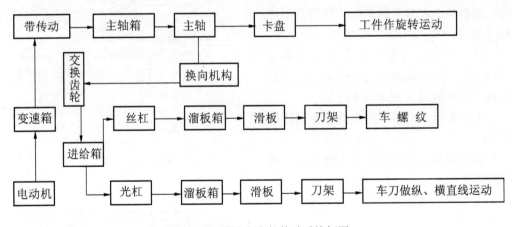

图10-6　卧式车床的传动系统框图

10.1.3　卧式车床各种手柄和基本操作

1. 卧式车床的调整及手柄的使用

C6132车床的调整主要是通过变换各自相应的手柄位置进行的，可参照图10-7进行调整。

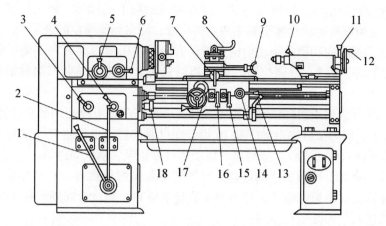

1、2、6—主运动变速手柄；3、4—进给运动变速手柄；5—刀架左右移动的换向手柄；7—刀架横向手动手柄；
8—方刀架锁紧手柄；9—小刀架移动手柄；10—尾座套筒锁紧手柄；11—尾座锁紧手柄；12—尾座套筒移动手轮；
13—主轴正反转及停止手柄；14—"开合螺母"开合手柄；15—刀架横向自动手柄；16—刀架纵向自动手柄；
17—刀架纵向手动手轮；18—光杠、丝杠更换使用的离合器

图 10-7　C6132 车床的调整手柄

调整过程应注意以下几点：

（1）主轴正反转及停止手柄 13 为操纵杆式开关，手柄 13 向上为正转，向下为反转，中间为停止位置。

（2）调整主轴转速参考 C6132 型车床主轴转数铭牌（见表 10-1）进行，但必须注意停车后进行变速，当手柄推拉不到正常位置时，要用手搬动卡盘。

表 10-1　C6132 型车床主轴转数铭牌

手柄位置		I 长　手　柄			II 长　手　柄		
		↖	↑	↗	↖	↑	↗
短手柄	↖	45	66	94	360	530	750
	↗	120	173	248	958	1380	1980

（3）进给量的调整主要靠改变进给运动变速手柄 3、4 的位置得到。手柄 3 有 5 个位置，手柄 4 有 4 个位置，当挂轮箱内的配换齿轮一定时，这两个手柄配合使用可得到 20 种进给量。

（4）刀架横向自动手柄 15 和刀架纵向自动手柄 16 是实现自动进给运动的手柄。当你的操作不太熟练时，注意不要盲目扳动，以防设备事故的发生。

2. 卧式车床的基本操作

（1）停车练习（主轴正反转及停止手柄 13 在停止位置）

① 正确变换主轴转速。变动变速箱和主轴箱外面的主运动变速手柄 1、2 或 6，可得到各种相对应的主轴转速。当手柄拨动不顺利时，可用手稍转动卡盘即可。

② 正确变换进给量。按所选的进给量查看进给箱上的标牌，再按标牌上进给变换手柄位置来变换进给运动变速手柄 3 和 4 的位置，即得到所选定的进给量。

③ 熟练掌握纵向和横向手动手柄的转动方向。左手握刀架纵向手动手轮 17，右手握刀架横向手动手柄 7。分别按顺时针和逆时针旋转手轮，操纵刀架和溜板箱的移动方向。

④ 熟练掌握纵向或横向机动进给的操作。光杠、丝杠更换使用的离合器 18 位于光杠接通位置上，将刀架纵向自动手柄 16 提起即可纵向进给，如将刀架横向自动手柄 15 向上提起即可横向机动进给。分别向下扳动则可停止纵、横机动进给。

⑤ 尾座的操作。尾座靠手动移动，其固定靠紧固螺栓螺母。转动尾座套筒移动手轮 12，可使套筒在尾架内移动，转动尾座锁紧手柄 11，可将套筒固定在尾座内。

（2）低速开车练习

练习前应先检查各手柄位置是否处于正确的位置，无误后进行开车练习。

① 主轴启动：电动机启动—操纵主轴转动—手动纵横进给—机动纵横进给—手动退回—机动横向进给—手动退回—停止主轴转动—关闭电动机。

② 机动进给：电动机启动—操纵主轴转动—手动纵横进给—机动纵横进给—手动退回—机动横向进给—手动退回—停止主轴转动—关闭电动机。

10.2 车刀结构及安装

10.2.1 车刀结构

（a）整体式

（b）焊接式

（c）机夹式

（b）可转位式

图 10-8 车刀组成

车刀是由刀头和刀杆两部分所组成，刀头是车刀的切削部分，刀杆是车刀的夹持部分。车刀从结构上分为四种形式，即整体式、焊接式、机夹式、可转位式，如图 10 – 8 所示。其中可转位式车刀特别适用于数控机床使用。

10.2.2 车刀的安装

车刀必须正确牢固地安装在刀架上，如图 10 – 9a 所示。安装车刀应注意下列几点：

（1）刀头不宜伸出太长，否则切削时容易产生振动，影响工件加工精度和表面粗糙度。一般刀头伸出长度不超过刀杆厚度的两倍。

（2）刀尖应与车床主轴中心线等高。车刀装得太高，后刀面与工件加剧摩擦，装得太低，切削时工件会被抬起。刀尖的高低，可根据尾架顶尖高低来调整。

（3）车刀底面的垫片要平整，并尽可能用厚垫片，以减少垫片数量。调整好刀尖高低后，至少要用两个螺钉交替将车刀拧紧。

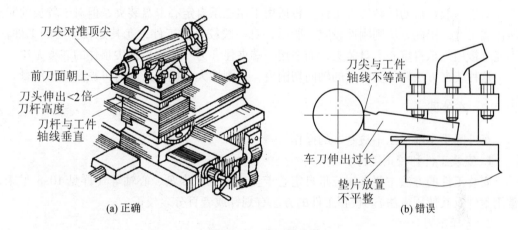

图 10 – 9 车刀的安装

10.3 车外圆、端面和台阶

10.3.1 三爪自定心卡盘安装工件

1. 用三爪自定心卡盘安装工件

三爪自定心卡盘的结构如图 10 – 10a 所示，当用卡盘扳手转动小锥齿轮时，大锥齿轮也随之转动，在大锥齿轮背面平面螺纹的作用下，使三个爪同时向心移动或退出，以夹紧或松开工件。它的特点是对中性好，自动定心精度可达到 0.05 ～ 0.15 mm。可以装夹直径较小的工件，如图 10 – 10b 所示。当装夹直径较大的外圆工件时可用三个反爪进行，如图 10 – 10c 所示。但三爪自定心卡盘由于夹紧力不大，所以一般只适宜于重量较轻的工件，当对重量较重的工件进行装夹时，宜用四爪单动卡盘或其他专用夹具。

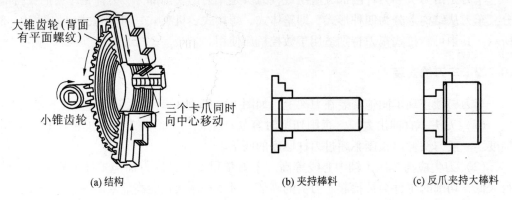

| (a) 结构 | (b) 夹持棒料 | (c) 反爪夹持大棒料 |

图 10 – 10   三爪自定心卡盘结构和工件安装

2. 用一夹一顶安装工件

对于一般较短的回转体类工件，较适用于用三爪自定心卡盘装夹，但对于较长的回转体类工件，用此方法则刚性较差。所以，对一般较长的工件，尤其是较重要的工件，不能直接用三爪自定心卡盘装夹，而要用一端夹住，另一端用后顶尖顶住的装夹方法。

这种装夹方法能承受较大的轴向切削力，且刚性大大提高，同时可提高切削用量。

10.3.2 车外圆

车外圆是车削加工中最基本的操作。

1. 安装工件和校正工件

安装工件的方法主要有用三爪自定心卡盘或者四爪卡盘、心轴等（详见 10.8 车床常用附件及其使用方法）。校正工件的方法有划针或者百分表校正。

2. 选择车刀

车外圆可用图 10 – 11 所示的各种车刀。直头车刀（尖刀）的形状简单，主要用于粗车外圆；弯头车刀不但可以车外圆，还可以车端面，加工台阶轴和细长轴则常用偏刀。

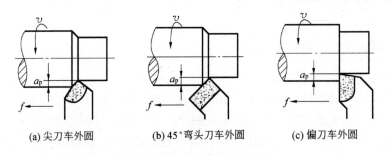

| (a) 尖刀车外圆 | (b) 45°弯头刀车外圆 | (c) 偏刀车外圆 |

图 10 – 11   车外圆的几种情况

3. 调整车床

车床的调整包括主轴转速和车刀的进给量。

主轴的转速是根据切削速度计算选取的。而切削速度的选择则和工件材料、刀具材料以及工件加工精度有关。用高速钢车刀车削时，$v = 0.3 \sim 1$ m/s，用硬质合金刀时，$v = 1 \sim 3$ m/s。根据选定的切削速度计算出车床主轴的转速，再对照车床主轴转数铭牌，选取车床上最近似计算值而偏小的一挡，然后按表 10 – 1 所示的手柄要求，扳动手柄即可。但特别要注意的是，必须在停车状态下扳动手柄。

例如用硬质合金车刀加工直径 $D = 200$ mm 的铸铁带轮，选取的切削速度 $v = 0.9$ m/s，计算主轴的转速为：

$$n = \frac{1000 \times 60 \times v}{\pi D} = \frac{1000 \times 60 \times 0.9}{3.14 \times 200} \approx 86 \ (\text{r/min})$$

从主轴转速铭牌中选取偏小一挡的近似值为 94 r/min，即短手柄扳向左方，长手柄扳向右方，主轴箱手柄放在低速挡位置。

进给量是根据工件加工要求确定。粗车时，一般取 $0.2 \sim 0.3$ mm/r；精车时，随所需要的表面粗糙度而定。例如表面粗糙度为 $Ra3.2$ 时，选用 $0.1 \sim 0.2$ mm/r；$Ra1.6$ 时，选用 $0.06 \sim 0.12$ mm/r，等等。进给量的调整可对照车床进给量表扳动手柄位置，具体方法与调整主轴转速相似。

4. 粗车和精车

粗车的目的是尽快地切去多余的金属层，使工件接近最后的形状和尺寸。粗车后应留下 $0.5 \sim 1$ mm 的加工余量。

精车是切去余下少量的金属层以获得零件所求的精度和表面粗糙度，因此背吃刀量较小，$0.1 \sim 0.2$ mm，切削速度则可用较高或较低速，初学者可用较低速。为了提高工件表面粗糙度，用于精车的车刀的前、后刀面应采用油石加机油磨光，有时刀尖磨成一个小圆弧。

为了保证加工的尺寸精度，应采用试切法车削。试切法的步骤如图 10 – 12 所示。

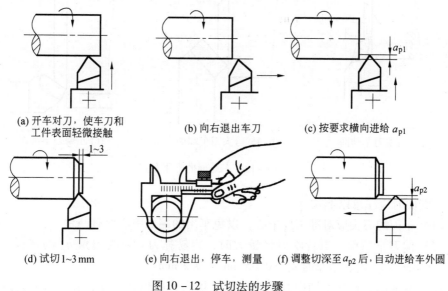

(a) 开车对刀，使车刀和工件表面轻微接触　　(b) 向右退出车刀　　(c) 按要求横向进给 a_{p1}

(d) 试切 1~3 mm　　(e) 向右退出，停车，测量　　(f) 调整切深至 a_{p2} 后，自动进给车外圆

图 10 – 12　试切法的步骤

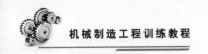

5. 刻度盘的原理和应用

车削工件时，为了正确迅速地控制背吃刀量，可以利用中拖板上的刻度盘。中拖板刻度盘安装在中拖板丝杠上。当摇动中拖板手柄带动刻度盘转一周时，中拖板丝杠也转了一周。这时，固定在中拖板上与丝杠配合的螺母沿丝杠轴线方向移动了一个螺距。因此，安装在中拖板上的刀架也移动了一个螺距。如果中拖板丝杠螺距为 4 mm，当手柄转一周时，刀架就横向移动 4 mm。若刻度盘圆周上等分 200 格，则当刻度盘转过一格时，刀架就移动了 0.02 mm。

使用中拖板刻度盘控制背吃刀量时应注意的事项：

（1）由于丝杠和螺母之间有间隙存在，因此会产生空行程（即刻度盘转动，而刀架并未移动）。使用时必须慢慢地把刻度盘转到所需要的位置。若不慎多转过几格，不能简单地退回几格，必须向相反方向退回全部空行程，再转到所需位置。

（2）由于工件是旋转的，使用中拖板刻度盘时，车刀横向进给后的切除量刚好是背吃刀量的两倍，因此要注意，当工件外圆余量测得后，中拖板刻度盘控制的背吃刀量是外圆余量的二分之一，而小拖板的刻度值，则直接表示工件长度方向的切除量。

6. 纵向进给

纵向进给到所需长度时，关停自动进给手柄，退出车刀，然后停车、检验。

10.3.3 车端面

对工件的端面进行车削的方法叫车端面。常用端面车削时的几种情况如图 10 - 13 所示。

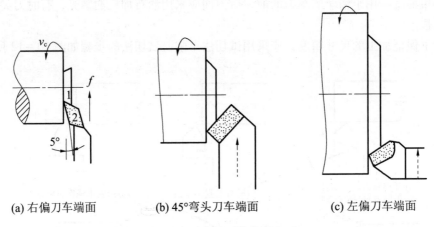

(a) 右偏刀车端面　　　　(b) 45°弯头刀车端面　　　　(c) 左偏刀车端面

图 10 - 13　车端面的常用车刀

车端面时应注意以下几点：

（1）车刀的刀尖应对准工件中心，以免车出的端面中心留有凸台。

（2）偏刀车端面，当背吃刀量较大时，容易扎刀。背吃刀量 a_p 的选择：粗车时 $a_p = 0.2$ mm ～ 1 mm，精车时 $a_p = 0.05$ mm ～ 0.2 mm。

（3）端面的直径从外到中心是变化的，切削速度也在改变，在计算切削速度时必须按端面的最大直径计算。

（4）车直径较大的端面，若出现凹心或凸肚时，应检查车刀和方刀架及大拖板是否锁紧。

10.3.4 车台阶

车削台阶的方法与车削外圆基本相同，但在车削时应兼顾外圆直径和台阶长度两个方向的尺寸要求，还必须保证台阶平面与工件轴线的垂直度要求。

车高度在 5 mm 以下的台阶时，可用主偏角为 90°的偏刀在车外圆时同时车出；车高度在 5 mm 以上的台阶时，应分层进行切削，如图 10 – 14 所示。

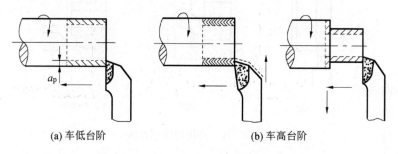

(a) 车低台阶   (b) 车高台阶

图 10 – 14 台阶的车削

台阶长度尺寸的控制方法：

① 台阶长度尺寸要求较低时可直接用大拖板刻度盘控制。

② 台阶长度可用钢直尺或样板确定位置，如图 10 – 15a、10 – 15b 所示。车削时先用刀尖车出比台阶长度略短的刻痕作为加工界限，台阶的准确长度可用游标卡尺或深度游标卡尺测量。

③ 台阶长度尺寸要求较高且长度较短时，可用小滑板刻度盘控制其长度。

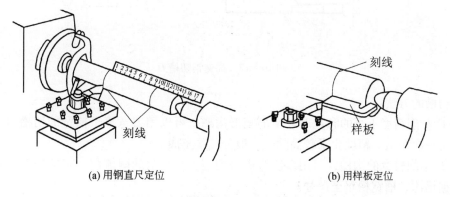

(a) 用钢直尺定位   (b) 用样板定位

图 10 – 15 台阶长度尺寸的控制方法

10.4 切槽、切断、车成型面和滚花

10.4.1 切槽

在工件表面上车沟槽的方法叫切槽，槽的形状有外槽、内槽和端面槽，如图10－16所示。

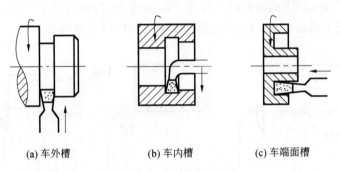

(a) 车外槽　　　　　(b) 车内槽　　　　　(c) 车端面槽

图 10－16　常用切槽的方法

1. 切槽刀的选择

常选用高速钢切槽刀切槽，切槽刀的几何形状和角度如图 10－17 所示。

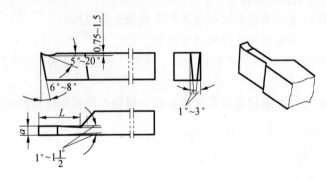

图 10－17　高速钢切槽刀

切槽的方法：

① 车削精度不高的和宽度较窄的矩形沟槽，可以用刀宽等于槽宽的切槽刀，采用直进法一次车出。精度要求较高的，一般分二次车成。

② 车削较宽的沟槽，可用多次直进法切削，并在槽的两侧留一定的精车余量，然后根据槽深、槽宽精车至尺寸。

③ 车削较小的圆弧形槽，一般用成形车刀车削。较大的圆弧槽，可用双手联动车削，用样板检查修整。

④ 车削较小的梯形槽，一般用成形车刀完成，较大的梯形槽，通常先车直槽，然后用梯形刀直进法或左右切削法完成。

10.4.2 切断

切断要用切断刀。切断刀的形状与切槽刀相似，但因刀头窄而长，很容易折断。常用的切断方法有直进法和左右借刀法两种，如图 10-18 所示。

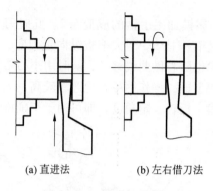

(a) 直进法　　　　(b) 左右借刀法

图 10-18　常用的切断方法

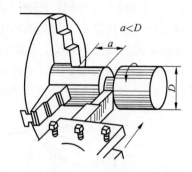

图 10-19　在卡盘上切断

直进法常用于切断铸铁等脆性材料；左右借刀法常用于切断钢等塑性材料。

切断时应注意以下几点：

① 切断一般在卡盘上进行，如图 10-19 所示。工件的切断处应距卡盘近些，避免在顶尖安装的工件上切断。

② 切断刀刀尖必须与工件中心等高，否则切断处将剩有凸台，且刀头也容易损坏（图 10-20）。

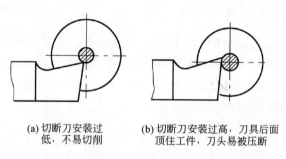

(a) 切断刀安装过　　　　(b) 切断刀安装过高，刀具后面
低，不易切削　　　　　　顶住工件，刀头易被压断

图 10-20　切断刀刀尖必须与工件中心等高

③ 切断刀伸出刀架的长度不要过长，进给要缓慢均匀。将切断时，必须放慢进给速度，以免刀头折断。

④ 切断钢件时需要加切削液进行冷却润滑，切铸铁时一般不加切削液，但必要时可用煤油进行冷却润滑。

10.4.3 车成型面

表面轴向剖面呈现曲线形特征的这些零件叫成型面。下面介绍三种加工成型面的方法。

（1）样板刀车成型面。图 10 – 21 为车圆弧的
样板刀，用样板刀车成型面，其加工精度主要靠
刀具保证。但要注意由于切削时接触面较大，切
削抗力也大，易出现振动和工件移位。为此切削
力要小些，工件必须夹紧。

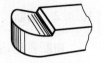

图 10 – 21　车圆弧的样板刀

（2）用靠模车成型面。图 10 – 22 表示用靠模加工手柄的成型面 2。此时刀架的横
向滑板已经与丝杠脱开，其前端的拉杆 3 上装有滚柱 5。当大拖板纵向走刀时，滚柱 5
即在靠模 4 的曲线槽内移动，从而使车刀刀尖也随着做曲线移动，同时用小刀架控制切
深，即可车出手柄的成型面。这种方法加工成型面，操作简单，生产率较高，因此多用
于成批生产。当靠模 4 的槽为直槽时，将靠模 4 扳转一定角度，即可用于车削锥度。

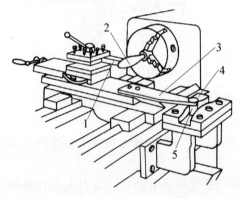
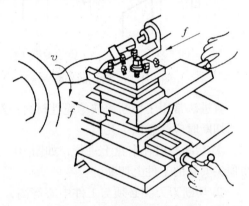

1—车刀；2—成型面；3—拉杆；4—靠模；5—滚柱

图 10 – 22　用靠模加工手柄的成型面

图 10 – 23　用双手控制纵、横向进
给车成形面

（3）用双手控制法车成型面。单件加工成型面时，通常采用双手控制法车削成型
面，即双手同时摇动小滑板手柄和中滑板手柄，并通过双手协调动作，使刀尖走过的轨
迹与所要求的成型面曲线相仿，如图 10 – 23 所示。它的特点是灵活、方便，不需要其
他辅助工具，但需要较高的技术水平。

10.4.4　滚花

各种工具和机器零件的手握部分，为了便于握持和增加美观，常常在表面上滚出各
种不同的花纹。如百分尺的套管，铰杠扳手以及螺纹量规等。这些花纹一般是在车床上
用滚花刀滚压而形成的（图 10 – 24）。花纹有直纹和网纹两种，滚花刀也分直纹滚花刀
（图 10 – 25a）和网纹滚花刀（图 10 – 25b、c）。滚花是用滚花刀来挤压工件，使其表
面产生塑性变形而形成花纹。滚花的径向挤压力很大，因此加工时，工件的转速要低
些。需要充分供给冷却润滑液，以免研坏滚花刀和防止细屑滞塞在滚花刀内而产生
乱纹。

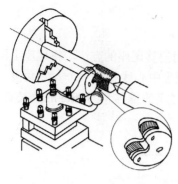

图 10 – 24　滚花

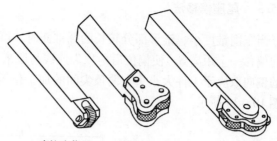

(a) 直纹滚花刀　(b) 两轮网纹滚花刀　(c) 三轮网纹滚花刀

图 10 – 25　滚花刀

10.5　车圆锥面

将工件车削成圆锥表面的方法称为车圆锥。常用车削锥面的方法有宽刀法、转动小刀架法、靠模法、尾座偏移法等几种。这里介绍宽刀法、转动小刀架法和尾座偏移法。

10.5.1　宽刀法

车削较短的圆锥时，可以用宽刃刀直接车出，如图 10 – 26 所示。其工作原理实质上属于成型法，所以要求切削刃必须平直，切削刃与主轴轴线的夹角应等于工件圆锥半角 $\alpha/2$。同时要求车床有较好的刚性，否则易引起振动。当工件的圆锥斜面长度大于切削刃长度时，可以用多次接刀方法加工，但接刀处必须平整。

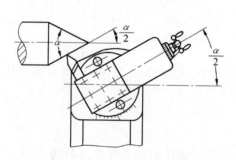

图 10 – 26　用宽刃刀车削圆锥

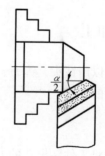

图 10 – 27　转动小滑板车圆锥

10.5.2　转动小刀架法

当加工锥面不长的工件时，可用转动小刀架法车削。车削时，将小滑板下面的转盘上螺母松开，把转盘转至所需要的圆锥半角 $\alpha/2$ 的刻线上，与基准零线对齐，然后固定转盘上的螺母，如果锥角不是整数，可在圆锥附近估计一个值，试车后逐步找正，如图 10 – 27 所示。

10.5.3 尾座偏移法

当车削锥度小、锥形部分较长的圆锥面时，可以用偏移尾座的方法。将尾座上滑板横向偏移一个距离 S，使偏位后两顶尖连线与原来两顶尖中心线相交一个 $\alpha/2$ 角度，尾座的偏向取决于工件大小头在两顶尖间的加工位置。尾座的偏移量与工件的总长有关，如图 10 – 28 所示。

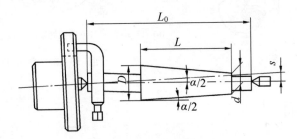

图 10 – 28　偏移尾座法车削圆锥

尾座偏移量可用下列公式计算：

$$S = \frac{D - d}{2L}L_0$$

式中　S——尾座偏移量；

L——零件锥体部分长度；

L_0——工件总长度；

D、d——锥体大头直径和锥体小头直径。

10.6　孔加工

车床上可以用钻头、镗刀、扩孔钻头、铰刀进行钻孔、镗孔、扩孔和铰孔。下面介绍钻孔和镗孔的方法。

10.6.1　钻孔

利用钻头将工件钻出孔的方法称为钻孔。钻孔的公差等级为 IT10 以下，表面粗糙度为 $Ra12.5\ \mu m$，多用于粗加工孔。在车床上钻孔如图 10 – 29 所示，工件装夹在卡盘上，钻头安装在尾架套筒锥孔内。钻孔前先车平端面并车出一个中心坑或先用中心钻钻中心孔作为引导。钻孔时，摇动尾架手轮使钻头缓慢进给，注意经常退出钻头排屑。钻孔进给不能过猛，以免折断钻头。钻钢料时应加切削液。

10.6.2　镗孔

在车床上对工件的孔进行车削的方法叫镗孔（又叫车孔），镗孔可以做粗加工，也可以做精加工。镗孔分为镗通孔和镗不通孔，如图 10 – 30 所示。镗通孔基本上与车外圆相同，只是进刀和退刀方向相反。粗镗和精镗内孔时也要进行试切和试测，其方法与车外圆相同。注意通孔镗刀的主偏角为45°～75°，不通孔车刀主偏角为大于90°。

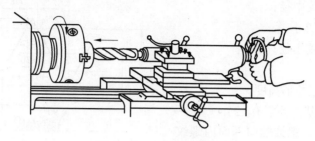

图 10 – 29　车床上钻孔

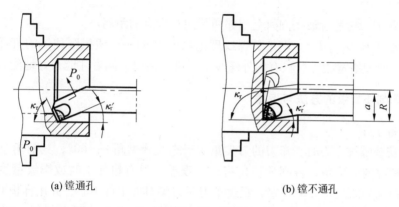

(a) 镗通孔　　　　　　　　　　　　(b) 镗不通孔

图 10 – 30　镗孔

10.7　车螺纹

将工件表面车削成螺纹的方法称为车螺纹。螺纹按牙型分为三角螺纹、方牙螺纹、梯形螺纹等（图 10 – 31）。其中普通公制三角螺纹应用最广。

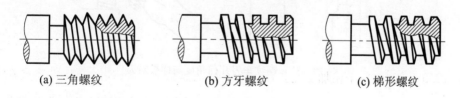

(a) 三角螺纹　　　　　　　(b) 方牙螺纹　　　　　　　(c) 梯形螺纹

图 10 – 31　螺纹的种类

10.7.1　普通三角螺纹的基本牙型

普通三角螺纹的基本牙型如图 10 – 32 所示，各基本尺寸的名称如下：

D——内螺纹大径（公称直径）；

d——外螺纹大径（公称直径）；

D_2——内螺纹中径；

d_2——外螺纹中径；

D_1——内螺纹小径；

d_1——外螺纹小径；

P——螺距；

H——原始三角形高度。

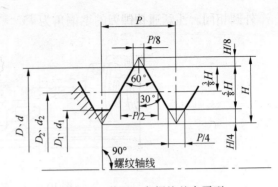

图 10-32 普通三角螺纹基本牙型

决定螺纹的基本要素有三个：

① 牙型角 α。螺纹轴向剖面内螺纹两侧面的夹角。公制螺纹 $\alpha = 60°$，英制螺纹 $\alpha = 55°$。

② 螺距 P。它是沿轴线方向上相邻两牙间对应点的距离。

③ 螺纹中径 D_2（d_2）。它是平螺纹理论高度 H 的一个假想圆柱体的直径。在中径处的螺纹牙厚和槽宽相等。只有内外螺纹中径都一致时，两者才能很好地配合。

10.7.2 车削外螺纹的方法与步骤

1. 准备工作

（1）安装螺纹车刀时，车刀的刀尖角等于螺纹牙型角 $\alpha = 60°$，其前角 $\gamma_0 = 0°$ 才能保证工件螺纹的牙型角，否则牙型角将产生误差。只有粗加工时或螺纹精度要求不高时，其前角 γ_0 可取 $5° \sim 20°$。安装螺纹车刀时刀尖对准工件中心，并用样板对刀，以保证刀尖角的角平分线与工件的轴线相垂直，车出的牙型角才不会偏斜，如图 10-33 所示。

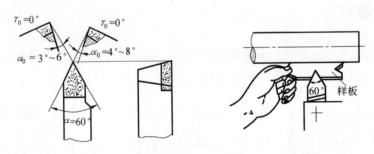

图 10-33 螺纹车刀几何角度与样板对刀

（2）按螺纹规格车螺纹外圆，并按所需长度刻出螺纹长度终止线。先将螺纹外径车至规定尺寸，然后用刀尖在工件上的螺纹终止处刻一条微可见线，以它作为车螺纹的退刀标记。

（3）根据工件的螺距 P，查机床上的标牌，然后调整进给箱上手柄位置及配换挂轮箱齿轮的齿数以获得所需要的工件螺距。

（4）确定主轴转速。初学者应将车床主轴转速调到最低速。

2. 车螺纹的方法和步骤

（1）确定车螺纹切削深度的起始位置，将中滑板刻度调到零位，开车，使刀尖轻微接触工件表面，然后迅速将中滑板刻度调至零位，以便于进刀记数。

（2）试切第一条螺旋线并检查螺距。将床鞍摇至离工件端面 8～10 牙处，横向进刀 0.05 mm 左右。开车，合上开合螺母，在工件表面车出一条螺旋线，至螺纹终止线处退出车刀，开反车把车刀退到工件右端；停车，用钢尺检查螺距是否正确，如图 10-34a 所示。

（3）用刻度盘调整背吃刀量，开车切削，如图 10-34b 所示。螺纹的总背吃刀量 a_p 与螺距的关系按经验公式 $a_p \approx 0.65P$，每次的背吃刀量在 0.1 左右。

（4）车刀将至终点时，应做好退刀停车准备，先快速退出车刀，然后开反车退出刀架，如图 10-34c 所示。

（5）再次横向进刀，继续切削至车出正确的牙型，如图 10-34d 所示。

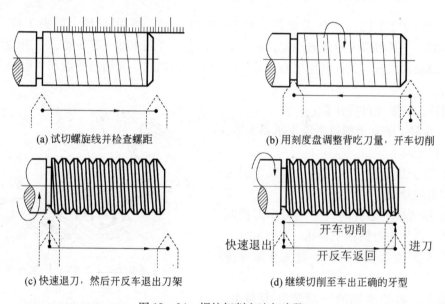

(a) 试切螺旋线并检查螺距　　　　　(b) 用刻度盘调整背吃刀量，开车切削

(c) 快速退刀，然后开反车退出刀架　　(d) 继续切削至车出正确的牙型

图 10-34　螺纹切削方法与步骤

10.8　车床常用附件及其使用方法

10.8.1　用四爪卡盘安装工件

四爪卡盘的外形如图 10-35a 所示，它的四个爪通过 4 个螺杆独立移动，它的特点是能装夹形状比较复杂的非回转体如方形、长方形等，而且夹紧力大。由于其装夹后不能自动定心，所以装夹效率较低，装夹时必须用划线盘或百分表找正，使工件回转中心与车床主轴中心对齐，如图 10-35b 所示为用百分表找正外圆的示意图。

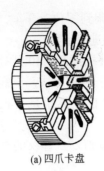
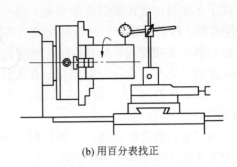

(a) 四爪卡盘　　　　　　　　　　　(b) 用百分表找正

图 10 – 35　四爪卡盘装夹工件

10.8.2　用顶尖安装工件

对同轴度要求比较高且需要调头加工的轴类工件，常用双顶尖装夹工件，如图 10 – 36 所示，其前顶尖为普通顶尖，装在主轴孔内，并随主轴一起转动，后顶尖为活顶尖装在尾架套筒内。工件利用中心孔被顶在前后顶尖之间，并通过拨盘和卡箍随主轴一起转动。

用顶尖安装工件应注意：

① 卡箍上的支承螺钉不能支承得太紧，以防工件变形。

② 由于靠卡箍传递扭矩，所以车削工件的切削用量要小。

③ 钻两端中心孔时，要先用车刀把端面车平，再用中心钻钻中心孔。

④ 安装拨盘和工件时，首先要擦净拨盘的内螺纹和主轴端的外螺纹，把拨盘拧在主轴上，再把主轴的一端装在卡箍上。最后在双顶尖中间安装工件。

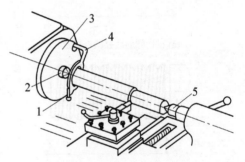

1—卡箍螺钉；2—前顶尖；3—拨盘；
4—卡箍；5—后顶尖

图 10 – 36　用顶尖安装工件

10.8.3　中心架和跟刀架的使用

当工件长度跟直径之比大于 25 倍（$L/d > 25$）时，由于工件本身的刚性变差，在车削时，工件受切削力、自重和旋转时离心力的作用，会产生弯曲、振动，严重影响其圆柱度和表面粗糙度，同时，在切削过程中，工件受热伸长产生弯曲变形，车削很难进行，严重时会使工件在顶尖间卡住。此时需要用中心架或跟刀架来支承工件。

1. 用中心架支承车细长轴

一般在车削细长轴时，用中心架来增加工件的刚性，当工件可以进行分段切削时，中心架支承在工件中间，如图 10 – 37 所示。在工件装上中心架之前，须在毛坯中部车出一段支承中心架支承爪的沟槽，其表面粗糙度及圆柱度误差要小，并在支承爪与工件接触处经常加润滑油。为提高工件精度，车削前应将工件轴线调整到与机床主轴回转中心同轴。

2. 用跟刀架支承车细长轴

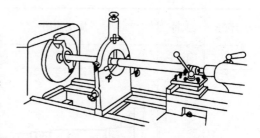

对不适宜调头车削的细长轴，不能用中心架支承，而要用跟刀架支承进行车削，以增加工件的刚性，如图 10 - 38 所示。跟刀架固定在床鞍上，一般有两个支承爪，它可以跟随车刀移动，抵消径向切削力，提高车削细长轴的形状精度和减小表面粗糙度，如图

图 10 - 37 用中心架支承车削细长轴

10 - 38a 所示为两爪跟刀架，因为车刀给工件的切削抗力 F'_r，使工件贴在跟刀架的两个支承爪上，但由于工件本身的向下重力，以及偶然的弯曲，车削时会瞬时离开支承爪，接触支承爪时产生振动。所以比较理想的中心架需要用三爪中心架，如图 10 - 38b 所示。此时，由三爪和车刀抵住工件，使之上下、左右都不能移动，车削时稳定，不易产生振动。

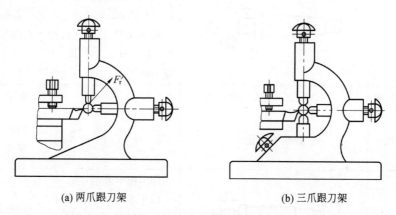

(a) 两爪跟刀架   (b) 三爪跟刀架

图 10 - 38 跟刀架支承车细长轴

10.9 轴类零件车削工艺

轴类零件由外圆、轴肩、螺纹及螺纹退刀槽、砂轮越程槽等组成。对要求较高的轴类零件有形位公差要求。一般在车床上完成大部分的切削工作，如常见传动轴的车削工艺，见表 10 - 2 所示。

表 10-2 常见传动轴的车削工艺

序号	工种	加工简图	加工内容	刀具或工具	安装方法
1	下料		下料 $\phi 55 \times 245$		
2	车		夹持 $\phi 55$ 外圆；车端面见平，钻中心孔 $\phi 2.5$；用尾座顶尖顶住工件。粗车外圆 $\phi 52 \times 202$；粗车 $\phi 45$、$\phi 40$、$\phi 30$ 各外圆；直径留量 2mm。长度留量 1mm	中心钻 右偏刀	三爪自定心卡盘顶尖
3	车		夹持 $\phi 47$ 外圆；车另一端面，保证总长 240；钻中心孔 $\phi 2.5$；粗车 $\phi 35$ 外圆，直径留量 2mm，长度留量 1mm	中心钻 右偏刀	三爪自定心卡盘
4	热处理	调质 220～250 HBS		钳子	
5	车	修研中心孔		四棱顶尖	三爪自定心卡盘
6	车		用卡箍卡 B 端：精车 $\phi 50$ 外圆至尺寸；精车 $\phi 35$ 外圆至尺寸；切槽，保长度 40；倒角	右偏刀 切槽刀	双顶尖
7	车		用卡箍卡 A 端：精车 $\phi 45$ 外圆至尺寸；精车 M40 大径为 $\phi 40^{-0.1}_{-0.2}$ 外圆至尺寸；精车 $\phi 30$ 外圆至尺寸；切槽三个，分别保长度 190、80 和 40；倒角三个；车螺纹 M40×1.5	右偏刀 切槽刀 螺纹刀	双顶尖
8	磨		外圆磨床，磨 $\phi 30$、$\phi 45$ 外圆	砂轮	双顶尖
9	检验				

训练与思考

1. 车床上能加工哪些表面？各用什么刀具？

2. 车削外圆时，工件已加工表面直径为 30 mm，待加工表面直径为 40 mm，切削速度为 1.5 m/s。求：（1）背吃刀量 a_p；（2）车床主轴转速 n。

3. 常用车刀有哪几种？各有何用途？

4. 在车床上加工圆锥面有哪几种方法？特点如何？

5. 如何防止车螺纹时的乱扣？试说明车螺纹的步骤。

6. 中心架和跟刀架起到什么作用？在什么场合下使用？

7. 图 10-39 为接头零件，材料 45 钢，加工数量 5 件，请制定其加工工艺过程（格式可参考表 10-2），并按工艺过程的步骤把零件加工出来。

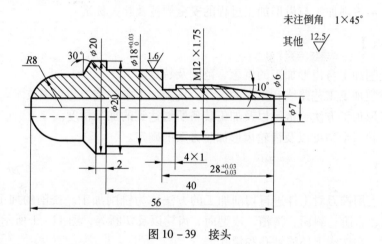

图 10-39 接头

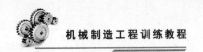

第 11 章　铣削加工与齿形加工

【教学目的与要求】

（1）掌握铣削加工与齿形加工工艺的分类、定义及基本术语。

（2）掌握铣削加工与齿形加工的基本原理及操作过程。

（3）掌握铣削加工与齿形加工的常用刀具。

（4）掌握铣削加工与齿形加工时工件安装的基本原理及操作过程。

（5）掌握典型零件的铣削加工操作过程。

（6）弄清铣削加工与齿形加工过程的安全规范及相关标准。

【重点与难点】

（1）铣削加工与齿形加工的概念、范围及特点。

（2）铣削加工工艺路线和工序的设计，铣削加工中的装刀与对刀技术。

（3）齿形加工方法、范围以及加工装备所能达到的加工精度。

（4）齿轮齿形精度以及齿轮齿形加工方案的确定。

【基础知识】

在铣床上用铣刀对工件进行切削加工的方法称为铣削加工。铣削的加工范围很广，可加工平面、台阶、斜面、沟槽、成型面、齿轮以及切断等，图 11 - 1 所示为铣削加工应用的示例。在铣床上还能钻孔和镗孔。

铣削加工的精度一般可达 IT 9 ～ IT 7 级，表面粗糙度 Ra 值为 $1.6 ～ 6.3\,\mu m$。

11.1　铣 床

铣床的种类很多，最常见的是卧式（万能）铣床和立式铣床。两者的区别在于前者是主轴水平设置，后者是竖直设置。

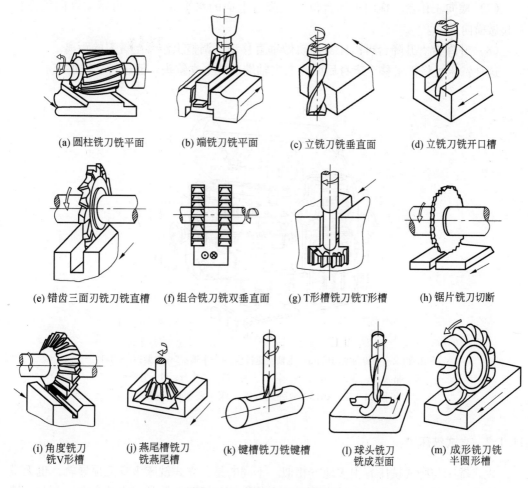

(a) 圆柱铣刀铣平面　　(b) 端铣刀铣平面　　(c) 立铣刀铣垂直面　　(d) 立铣刀铣开口槽

(e) 错齿三面刃铣刀铣直槽　(f) 组合铣刀铣双垂直面　(g) T形槽铣刀铣T形槽　(h) 锯片铣刀切断

(i) 角度铣刀
铣V形槽　　(j) 燕尾槽铣刀
铣燕尾槽　　(k) 键槽铣刀铣键槽　　(l) 球头铣刀
铣成型面　　(m) 成形铣刀铣
半圆形槽

图 11-1　铣削加工应用示例

11.1.1　卧式万能铣床

XW6132 卧式万能铣床的主要组成部分和作用如下（图 11-2）：

（1）床身。床身支承并连接各部件，顶面水平导轨支承横梁，前侧导轨供升降台移动之用。床身内装有主轴和主运动变速系统及润滑系统。

（2）横梁。它可在床身顶部导轨前后移动，吊架安装其上，用来支承铣刀杆。

（3）主轴。主轴是空心的（见图 11-4），前端有锥孔，用以安装铣刀杆和刀具。

（4）工作台。工作台上有 T 形槽，可直接安装工件，也可安装附件或夹具。它可沿转台的导轨作纵向移动和进给。

（5）转台。转台位于工作台和横溜板之间，下面用螺钉与横溜板相连，松开螺钉可使转台带动工作台在水平面内回转一定角度（左右最大可转过45°）。

（6）纵向工作台。纵向工作台由纵向丝杠带动，在转台的导轨上做纵向移动，以带动台面上的工件做纵向进给。台面上的 T 形槽用以安装夹具或工件。

（7）横向工作台。横向工作台位于升降台上面的水平导轨上，可带动纵向工作台一起做横向进给。

（8）升降台。升降台可沿床身导轨做垂直移动，调整工作台至铣刀的距离。

这种铣床可将横梁移至床身后面，在主轴端部装上立铣头，能进行立铣加工。

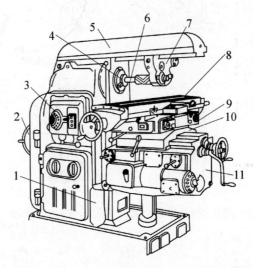

1—床身；2—主传动电动机；3—主轴变速机构；4—主轴；5—横梁；6—刀杆；
7—吊架；8—纵向工作台；9—转台；10—横向工作台；11—升降台

图 11 - 2　X6132 型卧式万能铣床主要组成部分

11.1.2　立式铣床

立式铣床与卧式铣床有很多地方相似。不同的是：立式铣床床身无顶导轨，也无横梁，而是前上部是一个立铣头，其作用是安装主轴和铣刀。通常立式铣床在床身与立铣头之间还有转盘，可使主轴倾斜成一定角度，铣削斜面。

11.2　铣刀及其安装

11.2.1　铣刀的种类

按铣刀结构和安装方法可分为带柄铣刀和带孔铣刀。

（1）带柄铣刀。带柄铣刀有直柄和锥柄之分。一般直径小于 20mm 的较小铣刀做成直柄。直径较大的铣刀多做成锥柄。这种铣刀多用于立铣加工，如图 11 - 1 中（b）、（c）、（d）、（g）、（j）、（k）、（l）所示。

（2）带孔铣刀。带孔铣刀适用于卧式铣床加工，能加工各种表面，应用范围较广。参见图 11 - 1 中（a）、（e）、（f）、（h）、（i）、（m）。

11.2.2 铣刀的安装

1. 带柄铣刀的安装

（1）直柄铣刀的安装。直柄铣刀常用弹簧夹头来安装，如图 11 - 3a 所示。安装时，收紧螺母，使弹簧套作径向收缩而将铣刀的柱柄夹紧。

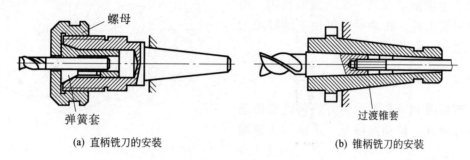

（a）直柄铣刀的安装 　　　　　　　　　　（b）锥柄铣刀的安装

图 11 - 3　带柄铣刀的安装

（2）锥柄铣刀的安装。当铣刀锥柄尺寸与主轴端部锥孔相同时，可直接装入锥孔，并用拉杆拉紧。否则要用过渡锥套进行安装，参见图 11 - 3b。

2. 带孔铣刀的安装

如图 11 - 4 所示，带孔铣刀要采用铣刀杆安装，先将铣刀杆锥体一端插入主轴锥孔，用拉杆拉紧。通过套筒调整铣刀的合适位置，刀杆另一端用吊架支承。

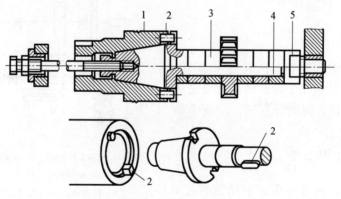

1—主轴；2—键；3—套筒；4—刀轴；5—螺目

图 11 - 4　带孔铣刀的安装

11.3　分度头结构及分度方法

分度头是铣床的重要附件之一，常用来安装工件铣斜面，进行分度工作，以及加工螺旋槽等。

11.3.1　万能分度头的结构

图 11 - 5 为常用的万能分度头结构，主要由底座、转动体、分度盘、主轴等组成。主轴可随转动体在垂直平面内转动。通常在主轴前端安装三爪卡盘或顶尖，用它来安装工件。转动手柄可使主轴带动工件转过一定角度，这称为分度。

11.3.2　简单分度方法

根据图 11 - 6 所示的万能分度头传动示意图可知，传动路线是：手柄→齿轮副（传动比为 1:1）→蜗杆与蜗轮（传动比为 1:40）→主轴。可算得手柄与主轴的传动比是 1:1/40，即手柄转一圈，主轴则转过 1/40 圈。

如要使工件按 z 等分度，每次工件（主轴）要转过 $1/z$ 转，则分度头手柄所转圈数为 n 转，它们应满足如下比例关系：

$$1:\frac{1}{40} = n:\frac{1}{z}$$

即

$$n = \frac{40}{z}$$

可见，只要把分度手柄转过 $40/z$ 转，就可以使主轴转过 $1/z$ 转。例：现要铣齿数 $z=17$ 的齿轮。每次分度时，分度手柄转数为：

$$n = \frac{40}{z} = \frac{40}{17} = 2\frac{6}{17}$$

这就是说，每分一齿，手柄需转过 2 整圈再多转 6/17 圈。此处 6/17 圈是通过分度盘（图 11 - 7）来控制的。国产分度头一般备有两块分度盘。分度盘正反两面上有许多数目不同的等距孔圈。

第一块分度盘正面各孔圈数依次为：24、25、28、30、34、37；反面各孔圈数依次为：38、39、41、42、43。

第二块分度盘正面各孔圈数依次为：46、47、49、51、53、54；反面各孔圈数依次为：57、58、59、62、66。

分度前，先在上面找到分母 17 倍数的孔圈（例如：34、51）从中任选一个，如选

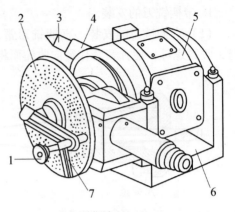

1—分度手柄；2—分度盘；3—顶尖；4—主轴；
5—转动体；6—底座；7—扇形夹

图 11 - 5　万能分度头结构

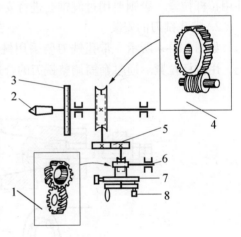

1—1:1 螺旋齿轮传动；2—主轴；3—刻度盘；
4—1:40 蜗轮传动；5—1:1 齿轮传动；
6—挂轮轴；7—分度盘；8—定位销

图 11 - 6　万能分度头传动示意图

34。接着计算应转过的孔距数：孔距数（分子）应为 $6 \times 2 = 12$，因孔圈数（分母）为 $17 \times 2 = 34$。分度计算公式：

$$n = \frac{40}{z} = \frac{40}{17} = 2\frac{6}{17} = 2\frac{6 \times 2}{17 \times 2} = 2\frac{12}{34}$$

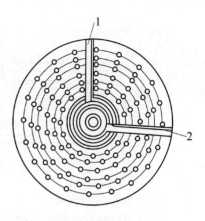

图 11-7 分度盘

分度时，把手柄的定位销拔出，使手柄转过 2 整圈之后，再沿孔圈数为 34 的孔圈转过 12 个孔距，于是主轴就转过了 1/17 转。这样便完成对工件的一次分度。

为了避免每次分度时重复数孔之烦和确保手柄转过孔距准确，把分度盘上的两个扇形夹 1、2 之间的夹角（图 11-7）调整到正好为手柄转过非整数圈的孔间距（如上面的 12 个孔距）。这样每次分度就可做到又快又准。

上述是运用分度盘的整圈孔距与应转过孔距之比，来处理分度手柄要转过的一个分数形式的非整数圈的转动问题。这种属简单分度法。生产上还有角度分度法、直接分度法和差动分度法等方法。

11.4 工件的安装

工件在铣床上的安装方法主要有以下几种：

1. 用平口钳安装

小型和形状规则的工件多用此法安装，如图 11-8 所示。

2. 用压板安装

对于较大或形状特殊的工件，可用压板、螺栓直接安装在铣床的工作台上，如图 11-9 所示。

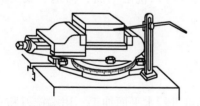

图 11-8 用平口钳安装工件

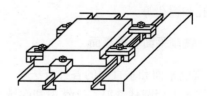

图 11-9 用压板安装工件

3. 夹具安装

利用各种简易和专用夹具安装工件，如图 11-10 所示，可提高生产效率和加工精度。

4. 用分度头安装

铣削加工各种需要分度工作的工件，可用分度头安装，如图 11-11 所示。

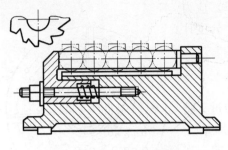

图 11 – 10 用夹具安装工件

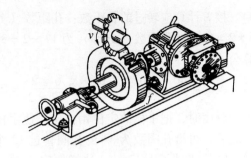

图 11 – 11 用分度头安装工件

5. 用圆形转台安装

当铣削一些有弧形表面的工件，可通过圆形转台安装，参见图 11 – 12。

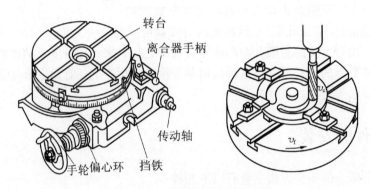

图 11 – 12 用圆形转台安装工件

11.5 铣削典型表面

在铣床上利用各种附件和使用不同的铣刀，可以铣削平面、沟槽、成型面、螺旋槽、钻孔和镗孔等。

11.5.1 铣削平面和垂直面

1. 铣削平面和垂直面的各种方法

在铣床上用圆柱铣刀、立铣刀和端铣刀都可进行水平面加工。用端铣刀和立铣刀可进行垂直平面的加工。图 11 – 1 中（a）、（b）、（c）、（f）为几种平面和垂直面的铣削方法。

用端铣刀铣平面（图 11 – 13），因其刀杆刚性好，同时参加切削刀齿较多，切削较平稳，加上端面刀齿副切削刃有修光作用，所以切削效率高，刀具耐用，工件表面粗糙度较低。端铣平面是平面加工的最主要方法。而用圆柱铣刀加工平面，则因其在卧式铣床上使用方便，单件小批量的小平面加工仍广泛使用。

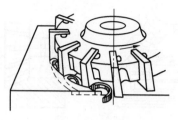

(a) 在立铣床上端铣平面

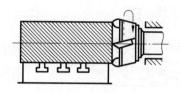

(b) 在卧铣床上端铣垂直平面

图 11 – 13 用端铣刀铣平面

2. 顺铣和逆铣

用圆柱铣刀铣平面有顺铣和逆铣两种方式。在铣刀与工件已加工面的切点处，铣刀切削刃的旋转运动方向与工件进给方向相同的铣削称为顺铣，反之称为逆铣，如图 11 – 14 所示。

顺铣时，刀齿切入的切削厚度由大变小，易切入工件，工件受铣刀向下压分力 F_V，不易振动，切削平稳，加工表面质量好，刀具耐用度高，有利于高速切削。但这时的水平分力 F_H 方向与进给方向相同，当工作台丝杆与螺母有间隙时，此力会引起工作台不断窜动，使切削不平稳，甚至打刀。所以只有消除

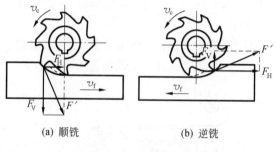

(a) 顺铣   (b) 逆铣

图 11 – 14 顺铣和逆铣

了丝杆与螺母间隙才能采用顺铣，另外还要求工件表面无硬皮方可采用这种方法。

逆铣时，刀齿切入切削厚度是由零逐渐变到最大，由于刀齿切削刃有一定的钝圆，所以刀齿要滑行一段距离才能切入工件，刀刃与工件摩擦严重，工件已加工表面粗糙度增大，且刀具易磨损。但其切削力始终使工作台丝杆与螺母保持紧密接触，工作台不会窜动，也不会打刀。因铣床纵向工作台丝杆与螺母间隙不易消除，所以在一般生产中多用逆铣进行铣削。

11.5.2 铣斜面

铣斜面可用以下几种方法进行加工：

（1）把工件倾斜所需角度。此法是安装工件时，将斜面转到水平位置，然后按铣平面的方法来加工此斜面，见图 11 – 15。

（2）把铣刀倾斜所需角度。这种方法是在立式铣床或装有万能立铣头的卧式铣床进行。使用端铣刀或立铣刀，刀轴转过相应角度。加工时工作台须带动工件做横向进给，如图 11 – 16 所示。

（3）用角度铣刀铣斜面。可在卧式铣床上用与工件角度相符的角度铣刀直接铣斜面，如图 11 – 17 所示。

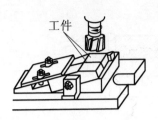

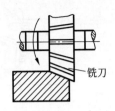

图 11 – 15　倾斜安装工件铣斜面　　图 11 – 16　刀具倾斜铣斜面　　图 11 – 17　用角度铣刀铣斜面

11.5.3　铣沟槽

在铣床上可铣各种沟槽。

1. 铣键槽

（1）铣敞开式键槽。这种键槽多在卧式铣床上用三面刃铣刀进行加工，如图 11 – 18 所示。注意：在铣削键槽前，要做好对刀工作，以保证键槽的对称度，见图11 – 19。

（2）铣封闭式键槽。在轴上铣封闭式键槽，一般用立式铣刀加工。切削时要注意逐层切下，因键槽铣刀一次轴向进给不能太大，见图 11 – 20 。

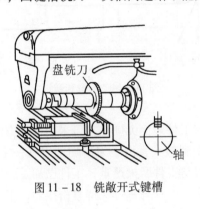

图 11 – 18　铣敞开式键槽

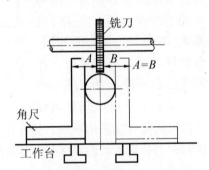

图 11 – 19　对刀方法

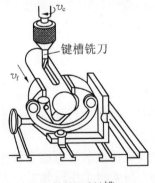

(a) 铣封闭式键槽

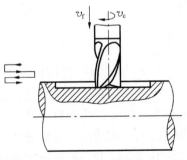

(b) 逐层切削

图 11 – 20　在立式铣床上铣封闭键槽

2. 铣 T 形槽及燕尾槽

铣 T 形槽应分两步进行，先用立铣刀或三面刃铣刀铣出直槽，然后在立式铣床上用 T 形槽或燕尾槽铣刀最终加工成形，如图 11 – 21 所示。

(a) 先铣出直槽　　　　　(b) 铣 T 形槽　　　　　(c) 铣燕尾槽

图 11 – 21　铣 T 形槽及燕尾槽

11.5.4　铣成型面

铣成形面常在卧式铣床上用与工件成形面形状相吻合的成形铣刀来加工，如图 11 – 22 所示。

铣削圆弧面是把工件装在回转工作台上进行，见图 11 – 22。一些曲面的加工，也可用靠模在铣床上加工，如图 11 – 23 所示。

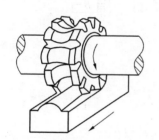

图 11 – 22　用成形铣刀铣成形面

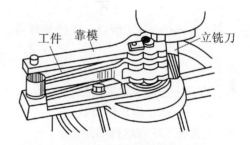

图 11 – 23　用靠模铣曲面

11.5.5　铣螺旋槽

铣削麻花钻和螺旋铣刀上的螺旋沟是在卧式万能铣床上进行的。铣刀是专门设计的，工件用分度头安装，如图 11 – 24 和图 11 – 25b 所示。为获得正确的槽形，圆盘成形铣刀旋转平面必须与工件螺旋槽切线方向一致。所以须将工作台转过一个工件的螺旋角。按下式计算：

$$\tan\beta = \frac{\pi d}{L}$$

式中　d——工件外径，mm；

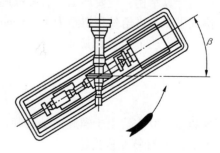

图 11 – 24　铣螺旋槽工作台旋转 β 角

L——工件螺旋槽导程，mm。

铣削加工时，要保证工件沿轴线移动一个螺旋导程的同时，绕轴自转一周的运动关系。这种运动关系是通过纵向进给丝杠经交换齿轮 Z_1、Z_2、Z_3、Z_4 将运动传至分度头后面的挂轮轴，再传到主轴和工件。从图 11-25a 传动系统图看，交换齿轮的选择应满足如下关系：

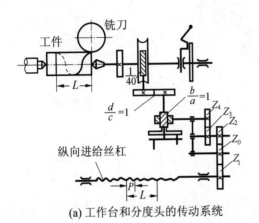 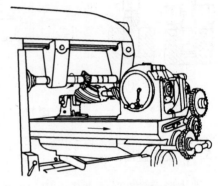

(a) 工作台和分度头的传动系统　　　　(b) 在万能铣床上铣削螺旋槽

图 11-25　铣螺旋槽

$$\frac{L}{P} \times \frac{Z_1 \times Z_3}{Z_2 \times Z_4} \times \frac{b}{a} \times \frac{d}{c} \times \frac{1}{40} = 1$$

因式中 $b/a = d/c = 1$，所以上式经整理得：

$$\frac{Z_1 \times Z_3}{Z_2 \times Z_4} = \frac{40P}{L}$$

式中　Z_1、Z_3——主动齿轮的齿数；

　　　Z_2、Z_4——从动齿轮的齿数；

　　　P——铣床工作台丝杆螺距；

　　　L——工件螺旋槽导程。

国产分度头均备有 12 个一套交换齿轮，齿数分别是：25、25、30、35、40、50、55、60、70、80、90、100。

计算举例：现要加工一右旋螺旋槽，工件直径 $d = 70$ mm，导程 $L = 600$ mm。铣床纵向工作台进给丝杆螺距为 $P = 6$ mm。求工作台转动角度 β 及交换齿轮齿数。

解：（1）计算螺旋角

因为

$$\tan\beta = \frac{\pi d}{L} = \frac{3.14 \times 70}{600} = 0.3663$$

所以 $\beta = 20°7'$。由于螺旋槽是右旋，工作台应逆时针转动。

（2）计算交换齿轮

$$\frac{Z_1 \times Z_3}{Z_2 \times Z_4} = \frac{40P}{L} = \frac{40 \times 6}{600} = \frac{2}{5} = \frac{1}{2} \times \frac{4}{5} = \frac{30}{60} \times \frac{40}{50}$$

故选择挂轮为：$Z_1 = 30$，$Z_2 = 60$，$Z_3 = 40$，$Z_4 = 50$。

11.5.6 铣削加工操作实训

单件铣削加工如图 11-26 所示 T 形槽零件，毛坯是长 115、宽 90、高 65 的长方体 45 钢锻件。

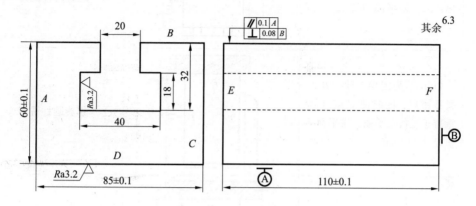

图 11-26 T 形槽零件

根据零件具有 T 形槽和单件生产等特点，这种零件适宜在卧式铣床上铣削加工。采用平口钳进行安装。铣削按两大步骤进行，先把六面体铣出，再铣直槽，后铣 T 形槽。具体铣削步骤见表 11-1。

表 11-1 T 形槽的铣削步骤

序号	加工内容	加工简图	刀具
1	以 A 面为定位（粗）基准，铣平面 B 至尺寸 62 mm		螺旋圆柱铣刀
2	以已加工的 B 面为定位（精）基准，紧贴钳口，铣平面 C 至尺寸 87 mm		螺旋圆柱铣刀
3	以 B 和 C 面为定位基准，B 面紧靠钳口，C 面置于平行垫铁上，铣平面 A 至尺寸 85 ±0.1 mm		螺旋圆柱铣刀

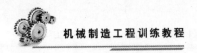
序号	加工内容	加工简图	刀具
4	以 C 和 B 为定位基准，C 面紧靠钳口，B 面置于平行垫铁上，铣平面 D 至尺寸 60 ±0.1 mm		螺旋圆柱铣刀
5	以 B 面为定位基准，B 面紧靠钳口，同时使 C 或 A 面垂直于工作台平面，铣平面 E 至尺寸 112 mm		螺旋圆柱铣刀
6	以 B 面和 E 面为定位基准，B 面紧靠固定钳口，E 面紧贴平行垫铁，铣平面 F 至尺寸 110 ±0.1 mm		螺旋圆柱铣刀
7	以 A 和 D 面为定位基准，铣 B 面上的直通槽，宽 20 mm、深 32 mm		三面刃铣刀
8	继续以 A 和 D 平面为定位基准，铣 T 形槽，宽 40 mm、深 32 mm		T 形槽铣刀

11.6 齿形加工

齿轮齿形的加工，按加工原理可分为成型法和展成法两大类。

11.6.1　成型法

成型法是采用与被切齿轮齿槽相符的成型刀具加工齿型的方法。用齿轮铣刀（又称模数铣刀）在铣床上加工齿轮的方法属于成型法。

1. 齿轮铣刀的选择

应选择与被加工齿轮模数、压力角相等的铣刀，同时还按齿轮的齿数根据表 11 - 2 选择合适号数的铣刀。

表 11 - 2　模数铣刀刀号的选择

刀号	1	2	3	4	5	6	7	8
加工齿数范围	12～13	14～16	17～20	21～25	26～34	35～54	55～134	135 以上及齿条

2. 铣削方法

在卧式铣床上，将齿坯套在心轴上安装于分度头和尾架顶尖中，对刀并调好铣削深度后开始铣第一个齿槽，铣完一齿退出进行分度，依次逐个完成全部齿数的铣削，如图 11 - 27 所示。

3. 铣齿加工特点

（1）用普通的铣床设备，且刀具成本低。

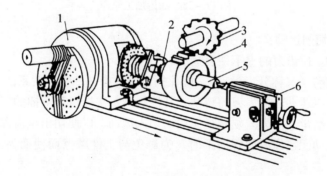

1—分度头；2—卡箍；3—模数铣刀；4—工件；5—心轴；6—尾架

图 11 - 27　卧式铣床上铣齿轮

（2）生产效率低。每切完一齿要进行分度，占用较多辅助时间。

（3）齿轮精度低。齿形精度只达 11～9 级。主要原因是每号铣刀的刀齿轮廓只与该范围最少齿数齿槽相吻合，而此号齿轮铣刀加工同组的其他齿数的齿轮齿形都有一定误差。

11.6.2　展成法

展成法就是利用齿轮刀具与被切齿坯做啮合运动而切出齿形的方法。最常用的方法是插齿加工和滚齿加工。

1. 插齿加工

插齿加工在插齿机上进行，是相当于一个齿轮的插齿刀与齿坯按一对齿轮做啮合运动而把齿形切成的。可把插齿过程分解为：插齿刀先在齿坯上切下一小片材料，然后插齿刀退回并转过一小角度，齿坯也同时转过相应角度。之后，插齿刀又下插在齿坯上切下一小片材料。不断重复上述过程。就这样，整个齿槽被一刀刀地切出，齿形则被逐渐地包络而成。因此，一把插齿刀，可加工相同模数而齿数不同的齿形，不存在理论误差。插齿加工原理如图 11-28 所示。

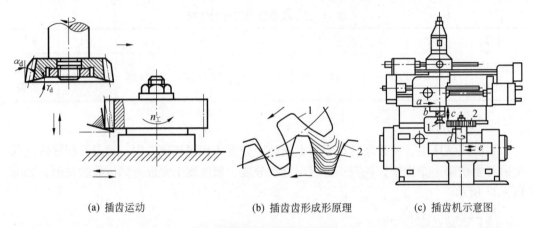

(a) 插齿运动　　　　　　(b) 插齿齿形成形原理　　　　　(c) 插齿机示意图

1—插齿刀；2—被加工齿轮

图 11-28　插齿加工原理

插齿有以下切削运动：

（1）主运动。插齿刀的上下往复运动。

（2）展成运动（又称分齿运动）。确保插齿刀与齿坯的啮合关系的运动。

（3）圆周进给运动。插齿刀的转动，其控制着每次插齿刀下插的切削量。

（4）径向进给量。插齿刀须做径向逐渐切入运动，以便切出全齿深。

（5）让刀运动。插齿刀回程向上时，为避免与工件摩擦而使插齿刀让开一定距离的运动。

插齿除适于加工直齿圆柱齿轮外，特别适合加工多联齿轮及内齿轮。插齿加工精度一般为 7～8 级，齿面粗糙度 Ra 值为 $1.6\mu m$。

2. 滚齿加工

滚齿加工是用滚齿刀在滚齿机（图 11-29）上加工齿轮的方法，加工过程如图 11-30a所示。滚齿加工原理（图 11-30b）是滚齿刀和齿坯模拟一对螺旋齿轮做啮合运动。滚齿刀好比一个齿数很少（一至二齿）、齿很长的齿轮，形似蜗杆，经刃磨后形成一排排齿条刀齿。因此，可把滚齿看成是齿条刀对齿坯的加工。滚切齿轮过程可分解为：前一排刀齿切下一薄层材料之后，后一排刀齿切下时，由于旋转的滚刀为螺旋形，所以使刀齿位置向前移动了一小段距离，而齿轮坯则同时转过相应角度。后一排刀齿便切下另一薄层材料。正如齿条刀向前移动，齿轮坯做转动。就这样，齿坯被一刀刀地切出整个齿槽，齿侧的齿形则被包络而成（图 11-30c）。所以，这种方法可用一把滚齿

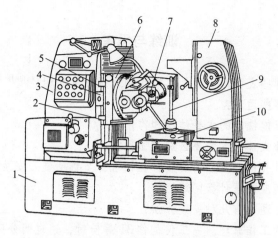

1—床身；2—挡铁；3—立柱；4—行程开关；5—挡铁；
6—刀架；7—刀杆；8—支撑架；9—工件心轴；10—工作台

图 11-29　滚齿机外形图

刀加工相同模数不同齿数的齿轮，且不存在理论齿形误差。

滚切直齿圆柱齿轮时有以下运动：

（1）主运动。滚刀的旋转运动。

（2）展成运动（又称分齿运动）。是保证滚齿刀和被切齿轮的转速必须符合所模拟的一对齿轮的啮合运动关系，即滚刀转一转，工件转 K/Z 转，其中：K 是滚刀的头数，Z 为齿轮齿数。

（3）垂直进给运动。要切出齿轮的全齿宽，滚刀须沿工件轴向做垂直进给运动。

滚齿加工适于加工直齿、斜齿圆柱齿轮。齿轮加工精度为 8～7 级，齿面粗糙度 Ra 值为 1.6 μm。在滚齿机上用蜗轮滚刀、链轮滚刀还能滚切蜗轮和链轮。

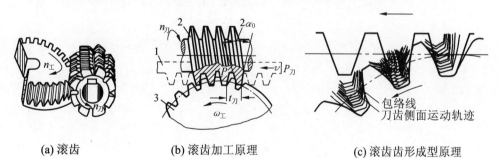

(a) 滚齿　　　　　　(b) 滚齿加工原理　　　　　(c) 滚齿齿形成型原理

图 11-30　滚齿加工原理

训练与思考

1. 铣削能加工哪些表面？一般加工能达到几级精度和粗糙度？

2. 一般铣削有哪些运动？

3. 请简述卧式万能铣床的主要结构和作用。

4. 立式铣床和卧式铣床的主要区别在哪里？

5. 带柄铣刀和带孔铣刀各如何安装？直柄铣刀与锥柄铣刀安装有何不同？

6. 带孔铣刀安装应注意什么问题？

7. 工件在铣床上通常有几种安装方法？

8. 试述分度头的工作原理。一工件需作 31 等份时，请说明分度方法。

9. 什么叫顺铣和逆铣？如何选择？

10. 试述铣削钢工件的平面时，影响其表面铣削质量有哪些因素。

11. 现要加工一工件直径 $D=45$ mm，导程 $L=250$ mm 的右旋螺旋槽，已知纵向进给丝杆螺距 $P=6$ mm，求工作台转动的角度 β 及交换齿轮的齿数。

12. 铣削螺旋槽时，可通过纵向工作台丝杆把运动传到分度头。请问：①可否倒过来转动分度头手柄，从而使纵向工作台移动？②这样做有何实用价值？试举一例。

13. 在生产中，当遇到等分数 61 以上的质数时，由于分度盘孔数的限制，不能采用简单分度法，而用差动分度法来解决。如果有兴趣的话，请参考有关资料，以获得解决办法。

14. 铣削齿形的方法属哪种齿形加工方法？有何特点？

15. 试述插齿和滚齿的工作原理。两种齿形加工方法各适用于加工什么齿轮？

第12章 磨 工

【教学目的与要求】

（1）掌握磨削加工分类、定义及基本术语。

（2）掌握磨削加工的基本原理及操作过程。

（3）掌握磨削加工的常用刀具。

（4）掌握磨削加工时工件安装的基本原理及操作过程。

（5）弄清磨削加工过程的安全规范及相关标准。

【重点与难点】

（1）磨削加工工艺特点、加工范围及应用。

（2）砂轮的特性、选择及使用。

（3）常见磨削加工类型和特点。

【基础知识】

磨削加工是用砂轮以较高的线速度对工件表面进行加工的方法，其实质是用砂轮上的磨料自工件表面层切除细微切屑的过程。根据工件被加工表面的性质，磨削分为外圆磨削、内圆磨削、平面磨削等几种。

由于磨削加工容易得到高的加工精度和好的表面质量，所以磨削主要应用于零件精加工。它不仅能加工一般材料（如碳钢、铸铁和有色金属等），还可以加工用一般金属刀具难以加工的硬材料（如淬火钢、硬质合金等）。

磨削精度一般可达 IT 6 ～ IT 5，表面粗糙度一般为 $Ra\,0.8 \sim 0.08\ \mu m$。

12.1 砂轮

砂轮是磨削的主要工具，它是由磨料和结合剂构成的多孔物体，如图 12 - 1 所示。砂轮表面上杂乱地排列着许多磨粒，磨削时砂轮高速旋转，切下粉末状切屑。

12.1.1 砂轮的特性及种类

砂轮中磨料、结合剂和孔隙是砂轮的三个基本组成要素。随着磨料、结合剂及砂轮制造工艺等的不同，砂轮特性可能差别很大，对磨削加工

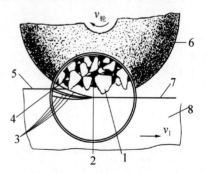

1—磨粒；2—结合剂；3—加工表面；
4—空隙；5—待加工表面；6—砂轮；
7—已加工表面；8—工件

图 12 - 1 砂轮及磨削示意图

的精度、粗糙度和生产效率有着重要的影响。因此，必须根据具体条件选用合适的砂轮。

砂轮的特性由磨料、粒度、硬度、结合剂、形状及尺寸等因素来决定，现分别介绍如下。

（1）磨料。磨料是制造砂轮的主要原料，它担负着切削工作。因此，磨料必须锋利，并具备高的硬度、良好的耐热性和一定的韧性。常见的磨粒有两类：刚玉类（Al_2O_3）适用于磨削钢料及一般刀具；碳化硅类适用于磨削铸铁、青铜等脆性材料及硬质合金刀具。

（2）粒度。粒度指磨料颗粒的大小。粒度分磨粒与微粉两组。磨粒用筛选法分类，它的粒度号以筛网上一英寸长度内的孔眼数来表示。例如 $60^{\#}$ 粒度的磨粒，说明能通过每英寸有 60 个孔眼的筛网，而不能通过每英寸 70 个孔眼的筛网。微粉用显微测量法分类，它的粒度号以磨料的实际尺寸来表示。

磨料粒度的选择，主要与加工表面粗糙度和生产率有关。粗磨时，磨削余量大，要求的表面粗糙度值较大，应选用较粗的磨粒。因为磨粒粗、气孔大，磨削深度可较大，砂轮不易堵塞和发热。精磨时，余量较小，要求粗糙度值较低，可选取较细磨粒。一般来说，磨粒愈细，磨削表面粗糙度愈好。

（3）结合剂。砂轮中用以粘结磨料的物质称结合剂。砂轮的强度、抗冲击性、耐热性及抗腐蚀能力主要取决于结合剂的性能。砂轮中常用的结合剂为陶瓷结合剂，此外，还有树脂结合剂、橡胶结合剂和金属结合剂等。

（4）硬度。砂轮的硬度是指砂轮表面上的磨粒在磨削力作用下脱落的难易程度。砂轮的硬度软，表示砂轮的磨粒容易脱落，砂轮的硬度硬，表示磨粒较难脱落。砂轮的硬度和磨料的硬度是两个不同的概念。同一种磨料可以做成不同硬度的砂轮，它主要决定于结合剂的性能、数量以及砂轮制造工艺。磨削与切削的显著差别是砂轮具有"自锐性"，选择砂轮的硬度，实际上就是选择砂轮的自锐性，希望还锋利的磨粒不要太早脱落，也不要磨钝了还不脱落。

根据规定，常用砂轮的硬度等级见表 12 - 1。

表 12 - 1　常用砂轮硬度等级

硬度等级	大级	软			中软		中		中硬			硬	
	小级	软 1	软 2	软 3	中软 1	中软 2	中 1	中 2	中硬 1	中硬 2	中硬 3	硬 1	硬 2
代　号		G (R_1)	H (R_2)	J (R_3)	K (ZR_1)	L (ZR_2)	M (Z_1)	N (Z_2)	P (ZY_1)	Q (ZY_2)	R (ZY_3)	S (Y_1)	T (Y_2)

注：括号内的代号是旧标准代号；超软，超硬未列入；表中 1，2，3 表示硬度递增的顺序。

选择砂轮硬度的一般原则是：加工软金属时，为了使磨料不致过早脱落，则选用硬砂轮。加工硬金属时，为了能及时使磨钝的磨粒脱落，从而露出具有尖锐棱角的新磨粒（即自锐性），选用软砂轮。前者是因为在磨削软材料时，砂轮的工作磨粒磨损很慢，不需要太早脱离；后者是因为在磨削硬材料时，砂轮的工作磨粒磨损较快，需要较快的更新。

精磨时，为了保证磨削精度和粗糙度，应选用稍硬的砂轮。工件材料的导热性差，易产生烧伤和裂纹时（如磨硬质合金等），选用的砂轮应软一些。

（5）形状尺寸。根据机床结构与磨削加工的需要，砂轮制成各种形状与尺寸，如图 12－2 所示。

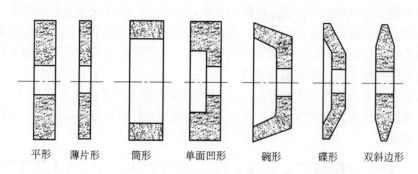

平形　薄片形　筒形　单面凹形　碗形　碟形　双斜边形

图 12－2　砂轮的形状

为了使用和保管的方便，在砂轮的端面上一般都印有标志。例如砂轮上的标志为 P400×40×127A60L5V35，它的含意是：P 表示砂轮的形状为平形，400、40、127 分别表示砂轮的外径、厚度和内孔直径尺寸，A 表示磨粒为棕刚玉，60 表示粒度为 60 号，L 表示硬度为 L 级（中软），5 表示组织为 5 号（磨料率 52%），V 表示结合剂为陶瓷，35 表示最高工作线速度为 35 m/s。

由于更换一次砂轮很麻烦，因此，除了重要的工件和生产批量较大需要按照以上所述的原则选用砂轮外，一般只要机床上现有的砂轮大致符合磨削要求，就不必重新选择，而是通过适当地修整砂轮，选用合适的磨削用量来满足加工要求。

12.1.2　砂轮的安装、平衡与修整

（1）砂轮的安装。在磨床上安装砂轮应特别注意。因为砂轮在高速旋转条件下工作，使用前应仔细检查，不允许有裂纹。安装必须牢靠，并应经过静平衡调整，以免造成人身和设备事故。

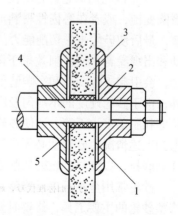

砂轮的安装如图 12－3 所示。砂轮内孔与砂轮轴或法兰盘外圆之间，不能过紧，否则磨削时受热膨胀，易将砂轮胀裂；也不能过松，否则砂轮容易发生偏心，失去平衡，以致引起振动。一般配合间隙为 0.1～0.8 mm，高速砂轮间隙要小些。用法兰盘装夹砂轮时，两个法兰盘直径应相等，其外径应不小于砂轮外径的 1/3。在法兰盘与砂轮端面间应用厚纸板或耐油橡皮等做衬垫，使压力均匀分布，螺母的拧紧力不能过大，否则砂轮会破裂。注意紧固螺纹的旋向，

1—弹性垫板；2—法兰盘；3—砂轮；
4—砂轮轴；5—衬套
图 12－3　砂轮的安装

应与砂轮的旋向相反，即当砂轮逆时针旋转时，用右旋螺纹，这样砂轮在磨削力作用下，带动螺母越旋越紧。

（2）砂轮的平衡 一般直径大于 125 mm 的砂轮都要进行平衡，使砂轮的重心与其旋转轴线重合。

由于几何形状的不对称、外圆与内孔的不同轴、砂轮各部分松紧程度的不一致，以及安装时的偏心等原因，砂轮重心往往不在旋转轴线上，致使产生不平衡现象。不平衡的砂轮易使砂轮主轴产生振动或摆动，因此使工件表面产生振痕，使主轴与轴承迅速磨损，甚至造成砂轮破裂事故。一般砂轮直径愈大，圆周速度愈高，工件表面粗糙度要求愈高，认真仔细地平衡砂轮就愈有必要。

平衡砂轮的方法是在砂轮两侧法兰盘的环形槽内装入几块平衡块（图 12-4），反复调整平衡块的位置，直到砂轮在平衡架的平衡轨道上任意位置都能静止，这种方法叫砂轮的静平衡。

图 12-4 砂轮的静平衡

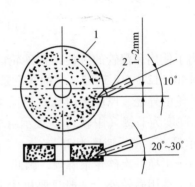

1—砂轮；2—金刚石笔

图 12-5 砂轮的修整

（3）砂轮的修整。在磨削过程中砂轮的磨粒在摩擦、挤压作用下，它的棱角逐渐磨圆变钝，或者在磨韧性材料时，磨屑常常嵌塞在砂轮表面的孔隙中，使砂轮表面堵塞，最后使砂轮丧失切削能力。这时，砂轮与工件之间会产生打滑现象，并可能引起振动和出现噪音，使磨削效率下降，表面粗糙度变差。同时，由于磨削力及磨削热的增加，会引起工件变形和影响磨削精度，严重时还会使磨削表面出现烧伤和细小裂纹。此外，由于砂轮硬度的不均匀及磨粒工作条件的不同，使砂轮工作表面磨损不均匀，各部位磨粒脱落多少不等，致使砂轮丧失外形精度，影响工件表面的形状精度及粗糙度。凡遇到上述情况，砂轮就必须进行修整，切去表面上一层磨料，使砂轮表面重新露出光整锋利磨粒，以恢复砂轮的切削能力与外形精度。

砂轮常用金刚石进行修整，如图 12-5 所示。金刚石具有很高的硬度和耐磨性，是修整砂轮的主要工具，修整时要用充足的冷却液，防止修整器因温度过高而破坏。

12.2 外圆磨床及其磨削工作

12.2.1 外圆磨床

外圆磨床分为普通外圆磨床和万能外圆磨床，其中万能外圆磨床是应用最广泛的磨床。图12-6是M1432A型万能外圆磨床外观图。M1432A编号的意义是：M——磨床类；1——外圆磨床组；4——万能外圆磨床的系别代号；32——最大磨削直径的1/10，即最大磨削直径为320 mm；A——在性能和结构上做过一次重大改进。

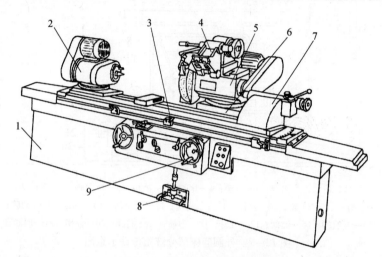

1—床身；2—头架；3—工作台；4—内圆磨具；5—砂轮架；6—滑鞍；7—尾座；
8—脚踏操纵板；9—横向进给手轮
图12-6 M1432A型万能外圆磨床外观图

1. 外圆磨床的结构

万能外圆磨床主要由床身、工作台、头架、内圆磨具、尾座和砂轮架等几部分组成。头架和尾架用于夹持工件并带动工件旋转，工件可获得几种不同的转速（工件的圆周进给运动）；安装在砂轮架上的砂轮由电动机通过皮带带动做高速旋转（主运动），砂轮架可沿着床身上的横导轨前后移动（横向进给运动）；工作台由上下两层组成，上层对下层可旋转一微小的角度，用于磨削锥体。头架和尾架固定在工作台的上层随工作台一起做纵向进给运动。

万能外圆磨床的砂轮架上和头架上都装有转盘，能扳转一定角度，并增加了内圆磨具等附件，因此万能外圆磨床还可以磨削内圆柱面和锥度较大的内、外圆锥面。

2. 外圆磨床的液压传动系统

在磨床传动中，广泛采用了液压传动。这是因为液压传动可以在较大的范围内实现无级变速，运动平稳，操作也方便。

外圆磨床工作台的往复运动以及砂轮架的自动径向进给与快速自动后退和引进一般

都采用液压传动，整个液压传动系统比较复杂，下面只对它进行简要的介绍。图 12 - 7 为外圆磨床部分液压传动示意图。

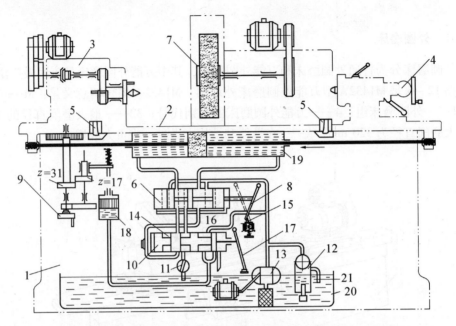

1—床身；2—工作台；3—头架；4—尾架；5—挡块；6—换向阀；7—砂轮架；
8—杠杆；9—手轮；10—滑阀；11—节流阀；12—安全阀；13—油泵；14—油腔；
15—弹簧帽；16—油阀；17—杠杆；18—油筒；19—油缸；20—油槽；21—回油管

图 12 - 7　外圆磨床部分液压传动示意图

工作时，压力油从油泵 13 经管路输送到换向阀 6，由此流到油缸 19 的右端或左端，使工作台 2 向左或向右做进给运动。此时，油缸 19 另一端的油，经换向阀 6、滑阀 10 及节流阀 11 流回油箱。工作台向左移动，挡块 5 固定在工作台 2 侧面槽内，按照要求的工作台行程长度，调整两挡块之间的距离。当工作台向左行程终了时，挡块 5 先推动杠杆 8 到垂直位置，然后借助作用在杠杆 8 滚栓上的弹簧帽 15 使杠杆 8 及活塞继续向左移动，从而完成换向动作。此时，换向阀 6 的活塞位置向左移动到另一个工作位置（虚线所示），工作台开始向右移动。

节流阀 11 用来调节工作台的运动速度。工作台的往复换向动作是由挡块 5 使换向阀 6 的活塞自动转换实现的。油阀 16 调节换向阀 6 活塞转换的快慢，决定工作台换向的快慢及平稳性。油压过高时，油液可通过安全阀 12 流回油箱。调整挡块 5 之间的距离可控制工作台行程之长短。

用手向右扳动操纵滑阀 10 的杠杆 17，油腔 14 使油缸 19 的右导管和左导管接通，因此便停止了工作台的移动。此时，油筒 18 中的油在弹簧活塞压力作用下经油管流回油箱。活塞被弹簧压下，$z = 17$ 的齿轮与 $z = 31$ 的齿轮啮合。因此，利用手轮 9 能实现手动移动工作台。

12.2.2 外圆磨床上的磨削方法

1. 工件的安装

磨削外圆时，最常见的安装方法是用两个顶尖将工件支承起来，或者工件被装夹在卡盘上。磨床上使用的顶尖都是死顶尖，以减少安装误差，提高加工精度，如图 12 - 8 所示。顶尖安装适用于有中心孔的轴类零件。无中心孔的圆柱形零件多采用三爪自定心卡盘装夹，不对称的或形状不规则的工件则采用四爪卡盘或花盘装夹。此外，空心工件常安装在心轴上磨削外圆。

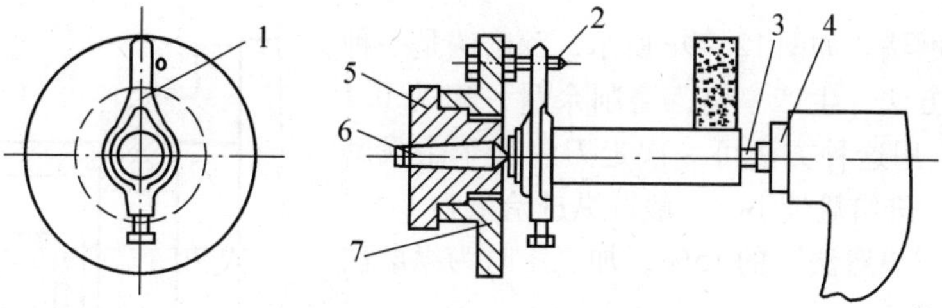

1—夹头；2—拨杆；3—后顶尖；4—尾架套；5—头架主轴；6—前顶尖；7—拨盘

图 12 - 8 外圆磨削时工件的装夹

2. 磨削外圆

工件的外圆一般在普通外圆磨床或万能外圆磨床上磨削。外圆磨削一般有纵磨、横磨和深磨三种方式。

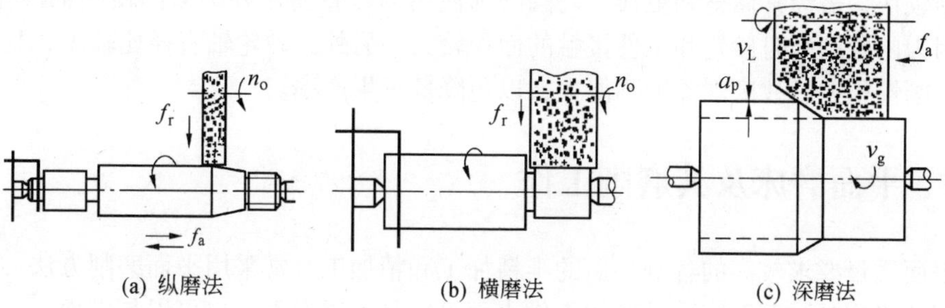

(a) 纵磨法 (b) 横磨法 (c) 深磨法

图 12 - 9 外圆的磨削

（1）纵磨法。如图 12 - 9a 所示，纵磨法磨削外圆时，砂轮的高速旋转为主运动 n_o，工件作圆周进给运动的同时，还随工作台做纵向往复运动，实现沿工件轴向进给 f_a。每单次行程或每往复行程终了时，砂轮做周期性的横向移动，实现沿工件径向的进给 f_r，从而逐渐磨去工件径向的全部留磨余量。磨削到尺寸后，进行无横向进给的光磨过程，直至火花消失为止。由于纵磨法每次的径向进给量 f_r 少，磨削力小，散热条件好，充分提高了工件的磨削精度和表面质量，能满足较高的加工质量要求，但磨削效率较低。纵磨法磨削外圆适合磨削较大的工件，是单件、小批量生产的常用方法。

（2）横磨法。如图 12 - 9b 所示，采用横磨法磨削外圆时，砂轮宽度比工件的磨削宽度大，工件不需做纵向（工件轴向）进给运动，砂轮以缓慢的速度连续地或断续地做横向进给运动，实现对工件的径向进给 f_r，直至磨削达到尺寸要求。其特点是：充分发挥了砂轮的切削能力，磨削效率高，同时也适用于成型磨削。然而，在磨削过程中砂轮与工件接触面积大，使得磨削力增大，工件易发生变形和烧伤。另外，砂轮形状误差直接影响工件几何形状精度，磨削精度较低，表面粗糙度值较大。因而必须使用功率大、刚性好的磨床，磨削的同时必须给予充分的切削液以达到降温的目的。使用横磨法，要求工艺系统刚性要好，工件宜短不宜长。短阶梯轴轴颈的精磨工序，通常采用这种磨削方法。

（3）深磨法。如图 12 - 9c 所示，深磨法是一种比较先进的方法，生产率高，磨削余量一般为 0.1 ～ 0.35 mm。用这种方法可一次走刀将整个余量磨完。磨削时，进给量较小，一般取纵进给量为 1 ～ 2 mm/r，约为"纵磨法"的 15%，加工工时为纵磨法的 30% ～ 75%。

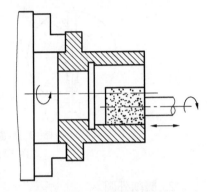

（4）磨削内圆。利用外圆磨床的内圆磨具可磨削工件的内圆。磨削内圆时，工件大多数是以外圆或端面作为定位基准，装夹在卡盘上进行磨削（图 12 - 10），磨内圆锥面时，只需将内圆磨具偏转一个圆周角即可。

图 12 - 10 内圆的磨削

与外圆磨削不同，内圆磨削时，砂轮的直径受到工件孔径的限制，一般较小，故砂轮磨损较快，需经常修整和更换。内圆磨削使用的砂轮要比外圆磨削使用的砂轮软些，这是因为内圆磨削时砂轮和工件接触的面积较大。另外，砂轮轴直径比较小，悬伸长度较大，刚性很差，故磨削深度不能大，以免降低了生产率。

12.3 平面磨床及其磨削工作

表面质量要求较高的各种平面的半精加工和精加工，常采用平面磨削方法。平面磨削常用的机床是平面磨床，砂轮的工作表面可以是圆周表面，也可以是端面。

12.3.1 平面磨床结构

1. 主要类型

当采用砂轮周边磨削方式时，磨床主轴按卧式布局；当采用砂轮端面磨削方式时，磨床主轴按立式布局。平面磨削时，工件可安装在做往复直线运动的矩形工作台上，也可安装在做圆周运动的圆形工作台上。

按主轴布局及工作台形状的组合，普通平面磨床可分为下列四类：

（1）卧轴矩台式平面磨床（图 12 - 11a）。在这种机床中，工件由矩形电磁工作台吸住。砂轮做旋转主运动 n，工作台做纵向往复运动 f_1，砂轮架做间歇的竖直切入运动

f_3 和横向进给运动 f_2。

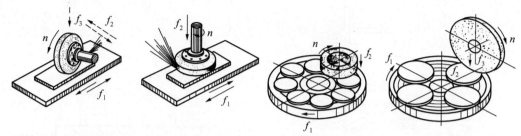

(a) 卧轴矩台式平面磨床　(b) 立轴矩台式平面磨床　(c) 立轴圆台式平面磨床　(d) 卧轴圆台式平面磨床

图 12 - 11　平面磨床的加工示意图

（2）立轴矩台式平面磨床（图 12 - 11b）。在这种机床上，砂轮做旋转主运动 n，矩形工作台做纵向往复运动 f_1，砂轮架做间歇的竖直切入运动 f_2。

（3）立轴圆台式平面磨床（图 12 - 11c）。在这种机床上，砂轮做旋转主运动，圆工作台旋转做圆周进给运动 f_1，砂轮架做间歇的竖直切入运动 f_2。

（4）卧轴圆台式平面磨床（图 12 - 11d）。在这种机床上，砂轮做旋转主运动 n，圆工作台旋转做圆周进给运动 f_1，砂轮架做连续的径向进给运动 f_2 和间歇的竖直切入运动 f_3。此外，工作台的回转中心线可以调整至倾斜位置，以便磨削锥面。

上述四类平面磨床中，用砂轮端面磨削的平面磨床与用轮缘磨削的平面磨床相比，由于端面磨削的砂轮直径往往比较大，能同时磨出工件的全宽，磨削面积较大，所以，生产率较高。但是，端面磨削时，砂轮和工件表面是成弧形线或面接触，接触面积大，冷却困难，切屑也不易排除，所以，加工精度和表面粗糙度稍差。圆台式平面磨床与矩台式平面磨床相比较，圆台式的生产率稍高些，这是由于圆台式是连续进给，而矩台式有换向时间损失。但是，圆台式只适于磨削小零件和大直径的环形零件端面，不能磨削长零件。而矩台式可方便地磨削各种常用零件，包括直径小于矩台宽度的环形零件。

目前，用得较多的是卧轴矩台式平面磨床和立轴圆台式平面磨床。

2. 卧轴矩台式平面磨床

卧轴矩台式平面磨床如图 12 - 12 所示。这种机床的砂轮主轴通常是由内连式异步电动机直接带动的。电动机轴就是主轴，电动机的定子就装在砂轮架 3 的壳体内。砂轮架 3 可沿滑座 4 的燕尾导轨做间歇的横向进给运动（手动或液动）。滑座 4 和砂轮架 3 一起，沿立柱 5 的导轨做间歇的竖直切入运动（手动）。工作台 2 沿床身 1 的导轨做纵向往复运动

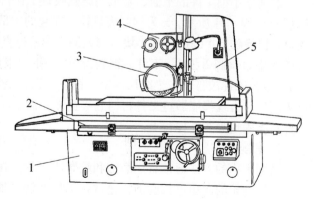

1—床身；2—工作台；3—砂轮架；4—滑座；5—立柱
图 12 - 12　卧轴矩台式平面磨床

（液压传动）。

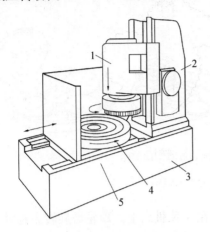

1—砂轮架；2—立柱；3—底座；
4—工作台；5—床身

图 12－13 立轴圆台式平面磨床

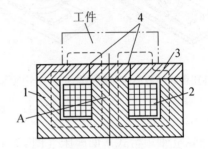

1—钢制吸盘体；2—线圈；3—钢制盖板；
4—绝磁层；A—芯体

图 12－14 电磁吸盘工作台的工作原理

3. 立轴圆台式平面磨床

立轴圆台式平面磨床如图 12－13 所示。砂轮架 1 的主轴也是由内连式异步电动机直接驱动。砂轮架 1 可沿立柱 2 的导轨，做间歇的竖直切入运动。圆工作台 4 旋转做圆周进给运动。为了便于装卸工件，圆工作台 4 还能沿床身导轨纵向移动。由于砂轮直径大，所以常采用镶片砂轮。这种砂轮使冷液容易冲入切削使砂轮不易堵塞。

这种机床生产率高，适用于成批生产。

12.3.2 平面磨削方法

1. 工件的安装

磨平面时，一般是以一个平面为基准磨削另一个平面。若两个平面都要磨削且要求平行时，则可互为基准，反复磨削。

磨削中小型工件的平面，常采用电磁吸盘工作台吸住工件，电磁吸盘工作台的工作原理如图 12－14 所示，1 为钢制吸盘体，在它的中部凸起的芯体 A 上绕有线圈 2，钢制盖板 3 被绝磁层 4 隔成一些小块。当线圈 2 中通过直流电时，芯体 A 被磁化，磁力线由芯体 A 经过钢制盖板 3→工件→钢制盖板 3→钢制吸盘体 1→芯体 A 而闭合（图中用虚线表示），工件被吸住。绝缘层由铅、铜或巴氏合金等非磁性材料制成。它的作用是使绝大部分磁力线都能通过工件再回到吸盘体，而不能通过盖板直接回去，这样才能保证工件被牢固地吸在工作台上。

2. 磨削平面

磨削平面的方法通常有周磨法和端磨法两种。在卧轴矩台式平面磨床上磨削平面，由于采用砂轮的周边进行磨削，通常称为周磨法，如图 12－11a、d 所示；在立轴圆台式平面磨床磨削，采用砂轮端面进行磨削，称为端磨法，如图 12－11b、c 所示。

平面磨削时，因砂轮与工件的接触面积比磨外圆时要大，因而发热多并容易堵塞砂轮，故要尽可能使用磨削液进行加工。特别是对于精密磨削加工，这点尤其重要。

在实际生产中，周磨法可分为以下几种方法进行磨削平面，以适应不同生产率的要求。

（1）横向磨削法。横向磨削法如图12-15a所示。这种磨削法是当工作台每次纵向行程终了时，磨头做一次横向进给。等到工件表面上第一层金属磨削完毕，砂轮按预选磨削深度作一次垂直进给，接着照上述过程逐层磨削，直至把全部余量磨去，使工件达到所需尺寸。粗磨时，应选较大垂直进给量和横向进给量，精磨时两者均应选较小值。

这种方法适用于磨削宽长工件，也适用于相同小件按序排列集合磨削。

（2）深度磨削法。深度磨削法如图12-15b所示。这种磨削法的纵向进给量较小，砂轮只做两次垂直进给。第一次垂直进给量等于全部粗磨余量，当工作台纵向行程终了时，将砂轮横向移动3/4～4/5的砂轮宽度，直到将工件整个表面的粗磨余量磨完为止。第二次垂直进给量等于精磨余量。其磨削过程与横向磨削法相同。

这种方法由于垂直进给次数少，生产率较高，且加工质量也有保证。但磨削抗力大，仅适用在动力大、刚性好的磨床上磨较大的工件。

（3）阶梯磨削法。如图12-15c所示，阶梯磨削法是按工件余量的大小，将砂轮修整成阶梯形，使其在一次垂直进给中磨去全部余量。用于粗磨的各阶梯宽度和磨削深度都应相同，而其精磨阶梯的宽度则应大于砂轮宽度的1/2，磨削深度等于精磨余量（0.03～0.05 mm）。磨削时横向进给量应小些。

由于磨削用量分配在各段阶梯的轮面上，各段轮面的磨粒受力均匀，磨损也均匀，能较多地发挥砂轮的磨削性能。但砂轮修整工作较为麻烦，应用上受到一定限制。

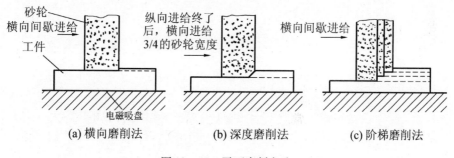

(a) 横向磨削法　　　　(b) 深度磨削法　　　　(c) 阶梯磨削法

图 12-15　平面磨削方法

训练与思考

1. 什么叫磨削加工？它可以加工的表面主要有哪些？
2. 砂轮的特性包括哪些内容？受哪些因素的影响？
3. 磨削过程的实质是什么？砂轮的"自锐性"指的是什么？
4. 砂轮的硬度与磨粒的硬度有何不同？
5. 磨料的粒度说明什么？应如何选择？

6. 为什么软砂轮适于磨削硬材料?

7. 说明万能外圆磨床的主要部件及作用。

8. 为什么磨床上多用死顶尖? 工件的中心孔为什么要修磨?

9. 磨外圆的方法有哪几种? 具体过程有何不同?

10. 说明平面磨床的几种主要型号及其运动特点。

11. 说明磨削的工艺特点。

12. 磨削时切削液起什么作用?

13. . 万能外圆磨床的前顶尖在工作时是否转动? 为什么?

14. M1432A 型万能外圆磨床工作台导轨和横进给导轨在结构上有何区别? 为什么?

15. 在 M1432A 型万能外圆磨床中,用顶尖支承工件磨削外圆和用卡盘夹持工件磨削外圆,哪一种情况的加工精度高? 为什么?

第 13 章　钳工与装配

【教学目的与要求】

本章的教学目的是讲述钳工的基本工艺和操作，根据实际情况，学生应该掌握钳工工艺的主要操作内容、钳工的应用范围。

【重点与难点】

通过本章的学习，学生应该掌握常见钳工工具的使用，熟悉钳工的常见工艺技术。

【基础知识】

钳工主要是以手持工具对金属进行切削加工、装配的方法。

因为钳工工艺的特殊性和不可替代性，即使在当今无数先进金属加工机器出现的情况下，钳工也是一门金属加工中不可或缺的工艺技术。

钳工操作主要在钳工台和台虎钳上进行，如图 13 - 1 所示。钳工的基本操作有划线、锯削、錾削、锉削、刮削、研磨、钻孔、扩孔、锪孔、铰孔、攻丝、套丝以及矫正、弯曲等。

另外，钳工还有装配工艺内容。

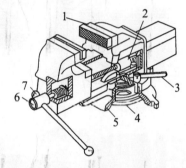

1—钳口；2—固定螺母；3—转盘扳手；
4—夹紧盘；5—转盘座；6—螺杆；7—手柄
图 13 - 1　台虎钳

13.1　划线

在毛坯或半成品上划出加工图形或加工界限的操作称为划线。划线可分为平面划线（在一个或多个平行的平面上划线）和立体划线（在多个互成一定角度的平面上划线）。

13.1.1　划线工具及其用法

1．用划针划线

划针是在工件上直接划出加工线条的工具，用工具钢制造而成。划针的形状及用法如图 13 -2 所示。

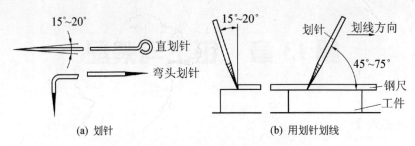

图 13 - 2　划针的形状及用法

2. 划规、划卡及其用法

划规的结构类似制图工具圆规，可用来划圆、量取尺寸和等分线。划卡又称单脚规，可用以确定轴及孔的中心位置，也可用来划平行线，如图 13 - 3 所示。

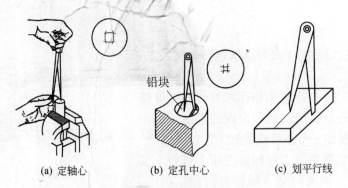

图 13 - 3　用划卡确定孔轴中心和划平行线

3. 划针盘及其用法

划针盘是立体划线和找正工件位置，如图 13 - 4a、b 所示。使用过程如下：调节划针高度，在平板上移动划针盘，即可在工件上画出与平板平行的线来，也可用游标高度尺划线，如图 13 - 4c 所示。

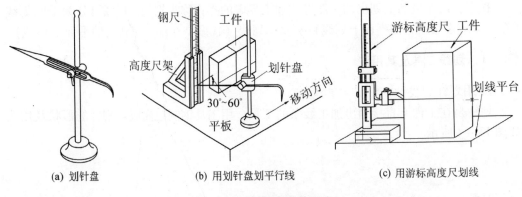

图 13 - 4　划针盘及其用法

4. 样冲和样冲眼的打法

因为划出的线条在加工过程中可能会被擦去，有时需要在划好的线上用样冲打出小而分布均匀的样冲眼（图 13-5），另外，划圆、划圆弧及钻孔前的圆心也要打样冲眼，以便划规及钻头定位。图 13-6 为样冲及使用方法。

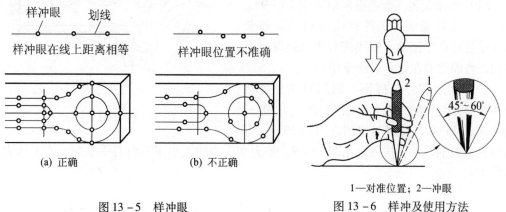

1—对准位置；2—冲眼

图 13-5 样冲眼   图 13-6 样冲及使用方法

13.2 锯削与錾削

锯削与錾削是用手锯或（和）錾子对金属工件进行切削加工的操作。锯削用手锯分割材料或在工件上切槽；錾削用手锤锤击錾子，可完成加工平面、沟槽、切断金属及清理铸、锻件上的毛刺等。

13.2.1 锯削

1. 锯削工具

手锯是锯削工具，由锯弓和锯条组成，使用方法如图 13-7 所示。

锯弓可分为固定式和可调式两种，图 13-7 为常用的可调式锯弓。锯条由碳素工具钢制成，并经淬火和低温退火处理。锯条切削过程如图 13-8 所示。

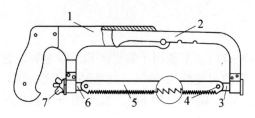

1—固定部分；2—可调部分；3—固定拉杆；
4—销子；5—锯条；6—活动拉杆；7—蝶形螺母

图 13-7 常用的可调式锯弓

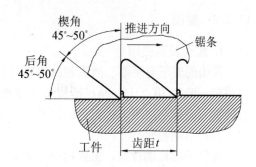

图 13-8 锯条切削过程

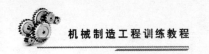

锯齿按齿距（每25 mm长度分布齿数）可分为粗齿、中齿及细齿三种。

粗齿锯条适用于锯削铝、铜等软材料或厚材料；锯削软钢、铸铁及中等厚度的工件则多用中齿锯条；锯硬钢、薄板及薄壁管子时，则应该选用细齿锯条。

2. 锯削基本操作

（1）锯条安装。锯齿应向前（图13-9）。

（2）工件安装。工件伸出钳口不应过长，防止锯削时产生振动。锯线应和钳口边缘平行，并夹在台虎钳的左边，以便操作。

（3）锯削姿势与握锯。锯削时站立姿势：身体正前方与锯削方向大约成45°角，右脚与锯削方向成75°角，左脚与锯削方向成30°角。握锯时右手握柄，左手扶弓，见图13-9。推力和压力的大小主要由右手掌握，左手压力不要太大。

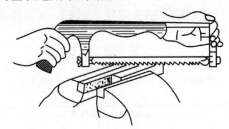

图13-9 手锯的握法

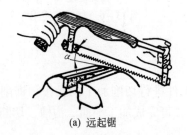

(a) 远起锯

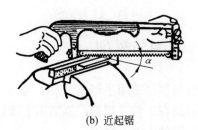

(b) 近起锯

图13-10 起锯方法

（4）起锯方法。起锯的方式有两种。一种是从工件远离自己的一端起锯，如图13-10a所示，称为远起锯；另一种是从工件靠近操作者身体的一端起锯，如图13-10b所示，称为近起锯。

（5）锯削速度和往复长度。锯削速度以每分钟往复20~40次为宜。速度过快锯条容易磨钝，反而会降低切削效率；速度太慢，效率不高。

13.2.2 錾削

1. 錾子及其使用

常用的錾子有平錾、槽錾和油槽錾（图13-11）。平錾用于錾平面和錾断金属，它的刃宽一般为10~15 mm；槽錾用于錾槽，它的刃宽约为5mm；油槽錾用于錾油槽，它的錾刃磨成与油槽形状相符的圆弧形。錾子全长125~150 mm。錾刃楔角应根据所加工材料不同而异。

握錾子应松动自如，主要用中指夹紧。錾头伸出20~25 mm（图13-12）。

2. 手锤及其握法

握手锤主要是靠拇指和食指，其余各指仅在锤击下才握紧，柄端只能伸出15~30 mm，如图13-13、13-14所示。

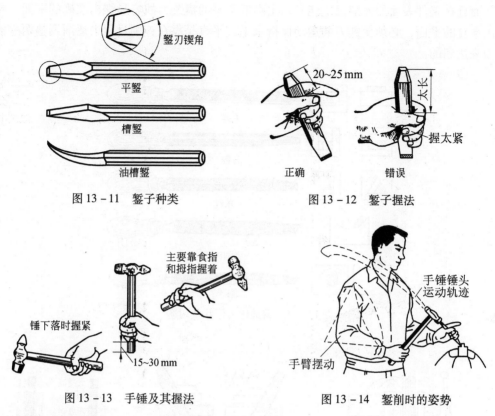

图 13 – 11　錾子种类

图 13 – 12　錾子握法

图 13 – 13　手锤及其握法

图 13 – 14　錾削时的姿势

13.3　锉削

锉削是钳工最基本的操作之一，目的是加工工件表面。

13.3.1　锉刀

锉刀结构如图 13 – 15 所示。锉刀按每 10 mm 锉面上齿数多少，分为粗锉刀、细锉刀和光锉刀三种。粗锉刀的齿间容屑槽较大，不易堵塞，适于粗加工或锉削铜和铝等软金属；细锉刀多用于锉削钢材和铸铁；光锉刀又称油光锉，只适用于最后修光表面。

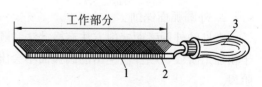

1—锉边；2—锉面；3—锉柄
图 13 – 15　锉刀结构

此外，根据尺寸的不同，又可分为普通锉刀和什锦锉刀两类。普通锉刀的形状及用途如图 13 – 16 所示。

13.3.2　锉削操作

1. 锉平面的操作

锉削平面是锉削中最基本操作。粗锉时可用交叉锉法（图 13 – 17），这样不仅锉得快，而且在工件表面的锉削面上能显示出高低不平的痕迹，故容易锉出准确的平面。要锉出平直的平面，必须使锉刀的运动保持水平。平直是靠在锉削过程中逐渐调整两手的压力来达到的。

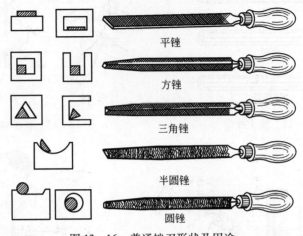

图 13 - 16　普通锉刀形状及用途

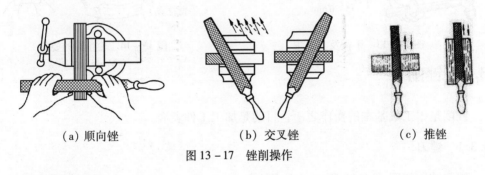

（a）顺向锉　　　　　　（b）交叉锉　　　　　　（c）推锉

图 13 - 17　锉削操作

2. 外圆弧面锉削

常见的外圆弧面锉削方法有横锉法和顺锉法（图 13 - 18）。横锉法切削效率高，适于粗加工阶段；顺锉法锉出的圆弧面不会出现有棱角的现象，一般用于圆弧面的精加工阶段。

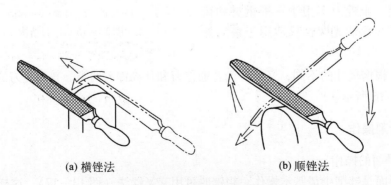

（a）横锉法　　　　　　　　　　（b）顺锉法

图 13 - 18　外圆弧面的锉削方法

13.4 孔及螺纹加工

13.4.1 钻孔

1. 钳工常用钻床

（1）台式钻床。简称台钻（图13-19），是一种小型机床，安放在钳工台上使用。其钻孔直径一般在12 mm以下，主要用于加工小型工件上的各种孔，钳工中用得最多。

（2）摇臂立式钻床（图13-20）。一般用来钻中、大型工件上的孔。

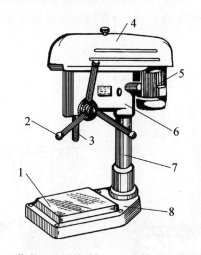

1—工作台；2—进给手柄；3—主轴；4—带罩；
5—电动机；6—主轴架；7—立柱；8—机座

图13-19 台式钻床

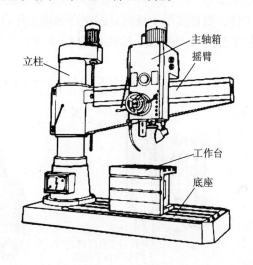

图13-20 摇臂立式钻床

2. 钻头

麻花钻是最常用的一种钻孔刃具，其形状如图13-21所示。

麻花钻有两条对称的螺旋槽，用来形成切削刃，还可以作输送切削液和排屑之用。前端的切削角度（图13-22）有两条对称的主切削刃，两刃之间的夹角2φ称为锋角。两个顶面的交线叫作横刃。导向部分上的两条刃带在切削时起导向作用，同时又能减小钻头与工件孔壁的摩擦。

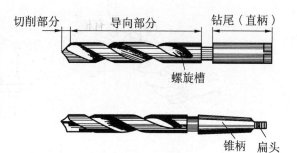

图13-21 麻花钻

3. 钻孔操作

（1）钻头的装夹。钻头的装夹方法，按其柄部的形状不同而异。锥柄钻头可以直接装入钻床主轴孔内，较小的钻头可用过渡套筒安装（图 13－23）；直柄钻头一般用钻夹头安装（图 13－24）。

图 13－22　麻花钻的切削角度

钻夹头或过渡套筒的拆卸方法是将楔铁带圆弧的边向上插入钻床主轴侧边的长形孔内，左手握住钻夹头，右手用锤子敲击楔铁卸下钻夹头（图 13－25）。

（2）工件的夹持。要注意工件的夹持，因为钻孔中的安全事故，大都是由于工件的夹持方法不对造成的。小件和薄壁零件钻孔，可用手虎钳夹持工件（图 13－26）。中等零件，多用平口钳夹紧（图 13－27）。大型和其他不适合用虎钳夹紧的工件，则直接用压板螺钉固定在钻床工作台上（图 13－28）。在圆轴或套筒上钻孔，须把工件压在 V 形铁上钻孔（图 13－29）。

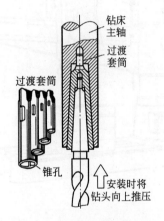

图 13－23　安装锥柄钻头

图 13－24　钻夹头

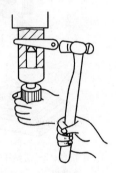

13－25　拆卸钻夹头

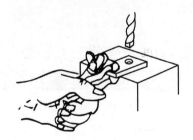

图 13－26　用手虎钳夹持工件

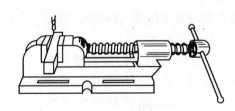

图 13－27　用平口钳夹持工件

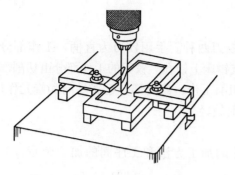

图 13 – 28 用压板螺钉夹持工件

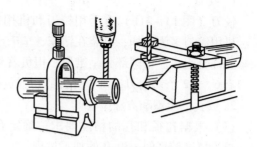

图 13 – 29 圆形工件的夹持方法

13.4.3 锪孔

在孔口表面用锪钻加工出一定形状的孔或凸台的平面，称为锪孔。例如，锪圆柱形埋头孔、锪圆锥形埋头孔、锪用于安放垫圈用的凸台平面等，如图 13 – 30 所示。

(a) 锪圆柱形埋头孔   (b) 锪圆锥形埋头孔   (c) 锪凸台平面

图 13 – 30 锪孔

13.4.4 铰孔

铰孔（图 13 – 31a）是孔的精加工。铰孔可分粗铰和精铰，精铰加工余量较小，只有 $0.05 \sim 0.15\text{mm}$，尺寸公差等级可达 IT6，表面粗糙度 Ra 值可达 $0.8\mu\text{m}$。铰孔前工件应经过钻孔、扩（或镗孔）等加工。

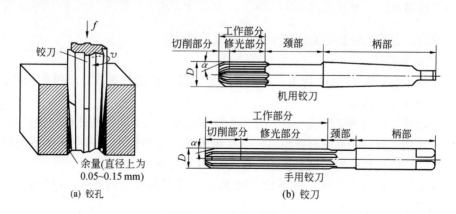

(a) 铰孔   (b) 铰刀

图 13 – 31 铰孔和铰刀

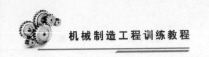
1. 铰刀

铰刀（图 13 – 31b）有手用铰刀和机用铰刀两种。手用铰刀为直柄，工作部分较长。机用铰刀多为锥柄，可装在钻床、车床或镗床上铰孔。铰刀的工作部分由切削部分和修光部分组成。切削部分呈锥形，担负着切削工作；修光部分起着导向和修光作用。铰刀有 6～12 个切削刃，每个刀刃的切削负荷较轻。

2. 铰孔的步骤和方法

（1）根据孔径和孔的精度要求，确定孔的加工方法和工序间的加工余量，如图 13 – 32 为精度较高的 $\phi 30$ 孔的加工过程。

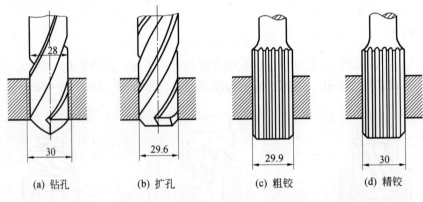

| (a) 钻孔 | (b) 扩孔 | (c) 粗铰 | (d) 精铰 |

图 13 – 32　孔的加工方法及工序余量

（2）手铰时，两手用力均匀，按顺时针方向转动铰刀并略为用力向下压，任何时候都不能倒转，否则，切屑挤压铰刀，划伤孔壁，使铰刀刀刃崩裂，铰出的孔不光滑、不圆，也不准确。

（3）铰孔过程中，如果转不动，不要硬扳，应小心地抽出铰刀，检查铰刀是否被切屑卡住或遇到硬点，否则会折断铰刀或使刀刃崩裂。

（4）进刀量的大小要适当、均匀，并不断地加冷却润滑液。

（5）孔铰完后，要按顺时针方向旋转退出铰刀。

13.4.5　攻螺纹

攻螺纹，是用丝锥加工直径较小的内螺纹的操作。

1. 丝锥和铰杠

丝锥的结构如图 13 – 33 所示。工作部分是一段开槽的外螺纹。丝锥的工作部分包括切削部分和校准部分。

手用丝锥一般由两支组成一套，分为头锥和二锥。两支丝锥的外径、中径和内径均相等，只是切削部分的长短和锥角不同。头锥较长，锥角较小，约有 6 个不完整的齿，以便切入。二锥短些，锥角大些，不完整的齿约为 2 个。

铰杠是扳转丝锥的工具，如图 13 – 34 所示。常用的是可调节式，以便夹持各种不同尺寸的丝锥。

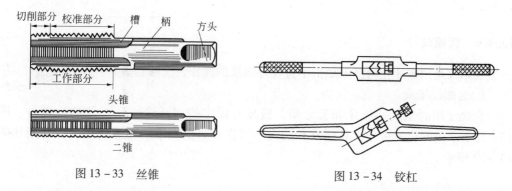

图 13 – 33　丝锥　　　　　　　　　　图 13 – 34　铰杠

2. 攻螺纹操作步骤

（1）钻底孔，攻螺纹前要先钻孔，钻孔直径 D 略大于螺纹的内径，可查表或根据下列经验公式计算：

加工钢料及塑性金属时

$$D = d - P$$

加工铸铁及脆性金属时

$$D = d - 1.1P$$

式中　　d——螺纹外径（mm）；

　　　　P——螺距（mm）。

若孔为盲孔（不通孔），由于丝锥不能攻到底，所以钻孔深度要大于螺纹长度，其大小按下式计算：

$$孔的深度 = 要求的螺纹长度 + 0.7d（螺纹外径）$$

（2）攻螺纹时，两手握住铰杠中部，均匀用力，使铰杠保持水平转动，并在转动过程中对丝锥施加垂直压力，使丝锥切入孔内 1～2 圈（图 13 – 35）。

（3）用 90°角尺，检查丝锥与工件表面是否垂直。若不垂直，丝锥要重新切入，直至垂直，如图 13 – 36 所示。

（4）深入攻螺纹时，两手紧握铰杠两端，不加压力，顺转 1～2 圈后倒转 1/4 圈，如图 13 – 37 所示。在攻螺纹过程中，要经常用毛刷对丝锥加注机油。在攻不通孔螺纹时，攻螺纹前要在丝锥上做好螺纹深度标记。在攻丝过程中，还要经常退出丝锥，清除切屑。当攻比较硬的材料时，可将头锥、二锥交替使用。

（5）将丝锥轻轻倒转，退出丝锥。

图 13 – 35　攻入孔内前的操作　　　图 13 – 36　检查垂直度　　　图 13 – 37　深入攻螺纹时的操作

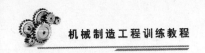
13.4.6 套螺纹

套螺纹是用板牙在圆杆上加工小直径外螺纹的操作，又叫套丝。

1. 套螺纹工具

套螺纹用的工具是板牙和板牙架。板牙有固定的和开缝的（可调的）两种。图13-38所示为开缝式板牙，其螺纹孔的大小可作微量的调节。套螺纹用的板牙架如图13-39所示。

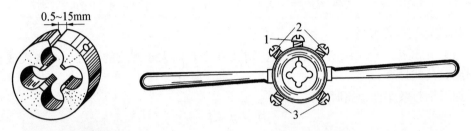

13-38 开缝式板牙　　　　图 13-39　板牙架

2. 套螺纹操作步骤

（1）确定螺杆直径。圆杆直径应小于螺纹公称尺寸。可通过查有关表格或用下列经验公式来确定：

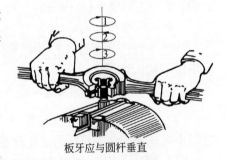

$$圆杆直径 = d - 0.13p$$

式中　d——螺纹外径；

　　　p——螺距。

（2）将套螺纹的圆杆顶端倒角 15°～20°。

（3）将圆杆夹在软钳口内，要夹正紧固，并尽量低些。

板牙应与圆杆垂直

图 13-40　套扣操作

（4）板牙开始套螺纹时，要检查校正，务使板牙与圆杆垂直，然后适当加压力按顺时针方向扳动板牙架，当切入 1～2 牙后就可不加压力旋转。同攻螺纹一样要经常反转，使切屑断碎及时排屑，如图 13-40 所示。

训练与思考

1. 常用的划线工具有哪些？
2. 什么叫平面划线？什么叫立体划线？举例说明划线过程。
3. 锯削可应用在哪些场合？试举例说明。
4. 怎样选择锯条？安装锯条应注意什么？
5. 起锯和锯削操作的要领是什么？
6. 怎样选择粗、细锉刀？

7. 试分析比较交叉锉法、推锉法的优缺点及应用场合。

8. 麻花钻的切削部分和导向部分有何特点？起什么作用？钻孔时应注意哪些问题？

9. 怎样判断钻头的切削部分形状是否正确？试分析钻削时孔径扩大的原因。

10. 钻孔、扩孔和铰孔时，所用刀具和操作方法有何区别？为什么扩孔和铰孔能提高孔的精度？

11. 攻螺纹时应如何保证螺孔质量？

12. 为什么套螺纹前要检查圆杆直径？其大小如何确定？

13. 装拆一齿轮减速器，并编制其装配单元系统图。

第14章 汽车结构认识

【教学目的与要求】

（1）掌握汽车的总体结构。
（2）掌握汽车发动机的基本结构和原理。
（3）掌握汽车发动机主要零件的结构。
（4）掌握汽车底盘的基本组成：传动系、行驶系和操纵系。

【重点与难点】

（1）四冲程汽油机的工作原理。
（2）汽车传动系中的离合器、变速器、万向传动装置和驱动桥（包括主减速器、差速器等）等组成部分的工作原理。

【基础知识】

汽车是由数百个总成、上万个零部件装配而成。汽车上的大部分零件，都是采用铸造、锻压、焊接等成型技术制成毛坯后，经过车削、铣削、刨削、磨削等机械加工技术制造出来的。因此，了解汽车的结构，认识汽车上的典型零件，旨在帮助读者认识材料成型技术和机械加工技术的应用。此外，掌握一些汽车基本知识也是非常有意义的。

14.1 汽车的总体结构

汽车种类繁多，但不管是何种汽车，它都是由发动机、底盘、车身、电气设备四大部分组成。如图14－1所示为典型轿车的总体构造。

1. 发动机

发动机是汽车的动力源，是一种能量转换器，它把燃料和空气混合在气缸中燃烧，燃烧的热能转变为机械能，以扭矩的形式通过底盘的传动系传到汽车的驱动车轮。根据所用燃料的不同，分为汽油机和柴油机，最近还开发了天然气发动机。随着环保和能源问题的日益突出，人们还在研究用燃料电池和太阳能电池作为汽车的动力源。

2. 底盘

底盘是汽车的整体构架，用来支承汽车的重量，将发动机动力传送至驱动车轮使汽车行驶，并能按驾驶员的意图转向和停车。底盘由传动系、行驶系、转向系和制动系四个系统组成。

3. 车身

车身用以乘坐驾驶员、旅客或装载货物。一般轿车的车身结构由三个相互封闭、用途各异的"厢"所组成，即前部的发动机舱、车身中部的乘员舱和后部的行李舱，俗称三厢轿车。

4. 电气设备

电气设备由电源、起动系、点火系、照明系、灯光信号系、仪表系、喇叭及辅助电器组成。电气设备的功用是保证发动机正常运行、汽车安全行驶和乘客乘坐舒适。电气设备分布于汽车发动机、底盘和车身。

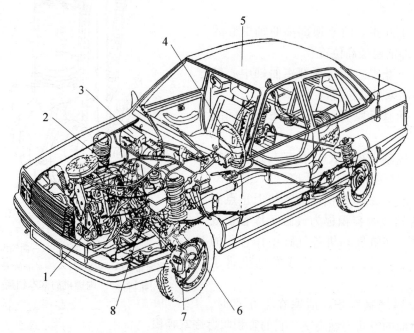

1—发动机；2—悬架；3—空调装置；4—转向盘；5—车身；
6—转向驱动轮；7—制动器；8—变速箱
图 14 - 1 典型轿车的总体构造

14.2 发动机的基本结构和工作原理

1. 发动机的基本结构

现代发动机是一种往复活塞式内燃机，其构造如图 14 - 2 所示。往复活塞式内燃机的工作腔称作气缸，气缸内表面为圆柱形。在气缸内作往复运动的活塞通过活塞销与连杆的一端铰接，连杆的另一端则与曲轴相连，构成曲柄连杆机构。因此，当活塞在气缸内作往复运动时，连杆便推动曲轴旋转。同时，工作腔的容积也在不断地由最小变到最大，再由最大变到最小，如此不断循环。

气缸的顶端用气缸盖封闭。在气缸盖上装有进气门和排气门，进、排气门是头朝下、尾朝上倒挂在气缸顶端的。通过进、排气门的开闭，实现向气缸内充气和向气缸外排气。进、排气门的开闭由凸轮轴控制。凸轮轴由曲轴通过齿形带或齿轮或链条驱动。进、排气门和凸轮轴以及其他一些零件共同组成配气机构。通常称这种结构形式的配气机构为顶置气门配气机构。现代汽车内燃机无一例外地都采用顶置气门配气机构。

2. 基本术语

汽车发动机是一部复杂的能量转换机器,为了便于研究它的工作过程,图 14-2 示出了发动机能量转换机构的最基本组成及其运动关系和一些基本术语。这些术语如下:

(1) 上止点。活塞顶部离曲轴中心的最远处,即活塞最高位置。

(2) 下止点。活塞顶部离曲轴中心最近处,即活塞最低位置。

(3) 活塞行程 (S)。上、下止点间的距离。

(4) 曲轴半径 (R)。曲轴与连杆下端的连接中心至曲轴中心的距离。

(5) 气缸工作容积。活塞从上止点到下止点所扫过的容积称为气缸工作容积或气缸排量。多缸发动机各气缸工作容积的总和称为发动机工作容积或发动机排量(单位为 L)。

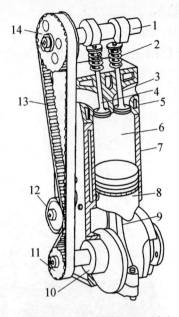

1—凸轮轴;2—气门弹簧;3—进气门;
4—排气门;5—气缸盖;6—气缸;7—机体;
8—活塞;9—连杆;10—曲轴;11—曲轴齿形带轮;
12—张紧轮;13—齿形带;14—凸轮轴齿形带轮

图 14-2 内燃机的基本结构

(6) 燃烧室容积。活塞在上止点时,活塞顶上面的空间为燃烧室,它的容积叫燃烧室容积。

(7) 气缸总容积。活塞在下止点时,活塞顶上面整个空间的容积(单位为 L)。它等于气缸工作容积与燃烧室容积之和。

(8) 压缩比。气缸总容积与燃烧室容积的比值,它表示活塞由下止点移动到上止点时,气缸内气体被压缩的程度。目前,一般车用汽油机的压缩比为 6～10,也有的高达 10 以上,如一汽奥迪 100v8 发动机压缩比为 10.6。

3. 四冲程发动机工作原理

车用发动机几乎全部是四冲程式发动机。四冲程式汽油发动机通过进、排气门动作和火花塞作用时间与活塞运动的配合,活塞在 4 个行程中实现了燃烧循环,即进气行程、压缩行程、膨胀(做功)行程和排气行程,如图 14-3 所示。

(1) 进气行程(图 14-3a)。活塞由曲轴带动,依靠飞轮的惯性从上止点向下止点运动,此时进气门打开,排气门关闭,由于气缸容积逐渐增大,产生吸力,于是经化油器供给的可燃混合气,通过进气门被吸入气缸。

(2) 压缩行程(图 14-3b)。仍借助飞轮的惯性,活塞从下止点被推回到上止点,曲轴又旋转 180°,进气门排气门均关闭,可燃混合气被压缩,气体压力和温度同时升高,并进一步均匀混合,因而很容易被点燃。

(3) 膨胀行程(图 14-3c)。进、排气门继续保持关闭。在压缩行程末活塞将达上止点时，火花塞产生电火花点燃混合气，并迅速燃烧，体积膨胀，气体的温度、压力迅速升高，推动活塞从上止点向下止点移动；通过连杆驱动曲轴旋转，对外输出动力。

（4）排气行程（图14-3d）。在做功行程终了时，排气门打开，进气门关闭，在飞轮惯性作用下，曲轴推动活塞再次从下止点向上止点运动，把燃烧后的废气排出气缸。

排气行程结束时，排气门关闭，进气门再次开启，又开始下一个工作循环。

综上所述，四冲程汽油发动机经过进气、压缩、膨胀和排气四个行程，完成一个工作循环。在这期间，活塞在上、下止点间往复移动了四个行程，曲轴旋转了两周。

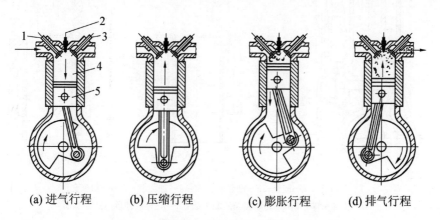

(a) 进气行程 　　(b) 压缩行程 　　(c) 膨胀行程 　　(d) 排气行程

1—进气门；2—火花塞；3—排气门；4—气缸；5—活塞

图14-3　四冲程汽油发动机工作原理图

14.3　发动机主要零件的结构

发动机是一部由许多机构和系统组成的复杂机器。大致包括曲柄连杆机构、配气机构、燃料供给系、点火系、冷却系、润滑系、起动系等。下面简单介绍主要零件的结构。

14.3.1　曲柄连杆机构

1. 气缸体

发动机的气缸体和曲轴箱常铸成一体，统称为机体，也可称为气缸体。气缸体上半部有一个或若干个为活塞在其中运动导向的圆柱形空腔，称为气缸；下半部为支承曲轴的曲轴箱，其内腔为曲轴运动的空间。根据汽车发动机最常用的气缸布置和排列方式，可分为单列式气缸体和V形气缸体，如图14-4所示为单列式气缸体。

按气缸的结构形式，气缸体可分为无气

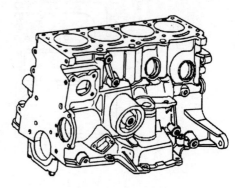

图14-4　单列式气缸体

缸套气缸体和有气缸套气缸体。所谓无气缸套气缸体就是气缸套与气缸体是一体的，这种结构在强化程度不高的轿车汽油机中应用很普遍。国产轿车中如桑塔纳 1.8 L，奥迪 100 1.8 L、2.2 L，夏利 1 L 等就采用这种结构，它的特点是气缸中心距短，结构简单紧凑，但气缸磨损后需搪缸，其结构如图14-5a所示；所谓有气缸套气缸体就是在气缸体内装一个气缸套构成气缸，气缸套有干式和湿式两种，如图 14-5b、c 所示。

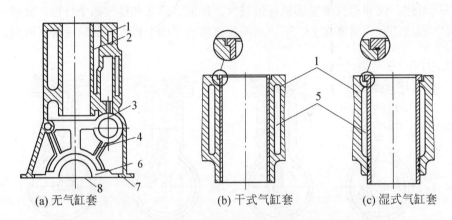

(a) 无气缸套   (b) 干式气缸套   (c) 湿式气缸套

1—气缸体；2—气缸；3—凸轮轴孔座；4—加强肋；5—冷却水套；

6—主轴承座；7—安装油底壳的加工面；8—安装主轴承盖的加工面

图 14-5 气缸体结构形式

2. 气缸盖

气缸盖的主要作用是密封气缸上部，并与活塞顶部和气缸壁一起形成燃烧室。气缸盖内也有冷却水套，其端面上的冷却水孔与气缸体的冷却水孔相通，以便利用循环水来冷却燃烧室等高温部分。

发动机的气缸盖上应有进、排气门座及气门导管孔和进、排气通道等。汽油机气缸盖还设有火花塞。

3. 活塞

活塞的基本构造可分为顶部、头部和裙部三部分，见图 14-6。

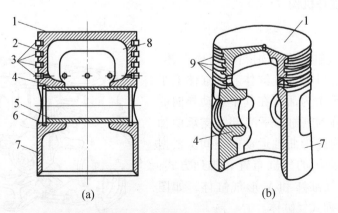

(a)   (b)

1—活塞顶；2—活塞头；3—活塞环；4—活塞销座；5—活塞销

6—活塞销锁环；7—活塞裙；8—加强肋；9—环槽

图 14-6 活塞结构剖视图

活塞的主要作用是承受气缸中的气体压力，并将此力通过活塞销传给连杆，以推动曲轴旋转。活塞顶部还与气缸盖、气缸壁共同组成燃烧室。由于活塞在气缸中高速运动时，会受到高温（600K～700K）、高压（汽油机 3～5MPa）和周期性的惯性力作用，因此活塞的不同部分会受到交变的拉伸、压缩和弯曲载荷；并且由于活塞各部分的温度极不均匀，活塞内部将产生一定的热应力。所以制造活塞的材料要求质量小、热膨胀系数小、导热性好和耐磨。目前，汽车发动机采用的活塞材料是铝合金。

4. 连杆

连杆由连杆小头 2、杆身 3 和连杆大头 5（包括连杆盖 7）三部分组成，见图 14-7。

连杆的作用是将活塞承受的力传给曲轴，从而使得活塞的往复运动转变为曲轴的旋转运动。连杆在往复运动过程中会受到压缩、拉伸和弯曲等周期性的交变载荷，因此制造连杆的材料要求在质量尽可能小的条件下，有足够的刚度和强度。连杆一般用中碳钢或合金钢经模锻或辊锻而成，然后经机械加工和热处理。

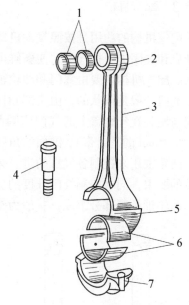

1—连杆衬套；2—连杆小头；3—杆身；
4—连杆螺栓；5—连杆大头；6—轴瓦；
7—连杆盖
图 14-7　连杆组件分解图

5. 曲轴

曲轴的功用是承受连杆传来的力，并由此造成绕其本身轴线的力矩。在发动机工作中，曲轴受到旋转质量的离心力、周期性变化的气体压力和往复惯性力的共同作用，使曲轴承受弯曲与扭转载荷。为了保证工作可靠，要求曲轴具有足够的刚度和强度，各工作表面要耐磨而且润滑良好。曲轴的结构如图 14-8 所示。

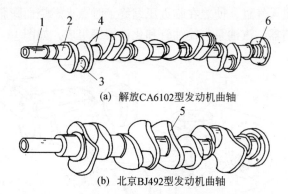

(a) 解放 CA6102 型发动机曲轴

(b) 北京 BJ492 型发动机曲轴

1—前端轴；2—主轴颈；3—连杆轴颈；4—曲柄；5—平衡重；6—后端凸缘
图 14-8　曲轴的结构

14.3.2 配气机构

配气机构的功用是按照发动机每一气缸内所进行的工作循环和点火次序的要求，定时开启和关闭进、排气门，使新鲜可燃混合气得以及时进入气缸，废气得以及时从气缸排出。配气机构主要由气门和凸轮轴组成。

气门一般是菌状的，由头部和杆部两部分构成（图14-9），气门头部的密封锥面用来与压装在气缸盖上的气门座圈的锥面密合（通过两锥面的互相研磨，要求得到宽度1～2 mm的密封带），锥面的角度称为气门锥角，通常气门锥角为45°。

凸轮轴用来控制各气缸的进、排气门开闭时刻，使之符合发动机的工作次序和配气相位的要求，同时控制气门开度的变化规律。顶置凸轮轴结构比较简单，通常由配气凸轮、凸轮轴颈等部分组成，一般为整体式结构，如图14-10所示。

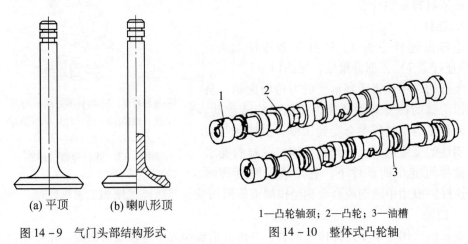

(a) 平顶　　(b) 喇叭形顶

图14-9　气门头部结构形式

1—凸轮轴颈；2—凸轮；3—油槽

图14-10　整体式凸轮轴

14.3.3 燃料供给系

汽油机燃料供给系的任务是，根据发动机各种不同工况的要求，配制出一定数量和浓度的可燃混合气供入气缸，使之在临近压缩终了时点火燃烧而膨胀做功。燃料供给系由汽油箱、汽油滤清器、汽油泵、输油管和化油器等组成，如图14-11所示。

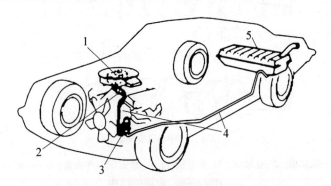

1—化油器；2—汽油泵；3—汽油滤清器；4—输油管；5—油箱

图14-11　汽油机燃料供给系

化油器是燃料供给系的核心部分。其作用是根据发动机的不同工况，及时、足量地配制合适浓度的混合气，图 14－12 为简单化油器的工作示意图。它由两部分组成，即燃油和空气混合部分和控制燃油油量部分。

燃油和空气混合部分是由阻风门 4、喉管 3、主喷管 2 和节气门 9 等组成（图 14－12）。当发动机工作时，从喉管上方吸入空气的流速在喉管处被加速，使这里的压力降低，在管壁形成一定的真空度，燃油从主喷管被吸出。吸出的燃料被高速空气流击碎，并在一定温度下被雾化成微小颗粒，和空气混合之后向下流动，形成可燃混合气。可燃混合气流量的大小靠节气门 9 来调节，节气门的开启程度由脚踏板 1 控制。

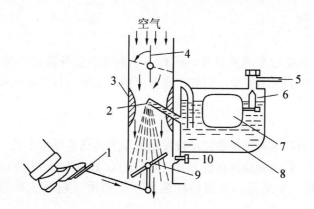

1—脚踏板；2—主喷管；3—喉管；4—阻风门；5—进油管；6—针阀；
7—浮子；8—浮子室；9—节气门；10—怠速调整螺栓
图 14－12　简单化油器的工作示意图

控制燃油油量部分由针阀 6、浮子 7、浮子室 8 和进油管 5 等组成。一定量的燃油在汽油泵的作用下输送并储存在浮子室，浮子室的油面高度依靠浮子及针阀来调节。如果油面过高，即使发动机停止工作，燃油也要从主喷管中溢出；若油面过低，即使发动机工作，从主喷管被吸出的燃油也不足。

现代汽车化油器所配制的混合气的质量（雾化程度）和以最快速度满足发动机工况变化对混合气数量的要求等方面都存在缺陷，已无法满足节能和排放控制的要求，目前逐渐被电控汽油喷射系统所淘汰。

电控汽油喷射系统（简称 EFI）最突出的特点是在进气通道内设置汽油喷射器，用压力将汽油喷射进气流中。由于压力差大，喷射位置和喷射点数都可选择，喷油量可由电子系统精确控制，因此发动机性能有了很大的提高。

14.3.4　点火系

传统点火系由点火线圈、分电器、火花塞、电源、点火开关和高压导线等组成。

点火线圈由一次绕组、二次绕组、铁芯等组成。分电器由断电器、配电器、电容器和点火提前调节装置等组成。火花塞由中心电极和侧电极组成，安装在发动机的燃烧室中，用来将高压电引入燃烧室，并提供一个跳火间隙。电源有蓄电池和发电机两种。

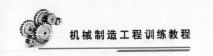

传统点火系存在断电器触点的使用寿命短、点火不可靠、易出现缺火现象等缺点，因此，已被性能更优异的半导体点火系和微机控制点火系所替代。

14.3.5　冷却系

冷却系的功用是使发动机在所有工况下都保持在适当的温度范围内。冷却系既要防止发动机过热，也要防止冬季发动机过冷。发动机的冷却系有风冷和水冷两种。目前，汽车发动机，尤其是轿车发动机大都采用水冷系。水冷系由水泵、散热器、冷却风扇、节温器、补偿水桶、发动机机体和气缸盖中的水套以及其他附属装置等组成。

14.4　汽车底盘

汽车底盘除了承受整车的重量外，还有一个重要的任务就是接受来自发动机的动力，使汽车按驾驶员的意图安全地行驶。底盘由传动系统、行驶系统和操纵系统组成。

14.4.1　传动系统

汽车传动系统的基本功用是将发动机发出的动力传送给驱动车轮。现代轿车普遍采用发动机纵向前置、后轮驱动的布置方式（RF式），如图 14 - 13 所示。这种布置方式的传动系由离合器、变速器、万向传动装置、驱动桥（包括主减速器、差速器等）组成。

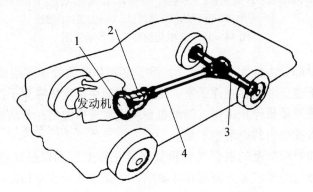

1—离合器；2—变速器；3—驱动轴；4—传动轴

图 14 - 13　前置、后轮驱动（RF 式）汽车传动系示意图

在一些中级及以下的轿车上，采用发动机前（横）置、前轮驱动（FF 式）的布置型式，如图 14 - 14 所示。由于发动机离驱动轮很近，不需要很长的万向传动装置，而将变速器、离合器、主减速器、差速器做成一个整体，叫传动箱。

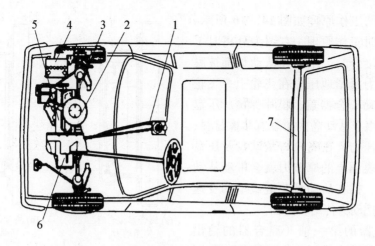

1—变速杆；2—空气滤清器；3—万向传动装置；4—蓄电池；5—发动机；6—传动箱；7—随动桥

图 14 – 14　FF 式轿车传动系统示意图

下面主要介绍离合器和变速器的结构。

1. 离合器

离合器是汽车传动系统中直接与发动机相联系的部件。常用的离合器有摩擦离合器、膜片弹簧离合器等。现代汽车采用的是膜片弹簧离合器，图 14 – 15 是膜片弹簧离合器的主要部件图。

压盘总成是由压盘、离合器盖、膜片弹簧装配而成的整体。压盘是一个环形的铸铁件，厚度接近飞轮，直径比飞轮略小。离合器盖像一个没有底的脸盆，由厚钢板冲压而成。膜片弹簧是用优质弹簧钢制成的接近平板的圆锥状的部件，它的外边沿是弹簧，内圈是分离指。压盘与离合器盖装配时，膜片弹簧被夹在离合器盖与压盘之间。从动盘是一个两面带有摩擦片的圆盘，其中部是带有内花键的毂。变速器的第一轴（输入轴）插入从动轴的花键毂内作为离合器的输出轴。装配好的离合器总成用螺栓固定到飞轮上时，从动盘即被紧紧地压在飞轮与压盘之间。膜片弹簧上径向布置的分离指是供操纵离合器用的，它的中部（圆孔）用卡环和销钉固定在离合器盖上。

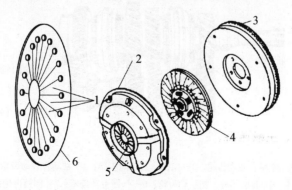

1—分离指；2—压盘总成；3—飞轮总成；4—从动盘总成；5、6—膜片弹簧

图 14 – 15　膜片弹簧离合器主要部件

离合器的工作原理如图 14 – 16 所示。左图为接合时工作原理，右图为分离时工作原理。在接合时，压盘和从动盘都被膜片弹簧的压力紧紧地压靠在飞轮上。飞轮旋转时，带动离合器盖、膜片弹簧、压盘一起旋转。由于从动盘两面装有摩擦材料，又承受着正压力，在飞轮与从动盘及压盘与从动盘两表面上的摩擦力就会带动从动盘一起旋转，插在从动盘花键毂里的变速器第一轴即把动力传给变速器。

在变速器的第一轴（离合器的输出轴）上套装着分离轴承和分离套筒。如图 14 – 16b 所示，当用外力推动分离套筒和分离轴承时，分离轴承即向前推动膜片弹簧分离指的内端头。由于膜片弹簧的圆孔部分是固定于离合器盖上的，膜片弹簧的外边沿就像杠杆一样拉动压盘向后移，由此便解除了从动盘的正压力，摩擦力也就消失，离合器即处于分离状态。

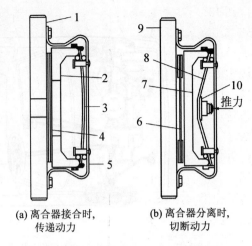

(a) 离合器接合时，
传递动力

(b) 离合器分离时，
切断动力

1、9—飞轮；2、7—压盘；3、8—膜片弹簧；
4、6—从动盘总成；
5—离合器盖；10—分离轴承

图 14 – 16　离合器工作原理

2. 变速器

汽车在开始行驶、爬坡和加速时需要大扭矩，而在平坦的路面行驶时则需高速行驶，此外，汽车还需要倒车，变速器就是一种满足这些要求的装置。

按操纵方式的不同，变速器可分为手动变速器、自动变速器和半自动变速器。这里着重讨论手动变速器。

手动变速器也称轴线固定式变速器。按变速器的传动齿轮轴的数目，可分为两轴式变速器和三轴式变速器，绝大部分汽车都是使用三轴式变速器。

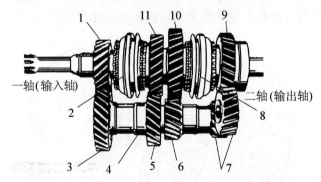

1—常啮合主动齿轮；2—二挡、三挡同步器；3—常啮合被动齿轮；
4—中间轴；5—二挡主动齿轮；6——挡主动齿轮；7—倒挡齿轮；
8——挡、倒挡同步器；9—倒挡齿轮；10——挡被动齿轮；11—二挡主动齿轮

图 14 – 17　三轴式三挡变速器齿轮布置图

图 14-17 是一三轴式三挡变速器齿轮布置图。它主要由 3 根轴、9 个齿轮和两套同步器组成。其中第一轴与第二轴虽然同轴线，但并未固定在一起，而是二轴的前端借助滚针轴承支撑在一轴的孔洞里。一轴上的齿轮与一轴是一体的；中间轴上的齿轮都与轴固定安装，它们都随轴一起转动；二轴上的齿轮都是滑套在轴上，因此，各有各自的转速，同步器是换挡用的，它们可以沿轴向移动。当用外力拨动同步器移向某齿轮时，该齿轮即与二轴连成一体，具有相同的转速，二轴输出的动力就是该齿轮的转速和转矩。

常啮合齿轮是各挡公用的第一级减速。二挡的主动齿轮大于一挡，而从动齿轮小于一挡。因此，二挡的传动比小于一挡。倒挡在主、被动齿轮之间加了一个惰轮，它对倒挡传动比没有影响，但等于多加入了一对外啮合齿轮，因此，输出轴的旋转方向发生了变化。倒挡的主、被动齿轮均小于一挡齿轮。因此，其传动比与一挡相当。

若把一挡、倒挡同步器向前拨，则二轴与一挡被动齿轮接合，这时变速器使用一挡传动，动力传动路线如图 14-18 所示。若一挡、倒挡同步器放中间位置，二、三挡同步器向后拨，则二轴与二挡被动齿轮接合，变速器用二挡传动，动力传动路线如图 14-19 所示。若二、三挡同步器向前拨，则二轴与常啮合主动齿轮（即第一轴）接合，变速器便用三挡传动，动力传动路线如图 14-20 所示。这时，所有的齿轮均不参与传动，变速器仅是一个动力通道而已，传动比为 1。这一挡位叫直接挡。一般三轴式变速器都设有直接挡。

图 14-18　一挡传动时动力传动路线　　　　图 14-19　二挡传动时动力传动路线

若将一挡、倒挡同步器向后拨，则倒挡被动齿轮与二轴接合，变速器用倒挡传动，动力传动路线如图 14-21 所示，此时惰轮参与传递动力。若两个同步器均在中间位置，变速器为空挡，二轴输出转速为零。

一般轿车变速器设 3～5 个前进挡，传动比在 0.8～4.5 之间，其中传动比小于 1 的挡叫超速挡。变速器用超速挡传动时，输出轴的转速高于输入轴，转矩小于输入轴。平常所说某变速器是几个挡，指它有几个前进挡，没有包括倒挡和空挡，因为倒挡和空挡都是必须有的。

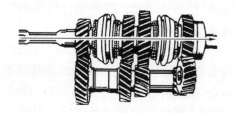 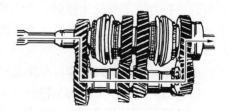

图 14-20　三挡传动时动力传动路线　　　　图 14-21　倒挡传动时动力传动路线

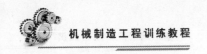

14.4.2　行驶系统

汽车行驶系统是支持全车并保证车辆的正常行驶。其基本功能是：①接受由发动机经传动系统传来的转矩，并通过驱动轮与路面间的附着作用，产生路面对驱动轮的牵引力，以保证汽车正常行驶；②支持全车，传递并承受路面作用于车轮上各反向力及其所形成的力矩；③尽可能缓和不平路面对车身造成的冲击，并衰减其振动，保证汽车行驶的平顺性。

汽车行驶系统为轮式行驶系统。轮式汽车行驶系统一般由车架、悬架和车桥组成。

1. 车架

车架是汽车的骨架，是汽车的装配基础，汽车的各种总成和零部件都直接或间接地装配在车架上。对于轿车、轻型车和微型车，车架是由冲压钢板焊接成 X 形结构，如图 14 – 22 所示。

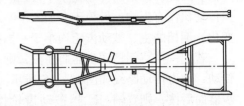

图 14 – 22　X 形车架

2. 悬架

悬架（又叫悬挂）系统是汽车车架与车桥（或车轮）之间的弹性连接装置。汽车是高速运动的车辆。当它行驶在凹凸不平的路面上时，路面会通过车轮对车身产生冲击和振动，使乘坐者不舒服，还会导致汽车零部件损坏。在车轮与车身之间装上悬架系统，能有效地缓和冲击，吸收振动，大大提高行驶的平顺性和乘坐的舒适性。

汽车悬架的型式很多，结构差别也很大。一般可以分为用于载重车的非独立悬架和用于轿车的独立悬架。图 14 – 23 是轿车上最常用的滑柱摆臂式独立悬架。它主要由滑柱、螺旋弹簧、下控制臂等组成，而且减振器与滑柱合二为一。悬架的下面安装有抗侧倾杆（又叫横向稳定杆），它是在汽车侧倾时提供回正力矩的。抗侧倾杆是一根两端带力臂的扭杆，它中间的扭杆弹簧部分用铰链连接在车架上，两端的力臂连接到车

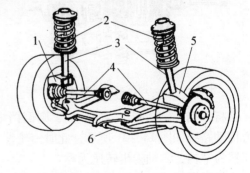

1、5—下控制臂；2—螺旋弹簧；3—减振器（滑柱）；
4—半轴（万向传动）；6—抗侧倾杆

图 14 – 23　轿车上最常用的滑柱摆臂式独立悬架

轮上。在汽车正常行驶时，两侧悬架变形差别不大，抗侧倾杆不起作用；在汽车转弯时，横向的离心力使车身发生倾斜，内、外悬架变形差别大，抗侧倾杆便受到扭矩作用，由其产生的反作用扭矩与弹簧合力可抵抗车身的倾斜并将车身回正。

3. 车桥

车桥的作用是传递车架前部与车轮之间的各向作用力及其所产生的弯矩和扭矩，使车轮偏转所需的角度，以实现汽车转向。车桥分为驱动桥、转向桥和转向驱动桥等。图14 –24 是轿车上常用的带独立悬架的转向驱动桥。图中的两根半轴实际上是带有等速

万向节的万向传动装置。它的转向器是由齿轮和齿条构成的。齿轮通过转向杆与方向盘相连，齿条则与左右两转向横拉杆相连。当转动方向盘带动转向器的齿轮转动时，齿轮带动齿条左右移动，如图14-24中箭头所示。转向横拉杆的外端通过转向节臂、悬架

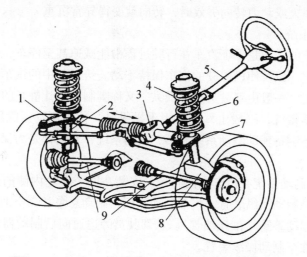

1—转向横拉杆；2—滑柱；3—转向器；4—减振弹簧；5—转向柱；6—减振器；
7—转向节臂；8—下控制臂；9—半轴（万向传动）
图14-24 带独立悬架的转向驱动桥

的滑柱与转向节相连（转向节在图14-24中未标出），车轮安装在转向节上。当齿条左右移动时，带动横拉杆左右移动，横拉杆的外端便带动转向节臂绕滑柱转动，与滑柱固定为一体的转向节和车轮便一起绕滑柱转动，起到转向作用。

14.4.3 操纵系统

汽车的操纵系统包括转向系统和制动系统。

1. 汽车转向系统

汽车转向系统的作用是，保证汽车能按驾驶员的意志改变行驶方向，做到汽车正常安全行驶。对于微型汽车和普通轿车，转向轮上的总重量只有 $4\sim6kN$，一般使用齿轮齿条式转向系统，见图14-24。这种转向系统的横拉杆被分成左、右两段，中间与滑动齿条相连，滑动齿条由装在转向柱末端的小齿轮驱动，如图14-25所示。当转动方向盘时，小齿轮带动齿条在其滑道上左右滑动，带动两段横拉杆左右移动，从而实现转向。

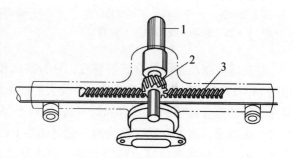

1—转向柱；2—小齿轮；3—转向齿条
图14-25 齿轮齿条转向器

机械式转向系统很难兼顾操纵省力和灵敏两方面的要求，因此现代汽车需要采用转

向加力装置。用发动机的动力驱动一个油泵，由液压油的力量驱动转向系统，使转向轮产生转角，这种用发动机的动力驱动的转向系统叫动力转向系统。在动力转向系统中，驾驶员转动方向盘的力矩主要是控制液压油的流向和流量，即控制转弯方向和转向驱动力矩。当发动机熄火或动力转向失效时，转向就变得异常沉重。

2. 汽车制动系统

汽车制动系统的作用是保证汽车在行驶过程中能减速甚至停车，使下坡行驶的汽车的速度能保持稳定，以及使已停驶的汽车保持不动。给行驶中的汽车施加行驶阻力的装置叫行车制动系统，一般由驾驶员用脚操纵，又称脚制动。让静止的汽车驻留原地不动的装置叫驻车制动系统，一般由驾驶员用手操纵，又称手制动。除脚制动和手制动之外，有些汽车上还装备辅助制动系统和第二制动系统，它们都是为保证制动更加可靠而设置的。

图 14-26 是制动系统在汽车上的布置。安装在四个车轮内侧的是制动器，安装在驾驶员前下方的是制动操纵装置，包括制动踏板、制动总泵和真空助力器。联接制动器与制动总泵的是制动管路（液压油管）。从驾驶员旁边通向后制动器的滑轮、杠杆和拉绳等机械装置是驻车制动操纵装置。

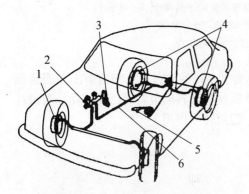

1—前制动器；2—制动总泵；3—制动踏板；
4—后轮制动器；5—手制动杆；6—制动油管

图 14-26　制动系统的组成与位置

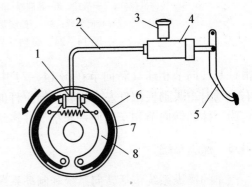

1—制动分泵；2—制动管路；3—储液罐；4—制动总泵；
5—制动踏板；6—制动鼓；7—制动摩擦片；8—制动蹄

图 14-27　鼓式制动器的工作原理

制动器是制动系统最重要的总成，分为鼓式和盘式两种。鼓式制动器的工作原理可用图 14-27 来说明。制动总泵是一个较大的液压油缸。其内部装有皮碗、活塞等部件，并充满制动液（液压油）。制动时，驾驶员踩下制动踏板，制动总泵里的制动液就被活塞和皮碗推出，通过制动管路流向车轮制动器上的分泵，高压制动液向分泵两端推动活塞和皮碗，并分别推动制动蹄的上端，消除制动间隙后，使蹄背上的摩擦片压向制动鼓。转动着的制动鼓与不能转动的制动蹄便产生摩擦力，此摩擦力便阻止制动鼓及车轮转动，起到制动汽车的作用。制动力的大小由制动液的压力决定，制动液的压力由驾驶员踩制动踏板的力度控制。松开制动踏板，制动蹄在回位弹簧的作用下回到原来的位置，制动分泵里的制动液也回到总泵，制动即解除。

为了减少制动时施加于制动踏板上的力，增大汽车制动力，现代汽车的制动系统中都装有制动助力装置。最常见的有真空助力器，如图 14 - 28 所示。

在制动踏板和制动总泵之间的真空助力器，可以在制动时借助发动机进气管的真空度增大制动总泵推杆上的推力，相当于加大了驾驶员踩踏板的力，从而起到增大制动力的作用。带有真空助力器的制动系统在制动时，发动机不得熄火。

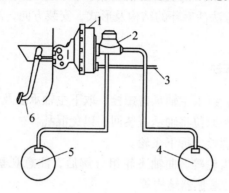

1—真空助力器；2—储油罐及制动总泵；3—真空管，接发动机进气管；
4—后轮制动器；5—前轮制动器

图 14 - 28 带真空助力器的制动系统

【 工艺及操作 】

14.5 曲柄连杆机构的拆装

14.5.1 气缸体曲轴箱组的拆卸

（1）首先从发动机上拆去燃料供给系、点火系、冷却系等系统有关部件，以便于气缸体曲轴箱组的拆卸。

（2）拆卸气缸盖罩，拆除摇臂机构及凸轮轴，以便于拆卸气缸盖。

（3）拆卸气缸盖及衬垫（拆气缸盖螺栓和螺母应从两端向中间交叉均匀拆卸，若提取气缸盖有困难，可用木锤在缸盖四周轻轻敲击，使其松动，不允许用起子撬缸盖）。拆下缸盖后，注意观察燃烧室的结构、火花塞及气门位置、缸盖上水道、油道等。

（4）放倒发动机，拆下油底壳（拆卸前如油底壳中储有机油，应拧开放油螺塞放尽机油后再拆油底壳）。拆下油底壳后，注意观察机油泵的安装位置、曲轴的支承形式。

14.5.2 活塞连杆组的拆卸

（1）将要拆下的活塞连杆组转到下止点位置。

（2）拆下连杆螺母，取下连杆盖、衬垫和轴承，并按顺序放好，以免和其他气缸的连杆盖混乱。

（3）用手锤木柄推出活塞连杆组，取出后，应将已取下的连杆盖、衬垫、轴承和连杆螺栓等按原样装复，不能错乱。

（4）用活塞环装卸钳拆下活塞环。

（5）使用专用工具，从活塞上压出活塞销。在活塞连杆组分解完毕后，应注意观察连杆轴承结构及定位方法活塞环的结构及形式、安装方向，活塞的结构以及连杆的连接和安装方向等。

14.5.3 曲轴飞轮组的拆卸

（1）将发动机放倒，拆下主轴承盖螺栓，取下主轴承盖及衬垫并按顺序放好。

（2）抬下曲轴，并按原位将轴承盖装回，以免混乱。

（3）拆下飞轮固定螺栓，拆下飞轮。

（4）拆下曲轴正时齿轮等。曲轴飞轮组分解后，注意观察曲轴轴向定位装置、曲轴前端轴防漏结构、扭转减振器结构等。

清洗各零部件，清洗时注意观察各零部件具体结构，然后按三个组拆卸时的顺序将零部件堆放整齐，准备安装。安装顺序一般和拆卸顺序相反。

14.5.4 曲轴飞轮组的安装

（1）将曲轴安装在主轴承座内，将不带油槽的主轴承装入主轴承盖，把各道主轴承盖按原位装在各道主轴颈上，并按规定拧紧力矩，依次拧紧主轴承螺栓，螺栓不得一次拧紧，须经 2～3 次完成。拧紧顺序应按从中到外交叉进行。拧紧后转动曲轴，以便安装活塞连杆组。

（2）检测曲轴轴向间隙，并把检测结果记录下来。

（3）曲轴径向间隙的检查方法与连杆径向间隙的检查方法基本相同。曲轴的径向间隙为 0.01～0.04 mm，磨损极限值为 0.15 mm。

（4）将曲轴前端正时齿轮、挡油片等装上。

14.5.5 活塞连杆组的安装

将活塞销和连杆小头孔内（已装好铜套）涂上一层薄机油，然后将活塞放入 90℃以上热水内加热，取出活塞，迅速用专用工具将销压入销座和连杆小头孔内，使连杆活塞连接。如果有活塞销卡环，用尖嘴钳将其装上（安装时应注意活塞与连杆的安装标记）。

14.5.6 气缸体曲轴箱组的安装

（1）放倒发动机，装上油底壳衬垫及油底壳。拧紧油底壳螺栓时应由中间向两端交叉进行。

（2）竖直发动机，安装气缸垫和气缸盖。缸盖螺栓应由中间向两端交叉均匀分 2～3 次拧至规定力矩。

（3）安装凸轮轴及摇臂机构，安装气缸盖罩等。

（4）将所拆其他非曲柄连杆机构部件安装到发动机上。

（5）检查有无遗漏未装部件，检查整理好工具。

训练与思考

一、填空题

1. 汽车由_____、_____、_____、_____四大部分组成。

2. 四冲程汽油发动机通过进、排气门动作和火花塞作用时间与活塞运动的配合，活塞在4个行程中实现了燃烧循环，即_____行程、_____行程、_____行程和_____行程。

3. 四冲程汽油发动机经过四个行程，完成_____工作循环。在这期间，活塞在上、下止点间往复移动了四个行程，曲轴旋转了_____周。

4. 制造活塞的材料要求质量小、热膨胀系数小、导热性好和耐磨。目前，汽车发动机采用的活塞材料是_____。

5. 连杆一般用中碳钢或合金钢经_____而成，然后经机械加工和热处理。

6. 汽车的操纵系统包括_____系统和_____系统。

7. _____系统的作用是保证汽车在行驶过程中能减速甚至停车，使下坡行驶的汽车的速度能保持稳定，以及使已停驶的汽车保持不动。

二、问答题

1. 汽车发动机通常是由哪些机构与系统组成的？它们各有什么功用？

2. 何谓发动机排量、气缸工作容积、燃烧室容积、压缩比？

3. 请概述四冲程汽油机的工作原理。

4. 曲柄连杆机构的作用是什么？由哪几部分组成？每一部分有哪些零件？

5. 配气机构的作用是什么？由哪些机件组成？

6. 你所观察的汽车发动机气缸体是无气缸套气缸体还是有气缸套气缸体？请分析其结构。

7. 试述化油器的结构和工作原理。

8. 化油器有何缺点？电控汽油喷射系统有何优点？

9. 试述汽车底盘的基本构成。

10. 离合器的作用是什么？离合器的传动机构由哪些机件组成？

11. 你所观察的齿轮变速器有几根轴？几个齿轮？属几挡变速器？

12. 为什么车床在换挡时要"停车"，而汽车在换挡时无需停车？

13. 了解变速箱的结构，分析同步器在换挡时的工作过程。

14. 车桥的作用是什么？转向桥的构造如何？

15. 汽车悬架的作用是什么？由哪些机件组成？

16. 汽车的转向系统中，为什么要加装动力转向系统？

17. 汽车的制动系统中，为什么要加装制动助力装置？

18. 带有真空助力器的制动系统在制动时，为什么发动机不得熄火？

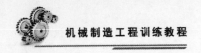

三、创新设计

汽车在坡上走走停停时，为了防止后退需要刹车制动，而且在坡上由静止开始启动时，由于汽车自身重力向下分力的存在，使得司机要有很好的刹车与离合协调配合能力，这增加了驾驶的难度，而且容易磨损离合器。为了保护离合器，更为了行驶安全，思考如何设计一款可以实现反向制动的变速器。

第 4 篇

现代加工技术

第 15 章　数控加工基础知识

【 教学目的与要求 】

（1）掌握数控加工的特点和基本原理。

（2）掌握数控机床的分类。

（3）掌握数控机床的坐标系统。

（4）掌握数控编程的基本步骤。

【 重点与难点 】

（1）数控机床的组成分类及特点。

（2）数控机床的工作过程及原理。

【 基础知识 】

随着社会的进步和科学技术的迅速发展，机械产品的结构越来越复杂，对机械产品的质量和生产率的要求越来越高。近年来，由于市场竞争日趋激烈，为了适应国内外市场需求迅速变化的要求，机械制造业为了提供高质量的产品，必须频繁地改型，并缩短生产周期，满足市场上不断变化的需要。机械制造业正经历着从大批量到小批量及单件生产的转变过程，而传统的制造手段已满足不了当前技术的发展和市场经济的要求，数控技术的迅速发展，有效地解决了上述问题，它使传统的制造方式发生了根本的转变。现在数控技术已成为制造业实现自动化、柔性化、集成化生产的基础技术，现代的CAD/CAM、FMS 和 CIMS、敏捷制造和智能制造等，都是建立在数控技术之上。

计算机数控系统有如下优点：

1. 柔性好

以往数控系统的许多功能是靠硬件电路来实现的。若想改变系统的功能，必须重新布线，但计算机数控系统能利用控制软件灵活地增加或改变数控系统的功能，更能适应生产发展的需要。

2. 功能强

可利用计算机技术及其外围设备，增强数控系统及数控机床的功能。例如，利用计算机图形显示功能，检查编程的刀具轨迹，纠正编程错误，还可检查刀具与机床、夹具碰撞的可能性等；利用计算机网络通信的功能，便于数控机床组成生产线。

3. 可靠性高

计算机数控系统可使用磁带、软盘等许多输入装置，避免了以往数控机床由于频繁地开启光电阅读机而造成的信息出错的缺点。与硬件数控相比，计算机数控尽量减少硬件电路，显著地减少了焊点、接插件和外部连线，提高了可靠性。此外，计算机数控系统一般都具备自诊断功能，可及时指出故障原因，便于维修或预防操作失误，减少停机时间。这一切使得现代数控系统的无故障运行时间大为增加。

4. 易于实现机电一体化

由于计算机电路板上采用大规模集成电路和先进的印制电路排版技术，只要采用数块印制电路板即可构成整个控制系统，而将数控装置连同操作面板装入一个不大的数控箱内，有力地促进了机电一体化。

5. 经济性能好

采用微机数控系统后，系统的性能价格比大为提高，现在不但大型企业，就是中小型企业也已逐渐采用微机数控系统。

15.1 数控加工的基本原理

15.1.1 数控加工的基本概念

数控即为数字控制（Numerical Control），是用数字化信号对机床的运动及其加工过程进行控制的一种方法，简称数控（NC）。

数控机床：就是采用了数控技术的机床，或者说是装备了数控系统的机床。

数控系统：数控机床中的程序控制系统，它能够自动阅读输入载体上事先给定的程序，并将其译码，从而使机床运动和加工工件。

15.1.2 数控机床的工作原理

现代计算机数控机床由控制介质、输入输出装置、计算机数控装置、伺服系统及机床本体组成，如图 15 – 1 所示。

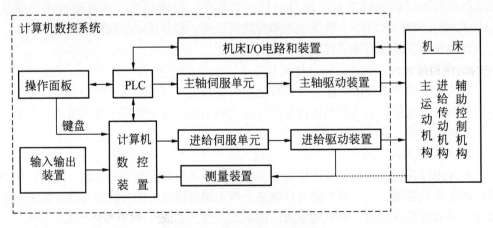

图 15 – 1　数控机床工作原理图

1. 控制介质

控制介质用于记载各种加工信息，以控制机床的运动，实现零件的机械加工。控制介质是记录零件加工程序的媒介，在数控机床上加工零件时，首先根据图纸要求确定加工工艺，然后编制出加工程序，加工程序必须存储在某种存储介质上。目前常用的有穿孔带、磁带或磁盘等。

2．输入、输出装置

输入、输出装置是 CNC（Computer Numerical Control）系统与外部设备进行交互信息的装置。交互的信息通常是零件加工程序，即将编制好的记录在控制介质上的零件加工程序输入 CNC 系统，或将调试好了的零件加工程序，通过输出设备存放或记录在相应的控制介质上。

3．计算机数控装置

CNC 装置是数控机床的核心，主要由计算机系统、位置控制板、PLC 接口板、通信接口板、特殊功能模块以及相应的控制软件等组成。

作用：根据输入的零件加工程序进行相应的处理（如运动轨迹处理、机床输入输出处理等），然后输出控制命令到相应的执行部件（伺服单元、驱动装置和 PLC 等），所有这些工作是由 CNC 装置内硬件和软件协调配合、合理组织，使整个系统有条不紊地进行工作的。

4．伺服系统

它是数控系统与机床本体之间的电传动联系环节，主要由伺服电动机、驱动控制系统以及位置检测反馈装置组成。伺服电机是系统的执行元件，驱动控制系统则是伺服电机的动力源。它用来接受数控装置输出的指令信息并经过功率放大后，带动机床移动部件作精确定位或按照规定轨迹的速度运动，使机床加工出符合图样要求的零件。

5．检测反馈系统

测量反馈系统由检测元件和相应的电路组成，其作用是检测机床的实际位置、速度等信息，并将其反馈给数控装置，与指令信息进行比较和校正，构成系统的闭环控制。

6．机床本体

机床本体指的是数控机床机械机构实体，包括床身、主轴、进给机构等机械部件。由于数控机床是高精度和高生产率的自动化机床，它与传统的普通机床相比，应具有更好的刚性和抗震性，相对运动摩擦系数要小，传动部件之间的间隙要小，而且传动和变速系统要便于实现自动化控制。

15.1.3　数控机床的分类

数控机床的种类很多，可以按不同的方法对数控机床进行分类。

1．按工艺用途分

按工艺用途可分为：数控车床、数控铣床、数控钻床、数控磨床、数控镗铣床、数控电火花加工机床、数控线切割机床、数控齿轮加工机床、数控冲床、数控液压机等各种用途的数控机床。

2．按运动方式分

（1）点位控制数控机床：数控系统只控制刀具从一点到另一点的准确位置，而不控制运动轨迹，各坐标轴之间的运动是不相关的，在移动过程中不对工件进行加工。这类数控机床主要有数控钻床、数控坐标镗床、数控冲床等（图 15 - 2）。

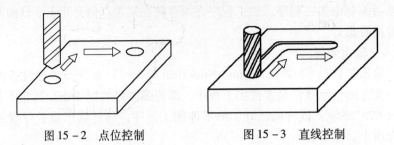

图 15 - 2　点位控制　　　　　　　图 15 - 3　直线控制

（2）直线控制数控机床：数控系统除了控制点与点之间的准确位置外，还要保证两点间的移动轨迹为一直线，并且对移动速度也要进行控制，也称点位直线控制。这类数控机床主要有数控车床、数控铣床等（图 15 - 3）。

（3）轮廓控制数控机床：轮廓控制的特点是能够对两个或两个以上运动坐标的位移和速度同时进行连续相关的控制，它不仅要控制机床移动部件的起点与终点坐标，而且要控制整个加工过程的每一点的速度、方向和位移量，也称为连续控制数控机床。这类数控机床主要有数控车床、数控铣床、数控线切割等（图 15 - 4）。

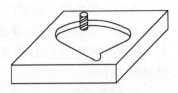

图 15 - 4　轮廓控制

3. 按伺服控制方式分

（1）开环控制数控机床：这类机床不带位置检测反馈装置，通常用步进电机作为执行机构。输入数据经过数控系统的运算，发出脉冲指令，使步进电机转过一个步距角，再通过机械传动机构转换为工作台的直线移动，移动部件的移动速度和位移量由输入脉冲的频率和脉冲数所决定（图 15 - 5）。

图 15 - 5　数控机床开环控制框图

（2）半闭环控制数控机床：在电机的端头或丝杠的端头安装检测元件（如感应同步器或光电编码器等），通过检测其转角来间接检测移动部件的位移，然后反馈到数控系统中（图 15 - 6）。由于大部分机械传动焊接未包括在系统闭环环路内，因此可获得较稳定的控制特性。其控制精度虽不如闭环控制数控机床，但调试比较方便，因而被广泛采用。

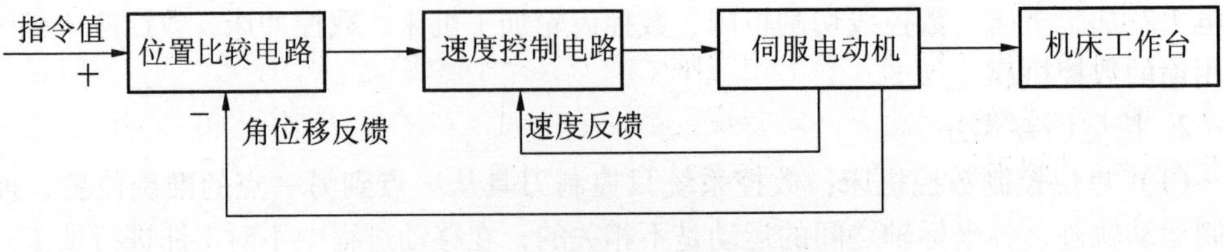

指令值 + 位置比较电路 → 速度控制电路 → 伺服电动机 → 机床工作台

角位移反馈　　　速度反馈

图 15 - 6　数控机床半闭环控制框图

（3）闭环控制数控机床：这类数控机床带有位置检测反馈装置，其位置检测反馈装置采用直线位移检测元件，安装在机床的移动部件上，将测量结果直接反馈到数控装置中，通过反馈可消除从电动机到机床移动部件整个机械传动链中的传动误差，最终实现精确定位（图15－7）。

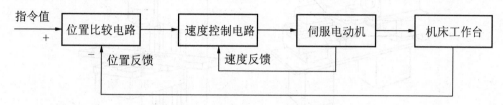

图 15－7　数控机床闭环控制框图

15.1.4　数控机床的坐标系统

15.1.4.1　坐标系

为了确定数控机床的运动方向和移动距离，需要在机床上建立一个坐标系，这个坐标系就叫机床坐标系。数控机床的坐标系采用直角笛卡儿坐标系，其基本坐标轴为 X、Y、Z 直角坐标。大拇指为 X 轴正方向，食指为 Y 轴正方向，中指为 Z 轴正方向（图15－8）。

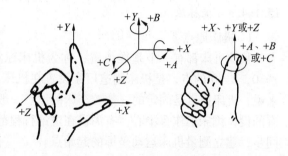

图 15－8　右手笛卡儿坐标系

15.1.4.2　坐标轴及其运动方向

不论机床的具体结构是工件静止、刀具运动，还是工件运动、刀具静止，数控机床的坐标运动指的是刀具相对静止的工件坐标系的运动。

按有关标准的规定，在机床上，平行于机床主轴方向的为 Z 轴，当机床有几个主轴时，则 Z 轴垂直于工件的装夹面，取刀具远离工件的方向为 Z 轴的正方向。

X 轴为水平方向，且垂直于 Z 轴并平行于工件的装夹面。对于工件做旋转运动的机床，在与 Z 轴垂直的平面内，刀具的运动方向为 X 轴，刀具离开主轴回转中心的方向为 X 的正方向。对于刀具做旋转运动的机床，Z 轴水平时，沿刀具主轴后端向工件方向看，向右的方向为 X 的正方向；若 Z 轴是垂直的，则从主轴向立柱看时，对于单立柱机床，X 轴的正方向向右；对于双立柱机床，从主轴向左侧立柱看时，X 的正方向指向右边（图 15－9）。

数控机床的进给运动，有的由主轴带动刀具运动来实现，有的由工作台带着工件运动来实现。上述坐标轴正方向是假定工件不动，刀具相对于工件做进给运动的方向。如果是工件移动则用加 "′" 的字母表示。

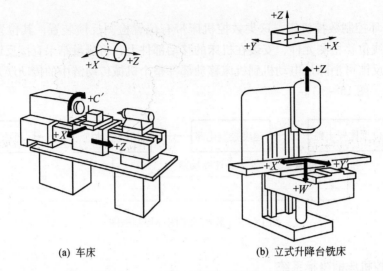

(a) 车床   (b) 立式升降台铣床

图 15 – 9   机床的坐标轴及其运动方向

15.1.4.3 坐标原点

1. 机床原点

数控机床都有一个基准位置，称为机床原点，是指机床坐标系的原点，即 $X = 0$，$Y = 0$，$Z = 0$ 的点，是机床制造厂家设置在机床上的一个物理位置，对于某一具体机床来说，机床原点是固定的。数控车床的原点一般设在主轴前端的中心，数控铣床的原点有的设在机床工作台中心，有的设在进给行程范围的终点。其作用是使机床与控制系统同步，建立测量机床运动坐标的起始点。

2. 机床参考点

与机床原点相对应的还有一个机床参考点，用 R 表示，也是机床上的一个固定点。机床的参考点与机床的原点不同，是用于对机床工作台、滑板以及刀具相对运动的测量系统进行定标和控制的点，如加工中心的参考点为自动换刀位置，数控车床的参考点是指车刀退离主轴端面和中心线最远并且固定的一个点。

3. 工作坐标系、程序原点和对刀点

工作坐标系是编程人员在编程时使用的，编程人员选择工件上的某一已知点为原点（也称程序原点），建立一个新的坐标系，称为工件坐标系。工件坐标系一旦建立一直有效，直到被新的工件坐标系所取代。

工件坐标系的原点选择要尽量满足编程简单、尺寸换算少、引起的加工误差小等条件。一般情况下，以坐标式尺寸标注的零件，程序原点应选择在尺寸标注的基准点；对称零件或以同心圆为主的零件，程序原点应选在对称中心线或圆心上；Z 轴的程序原点通常选在工件的上表面。

对刀点是零件程序加工的起始点，对刀的目的是确定程序原点在机床坐标系中的位置，对刀点可与程序原点重合，也可在任何便于对刀之处，但该点与程序原点之间必须有确定的坐标联系。

15.1.4.4　绝对坐标编程及增量坐标编程

1. 绝对坐标编程

在程序中用 G90 来指定，刀具运动过程中所有的刀具位置坐标是以一个固定的编程原点为基础给出的，即刀具运动的指令数值是根据刀具与某一固定的编程原点之间的距离给出的。

2. 增量坐标编程

在程序中用 G91 来指定，刀具运动的指令数值是按刀具当前所在的位置到下一位置之间的增量给出的，如图 15 – 10 所示。

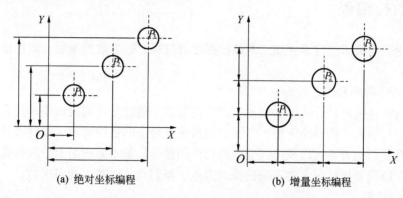

(a) 绝对坐标编程　　　　　　　　(b) 增量坐标编程

图 15 – 10　绝对坐标编程及增量坐标编程

15.1.5　刀具补偿

数控系统的刀具补偿功能主要是为了简化编程，使数控程序与刀具的形状及尺寸尽可能无关，同时也是为了方便操作。CNC 系统一般都具有刀具长度补偿和刀具半径补偿功能，详细内容参考数控车、数控铣加工与操作章节。

15.1.5.1　刀具长度补偿

现代 CNC 系统一般都具有刀具长度补偿功能，刀具长度补偿可由数控机床操作者通过手动数据输入（MDI）方式实现，也可通过程序命令方式实现。

用 MDI 方式进行刀具长度补偿的过程是：操作者在完成零件装夹、程序原点设置之后，根据刀具长度测量基准采用对刀仪测量刀具长度 L（或 Q），然后在相应的刀具长度偏置寄存器中，写入相应的刀具长度参数值。在程序运行时，数控系统根据刀具长度基准使刀具自动离开工件一个刀具长度的距离，从而完成刀具长度补偿，使刀尖走程序要求的运动轨迹。

15.1.5.2　刀具半径补偿

用铣刀铣削或线切割中的金属丝切割工件的轮廓时，刀具中心或金属丝中心的运动轨迹并不是加工工件的实际轮廓。加工内轮廓时，刀具中心要向工件的内侧偏移一个距离；加工外轮廓时，刀具中心也要向工件的外侧偏移一个距离。如果直接采用刀心轨迹编程，则需要根据零件的轮廓形状及刀具半径采用一定的计算方法计算刀具中心轨迹。

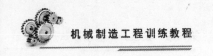

当刀具半径改变时，需要重新计算刀具中心轨迹。

数控系统的刀具半径补偿就是将计算刀具中心轨迹的过程交由 CNC 系统执行，程序员假设刀具半径为零，直接根据零件的轮廓形状进行编程，而实际的刀具半径则存放在一个可编程刀具半径偏置寄存器中。加工时，数控系统根据数控加工程序和刀具半径自动计算刀具中心轨迹，完成对零件的加工。当刀具半径发生变化时，仅需对存放刀具半径的偏置寄存器中的数据进行修改即可，不需修改数控加工程序。刀具半径补偿分为刀具半径左补偿（用 G41 定义）和刀具半径右补偿（G42 定义）。

15.2　数控编程

生成用数控机床进行零件加工的数控程序的过程，称为数控编程。数控编程的步骤如下。

1. 分析零件图和工艺处理

主要对零件图进行分析以明确加工内容及要求，通过分析确定该零件是否适合采用数控机床进行加工，从而确定加工方案，包括选择合适的数控机床、设计夹具、选择刀具、确定合理的走刀路线以及选择合理的切削用量等。基本原则是充分发挥数控机床的效能，加工路线要尽量短，要正确选择对刀点、换刀点，以减少换刀次数。

2. 数学处理

在完成了工艺处理工作之后，就要根据零件图样的几何尺寸、加工路线、设定的坐标系，计算刀具中心运动轨迹，以获得刀位数据。计算的复杂程度取决于零件的复杂程度和所用数控系统的功能。一般的数控系统都具有直线插补和圆弧插补的功能，当加工由圆弧和直线组成的简单零件时，只需计算出零件轮廓的相邻几何元素的交点或切点的坐标值，得出各几何元素的起点、终点，圆弧的圆心坐标值，对于具有特殊曲线的复杂零件，往往要利用计算机进行辅助计算。

3. 编写零件加工程序单

根据计算出的加工路线数据和已确定的工艺参数、刀位数据，结合数控系统对输入信息的要求，编程人员就可按数控系统的指令代码和程序段格式，逐段编写加工程序单。编程人员应对数控机床的性能、程序指令及代码非常熟悉，才能编写出正确的加工程序。

4. 程序输入

程序的输入有手动数据输入、介质输入、通信输入等方式，具体采用何种方式，主要取决于数控系统的性能及零件的复杂程度。对于不太复杂的零件常采用手动数据输入（MDI），介质输入方式是将加工程序记录在穿孔带、磁盘、磁带等介质上，用输入装置一次性输入。由于网络技术的发展，现代 CNC 系统可通过网络将数控程序输入数控系统。

5. 校验

程序输入数控系统后，通过试运行，校验程序语法是否有错误，加工轨迹是否正确。

训练与思考

1. 数控机床由哪几部分组成?
2. 数控编程要经过哪几个步骤?
3. 按运动方式,数控机床分为哪几类?

第 16 章　数控车削加工

【教学目的与要求】

（1）熟悉数控车床的分类、结构、特点和基本原理。
（2）掌握数控车床的 G、M、S、T 等代码与编程。
（3）掌握数控车床的面板与基本操作。
（4）掌握数控车床的工艺与零件加工。

【重点与难点】

（1）数控车床的工艺与编程。
（2）数控车床的应用与操作。

【基础知识】

16.1　数控车床的结构和工作过程

数控车床是数字程序控制车床的简称，它集通用性好的万能型车床、加工精度高的精密型车床和加工效率高的专用型普通车床的特点于一身，是国内使用量最大、覆盖面最广的一种数控机床，占数控机床总数的 25% 左右（不包括技术改造而成的车床）。

16.1.1　数控车床的分类

数控车床的分类方法较多，但通常都以和普通车床相似的方法进行分类。

（1）立式数控车床。立式数控车床简称为数控车床，其车床主轴垂直于水平面，并有一个直径很大的圆形工作台，供装夹工件用。这类车床主要用于加工径向尺寸大、轴向尺寸相对较小的大型复杂零件。

（2）卧式数控车床。卧式数控车床又分为数控水平导轨卧式车床和数控倾斜导轨卧式车床。倾斜导轨结构可以使车床具有更大的刚性，并易于排除切屑。

16.1.2　数控车床的特点

1. 数控车床的结构特点

与普通车床相比，除具有数控系统外，数控车床的结构还具有以下一些特点。

（1）运动传动链短。车床上沿纵、横两个坐标轴方向的运动是通过伺服系统完成的，即由驱动电机→进给丝杠→床鞍及中滑板完成，免去了原来的主轴电机→主轴箱→挂轮箱→进给箱→溜板箱→床鞍及中滑板的冗长传动过程。

（2）总体结构刚性好，抗震性好。数控车床的总体结构主要指机械结构，如床身、拖板、刀架等部件。刚性好，才能与数控系统的高精度控制功能相匹配，否则数控系统的优势将难以发挥。

（3）运动副的耐磨性好，摩擦损失小，润滑条件好。要实现高精度的加工，各运动部件在频繁的运行过程中，必须动作灵敏，低速运行时无爬行。因此，对其移动副和螺旋副的结构、材料等方面均有较高要求，并多采用油雾自动润滑形式。

（4）冷却效果好于普通车床。

（5）配有自动排屑装置。

（6）装有半封闭式或全封闭式的防护装置。

2. 数控车床的加工特点

（1）高难度。能加工轮廓形状特别复杂或难于控制尺寸的回转体零件。例如，壳体零件封闭内腔的成型面，以及"口小肚大"类内成型面零件等。

（2）高精度。复印机中的回转鼓、录像机上的磁头及激光打印机内的多面反射体等超精零件，其尺寸精度可达 $0.01\mu m$，表面粗糙度值可达 $Ra\,0.02\,\mu m$，这些高精度零件均可在高精度的特殊数控车床上加工完成。

（3）高效率。为了进一步提高车削加工的效率，通过增加车床的控制坐标轴，就能在一台数控车床上同时加工出两个多工序的相同或不相同的零件，也便于实现一批工序特别复杂零件车削全过程的自动化。

16.2　加工程序的编制（以 GSK980T 为例）

16.2.1　编程概要

1. 轴定义

本系统使用 X 轴、Z 轴组成的直角坐标系进行定位和插补运动。X 轴为水平面的前后方向，Z 轴为水平面的左右方向。向工件靠近的方向为负方向，离开工件的方向为正方向。

2. 机械原点

机械原点为车床上的固定位置，机械原点常装在 X 轴和 Z 轴的正方向的最大行程处。

3. 编程坐标

本系统可用绝对坐标（X，Z 字段），相对坐标（U，W 字段），或混合坐标（X/Z，U/W 字段，绝对和相对坐标同时使用）进行编程。

4. 坐标系

本系统以工件坐标系作为编程的坐标系，通常将 X 轴中心设置为 $X\,0.00$ 坐标位置，Z 轴靠近主轴卡盘的位置设置为 $Z\,0.00$ 坐标。

5. 坐标的单位及范围

GSK980T 系统使用直角坐标系，最小单位为 0.001 mm，编程的最大范围是

±99 999.99。其中 X 轴值 0.001 对应实际位移为 0.0005 mm；Z 轴值 0.001 对应实际位移为 0.001 mm。

16.2.2 准备功能（G 功能或 G 代码）

表 16 – 1 为常用 G 代码及功能，G 代码有以下两种：

（1）非模态 G 代码：仅在被指定的程序段内有效的 G 代码。

（2）模态 G 代码：直到同一组的其他 G 代码被指定之前均有效的 G 代码。

表 16 – 1　常用 G 代码及功能

G 代码	组　别	功　　能
G00*	01	快速定位
G01		直线插补
G02		顺（时针）圆弧插补
G03		逆（时针）圆弧插补
G04	00	暂停
G20	02	英制单位输入
G21*		公制单位输入
G28	00	返回参考原点
G32	01	螺纹切削
G50	00	坐标系设定
G70		精车循环
G71		粗车外圆复合循环
G72		粗车端面复合循环
G73		封闭切削循环
G74		端面深孔加工循环
G75		外圆/内圆切槽循环
G90	01	外圆/内圆车削循环
G92		螺纹切削循环
G96	02	恒速切削控制有效
G97		恒速切削控制取消
G98	05	进给速度按每分钟设定
G99		进给速度按每转设定

下面对主要的 G 代码进行说明。

1. G50：坐标系设定

格式：

N4	G50	X U	±43	Z W	±43

表中　N4——4位数字的程序段号（N0000～N9999）；

　　　X、Z——绝对值编程时的目标点坐标（mm）；

　　　U、W——增量值编程时的目标点坐标（mm）；

　　　±43——表示数值为小数点前4位，小数点后3位。

在准备加工时，应首先确定刀具初始点的位置。此坐标系称为零件坐标系。坐标系一旦建立后，后面指令中绝对值指令的位置都是用此坐标系中该点位置的坐标值来表示的。

2. G00：快速定位指令

G00功能是使刀具（通过溜板箱和刀架移动）以所给定的快速进给速度移动到目标点。G00快速定位指令的移动速度与前程序段中选用的进给速度无关。

格式：

N4	G00	X U	±43	Z W	±43	F4

表中　X、Z——绝对值编程时的目标点坐标（mm）；

　　　U、W——增量值编程时的目标点坐标（mm）；

　　　F4——进给速度（mm/min）。

运行轨迹：按快速定位进给速度运行，先两轴同量同步进给作斜线运动，走完较短的轴，再走完较长的另一轴，如图16-1和图16-2所示。

注意：在运行G00指令时，对应的坐标值选择原则是：要防止刀架、刀具与卡盘、工件碰撞。

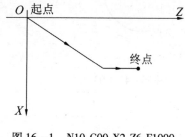

图16-1　N10 G00 X2 Z6 F1000
（绝对编程）

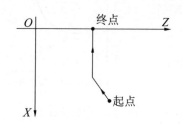

图16-2　N10 G00 U-6W-2F1000
（相对编程）

3. G01：直线插补指令

G01代码用于刀具直线插补运动，它是通过程序段中的信息，使机床各坐标轴上产生与其移动距离成比例的速度。

格式：

N4	G01	X U	±43	Z W	±43	F4

注意：加工前刀尖必须定位在直线起点。

4. G02：顺时针圆弧插补指令

数控车床可以加工各种圆柱面、圆锥面、切槽、钻（扩、铰）孔、攻丝以外，还可以车削各种圆弧及曲线所组成的成形面。车削圆弧用 G02、G03 代码。G02 为顺时针圆弧插补代码，G03 为逆时针圆弧插补代码。旋转方向是根据 ISO 1056 所规定，在某一平面的转向，要对着轴顺着箭头方向观察，再确定是按顺时针还是按逆时针旋转。

格式：

N4	G02	X U	±43	Z W	±43	I ±43	K ±43	F4

或

N4	G02	X U	±43	Z W	±43	R ±43	F4

表中　R——圆弧的半径（mm）；

I——以圆弧起始点作坐标，圆弧起始点至圆心 X 轴方向的距离（mm）；

K——以圆弧起始点作坐标，圆弧起始点至圆心 Z 轴方向的距离（mm）。

例如：绝对，直径编程 N30 G2 X40 Z8 R50 F1000（N 点坐标为（40，8）），如图 16-3 所示，从 M 到 N 点圆弧插补。

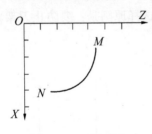

图 16-3　G02 指令

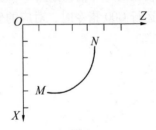

图 16-4　G03 指令

5. G03：逆时针圆弧插补指令

格式：

+N 04	G03	X U	±43	Z W	±43	I ±43	K ±43	F4

或：

N04	G03	X U	± 43	Z W	± 43	R ± 43	F4

例如：绝对，半径编程 N30 G3 X16 Z24 R50 F1000，如图 16 - 4 所示。

注意：G02、G03，加工前刀尖必须定位在圆弧起点，即 M 点。

6. G04：暂停时间（延时）指令

某程序段在执行过程中，如需要暂停一段时间，可用 G04 指令。

格式：

N04	G04	R43

表中　R——暂停时间参量（100 ms），输入范围 R = 0.001 ～ 99 999.999 s

如：N100　G04　R20　M03；

　　N110　G00　X50.0　Y30.0。

以上程序段的功能是当主轴接通（顺时针旋转），停顿 2 s 以后，执行 110 号程序段。

7. G90：外圆、内圆车削循环

用下述指令，可以进行圆锥切削循环（$R = 0$ 时为柱面切削），如图 16 - 5 所示。

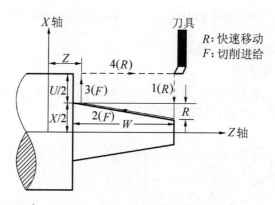

图 16 - 5　G90 圆锥车削单一循环

格式：

N04	G90	X（U）±43	Z（W）±43	R ± 43	F43

执行过程：如图 16 - 5 所示，单程序段时，用循环启动进行 1、2、3、4 动作。

增量指令时，地址 U、W、R 后续数值的符号由轨迹 1 和 2 的方向来决定。即如果轨迹 1 的方向是 Z 轴的负向，则 W 为负值。数值的符号和刀具轨迹的关系如图 16 - 6 所示。

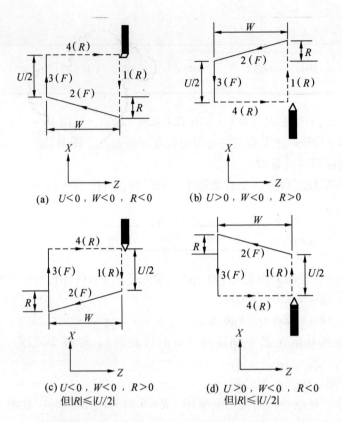

(a) $U<0$，$W<0$，$R<0$ (b) $U>0$，$W<0$，$R>0$

(c) $U<0$，$W<0$，$R>0$ (d) $U>0$，$W<0$，$R<0$
　　但 $|R|\leqslant|U/2|$　　　　　　　但 $|R|\leqslant|U/2|$

图 16 – 6　G90 增量值指定时地址 U、W、R 后数值的符号和刀具轨迹的关系

8. G70/G71 复合型车削固定循环

（1）G71 外圆粗车循环。

如图 16 – 7 所示，在程序中，给出 $A\rightarrow D\rightarrow B$ 之间的精加工形状，留出 $\Delta U/2$，ΔW 精加工余量，用 ΔD 表示每次的切削切深量。

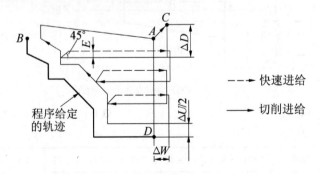

图 16 – 7　G70/G71 复合型车削固定循环

G71	U (ΔD)	R (E)					
G71	P (N_S)	Q (N_F)	U (ΔU)	W (ΔW)	F (F)	S (S)	T (T)
N (N_S)	...						
	...			$A{\rightarrow}D{\rightarrow}B$ 的精加工形状的移动指令，由顺序号 N_S 到 N_F 的程序来指令，精加工形状的每条移动指令必须带行号。			
	...						
	...						
N (N_F)	...						

ΔD——切深，无符号。切入方向由 AA' 方向决定（半径指定）。该指定是模态的，一直到下个指定以前均有效。并且用参数（No051）也可以指定。根据程序指令，参数值也改变。

E——退刀量。是模态值，在下次指定前均有效。用参数（No052）也可设定，用程序指令时，参数值也改变。

N_S——精加工形状程序段群的第一个程序段的顺序号。

N_F——精加工形状程序段群的最后一个程序段的顺序号。

ΔU——X 轴方向精加工余量的距离及方向（直径/半径指定）。

ΔW——Z 轴方向精加工余量的距离及方向。

F、S、T——在 G71 循环中，顺序号 $N_S \sim N_F$ 之间程序段中的 F、S、T 功能都无效，全部忽略，仅在有 G71 指令的程序段中，F、S、T 是有效的。

在 A 至 D 间，顺序号 N_S 的程序段中，可含有 G00 或 G01 指令，但不能含有 Z 轴指令。在 D 至 B 间，X 轴、Z 轴必须都是单调增大或减小。

在顺序号 N_S 到 N_F 的程序段中，不能调用子程序。

（2）精加工循环（G70）在用 G71 粗加工后时，可以用下述指令精车：

N04	G70	P (NS)	Q (NF)

N_S——构成精加工形状的程序段群的第一个程序段的顺序号；

N_F——构成精加工形状的程序段群的最后一个程序段的顺序号。

在含 G71 程序段中指令的 F、S、T 对于 G70 的程序段无效，而顺序号 $N_S \sim N_F$ 间指令的 F、S、T 为有效。G70 的循环一结束，刀具就用快速进给返回始点，并开始读入 G70 循环的下个程序段。G70、G71 被使用的顺序号 $N_S \sim N_F$ 间的程序段中，不能调用子程序。

16.2.3　M 功能（辅助功能）

常用的 M 功能见表 16－2。

表16-2　常用的M功能

M 代号	功能	M 代号	功能
M03	主轴正转	M00	程序暂停，按"循环启动"程序继续执行
M05	主轴停止	M30	程序结束，程序返回开始
M08	冷却液开	M98	调用子程序，格式为：M98 0000·□□□□
M09	冷却液关（不输出信号）	M99	子程序结束返回

16.2.4　S 功能（主轴转速选择功能）

S1、S2——主轴转速指令，其中 S1 为低速，S2 为高速。

【工艺及操作】

16.3　数控车床的操作

16.3.1　LCD/MDI 面板说明

1. GSK980T 的 LCD/MDI 面板

GSK980T 的 LCD/MDI 面板如图 16-8 所示。

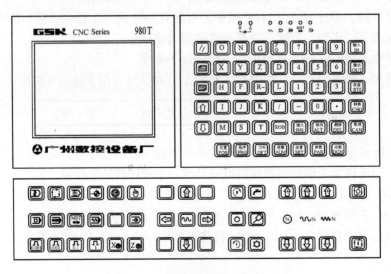

图 16-8　GSK980T 的 LCD/MDI 面板

键盘的说明如表 16-3 所示。

表 16 – 3 键盘名称及用途

序 号	名 称	用 途
1	复位（//）键	解除报警，CNC 复位
2	输出（OUT）键	从 RS 232 接口输出文件启动
3	地址/数字键	输入字母、数字等字符
4	输入键（IN）	用于输入参数、补偿量等数据。从 RS232 接口输入文件的启动。MDI 方式下程序段指令的输入
5	取消（CAN）键	消除输入到键输入缓冲寄存器中的字符或符号。键输入缓冲寄存器的内容由 CRT 显示。 例：键输入缓冲寄存器的显示为 N001 时，按（CAN）键，则 N001 被取消
6	页键	有两种换页方式： ↓：使 LCD 画面的页顺方向更换； ↑：使 LCD 画面的页逆方向更换
7	光标移动键	有四种光标移动： ↓：使光标向下移动一个区分单位； ↑：以区分单位使光标向上移动一个区分单位； 持续地按光标上下键时，可使光标连续移动； W、L 用于设定参数开关的开与关及位参数、位诊断等显示的位选择
8	编辑键 （INS、DEL、ALT）	用于程序的插入、删除、修改的编辑操作
9	CHG 键	位参数，位诊断含义显示方式的切换

2. 机床操作面板

机床操作面板各开关键见图 16 – 8 的下部，各名称的说明如表 16 – 4 所示。

表 16 – 4 机床操作面板开关键的名称和用途

名 称	用 途
循环启动按钮	自动运行的启动。在自动运行中，自动运行的指示灯
进给保持按钮	自动运行中刀具减速停止
方式选择开关	选择操作方式
快速进给开关	手动快速进给
手动轴向运动按钮	手动连续进给、单步进给、轴方向运动
返回程序起点	返回程序起点开关为 ON 时，为回程序零点方式
快速进给倍率	选择快速进给倍率

名 称	用 途
手轮移动量	选择单步一次的移动量
急停	机床紧急停止（用户外接）
机床锁住	机床锁住
进给速度倍率	在自动运行中，对进给速率进行倍率
手动连续进给速度	选择手动连续进给的速度
手摇轴选择	选择与手摇脉冲发生器相对应的移动轴
单步/手轮移动量	手轮进给时，选择一刻度对应的移动量（手轮方式）
主轴启动	手动主轴正转、反转、点动启动、停止
主轴倍率	主轴倍率选择（含主轴模拟输出时）
冷却液启动	冷却液启动（详见机床厂的说明书）
润滑液启动	润滑液启动（详见机床厂的说明书）
手动换刀	手动换刀（详见机床厂的说明书）

16.3.2 操作

16.3.2.1 手动进给

在主菜单中按 1 或 2，进入手动方式。

1. 手动连续进给

（1）按下手动方式键，选择手动操作方式，这时液晶屏幕右下角显示"手动方式"。再选择移动轴，则机床沿着选择轴方向移动。

（2）选择 JOG 进给速度：进给速度百分率由 10%～150% 以 10% 递增或递减。

2. 快速进给

按下快速进给键时，同带自锁的按钮，进行"开→关→开…"切换，当为"开"时，位于面板上部指示灯亮，为"关"时，指示灯灭。选择为"开"时，手动以快速速度进给。

3. 手动返回参考点

（1）按参考点方式键，选择回参考点操作方式，这时液晶屏幕右下角显示"机械回零"。

（2）选择 X、Z 方向的正方向的其中之一，使机床向选择的方向运动。到达参考点后，再选择另外一轴。在减速点以前，机床快速移动，碰到减速开关后以 FL（参数 032 号）的速度移动到参考点。在快速进给期间，快速进给倍率有效。

（3）返回参考点后，返回参考点指示灯亮。

4. 手动返回程序起点

（1）按返回程序起点键，选择返回程序起点方式，液晶屏幕右下角显示"程序回零"。

（2）选择移动轴，则所选择的轴沿着程序起点方向移动。回到程序起点时，坐标轴停止移动，有位置显示的地址 X、Z、U、W 闪烁。

（3）返回程序起点指示灯亮。程序回零后，自动消除刀偏。

16.3.2.2 手轮进给

转动手摇脉冲发生器，可以使机床微量进给。按下"手轮方式"键，选择手轮操作方式，这时液晶屏幕右下角显示"手轮方式"。

（1）手摇脉冲发生器的右转为 + 方向，左转为 − 方向。

（2）选择"手轮运动轴"在手轮方式下，按下相应的键，则选择其轴，所选手轮轴的地址 U 或 W 闪烁。

（3）选择移动量按下"增量选择"键，选择移动增量，每一刻度的移动量分别为 0.001mm、0.01mm、0.1mm。相应在屏幕左下角显示"移动增量"。

16.3.2.3 录入方式（MDI 运转）

从 LCD/MDI 面板上输入一个程序段的指令，并可以执行该程序段。

例：X10.5 Z200.5 的输入方法如下。

（1）把方式选择于 MDI 的位置（录入方式）；

（2）按"程序"键；

（3）按"翻页"按钮后，选择在左上方显示有"程序段值"的画面；

（4）键入 X10.5，按 IN 键。X10.5 输入后被显示出来。按 IN 键以前，发现输入错误，可按 CAN 键，然后再次输入 X 和正确的数值。如果按 IN 键后发现错误，再次输入正确的数值；

（5）输入 Z200.5，按 IN Z200.5 被输入并显示出来；

（6）按"循环启动"键。按"循环启动键"前，取消部分操作内容。为了要取消 Z200.5，其方法如下：

①依次按 Z、CAN、IN 键；

②按"循环启动"按钮。

16.3.2.4 程序存储与编辑

1. 用键盘键入程序

步骤如下：

（1）方式选择为编辑方式；

（2）按"程序"键；

（3）用键输入地址 O；

（4）用键输入程序号；

（5）按 EOB 键。

通过这个操作，存入程序号，之后把程序中的每个字用键输入，然后按 INS 键便将键入程序存储起来。

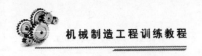

2. 程序号检索的方法

当存储器存入多个程序，按"程序"键时，总是显示指针指向的一个程序，即使断电，该程序指针也不会丢失。可以通过检索的方法调出需要的程序"改变指针"，而对其进行编辑或执行，此操作称为程序号检索。

检索方法：

（1）选择方式（编辑或自动方式）；

（2）按"程序"键，显示程序画面；

（3）按地址 O；

（4）键入要检索的程序号；

（5）按↓键；

（6）检索结束时，LCD 画面显示检索出的程序并在画面的右上部显示已检索的程序号。

3. 检索字的方法

从光标现在位置开始，顺方向或反方向检索指定的字。方法同程序号检索。

（1）用键输入地址 S；

（2）用键输入"0""2"；

（3）按光标↓键，开始检索。

如果检索完成了，光标显示在 S02 的下面。如果不是按光标↓键，而是按光标↑键，则向反方向检索。

4. 返回到程序开头的方法

按复位"//"键（编辑方式，选择了程序画面），当返回到开头后，在 LCD 画面上，从头开始显示程序的内容。

5. 字的插入

（1）检索或扫描到要插入的前一个字；

（2）用键输入要插入的地址，本例中要插入 15；

（3）用键输入 15；

（4）按 INS 键。

6. 字的变更

（1）检索或扫描到要变更的字；

（2）输入要变更的地址，如输入 M；

（3）用键输入数据；

（4）按 ALT，则新键入的字代替了当前光标所指的字。

7. 字的删除

（1）检索或扫描到要删除的字；

（2）按 DEL 键，则当前光标所指的字被删除。

16.3.2.5　自动运行

1. 设定

首先把程序存入存储器中，选择要运行的程序，把方式选择于"自动方式"的位置，再按"循环启动"按钮，开始执行程序。

2. 试运转

（1）全轴机床锁住开关为 ON 时，机床不移动，但位置坐标的显示和机床运动时一样，并且 M、S、T 都能执行。此功能用于程序校验。按一次此键，同带自锁的按钮，进行"开→关→开…"切换，当为"开"时，指示灯亮，为"关"时指示灯灭。

（2）锁住辅助功能。如果机床操作面板上的辅助功能锁住开关置于 ON 位置，M、S、T 代码指令不执行，与机床锁住功能一起用于程序校验。

16.3.3 安全操作 GSK980T 型数控车床

（1）操作机床时，必须单人操作，其他同学可在旁边观察、提醒。

（2）手动操作时，一边操作，一边要注意刀架移动情况，以免撞坏了刀具、卡盘等。同时注意刀架不要走出行程范围。当刀架走出行程范围时，会出现"准备未绪"错误。

（3）在执行"机械回零"操作时，注意刀架位置应在行程开关的里面，否则刀架会走出行程范围，出现"准备未绪"错误。

（4）单段自动运行程序时，人不能离开车床，有时程序出错或机床性能不稳定，会出现故障，此时应立即关机，等待消除故障。

（5）下班前 15 分钟要清洁车床，关闭电源。

16.4 加工程序实例

需加工的轴类工件如图 16 - 9 所示。材料为 $\phi25 \times 80$，45[#] 钢，数量 100 件。

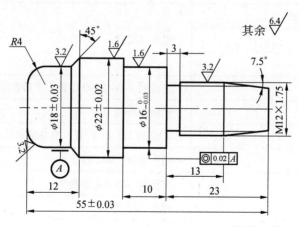

图 16 - 9 接头零件

（1）定位基准是坯料的外圆，用三爪自定中心卡盘装夹。

（2）外圆粗车刀，材料是硬质合金钢，主副偏角 90°；外圆精车刀，材料是高速钢，主副偏角 90°；切槽刀，材料是高速钢，刀宽是 3 mm，以右刀尖为定位点。螺纹

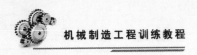

刀，牙型角是 55°~60°。

（3）制订加工方案是从右到左，从大到小。粗加工后，加工余量，径向为 0.5mm，轴向为 0.2mm。

（4）节点计算可以用平面几何解析计算法或代数法进行计算，或通过 CAD 软件得出节点的坐标值。

（5）填写加工程序单（表 16-5）：（GSK980T 型）

表 16-5　加工程序单

G50 X100 Z100	坐标系原点定位在工件的右端面
T0101	粗车外圆刀
S1 M3	主轴转速为 700 转
G0 X25 Z1	定位到 X25 Z1 位置
G1 U0 F100	定义进给切削速度
G71 U1 R1	
G71 P10 Q50 U0.5 W0.2 F100	
N10 G0 X9.1 Z1	
N20 G1 X12 Z-10	外圆粗车循环，φ16、M12 段
N30 Z-23	
N40 X16	
N50 Z-33	
G0 Z-30	定位到 X25 Z-30 位置
G90 X24 Z-65 F100	
X23	粗车 φ22 段
X22.5	
G0 X100 Z100	定位到 X100 Z100 位置，准备换车
T0202	换精车外圆刀
G0 X25 Z1	定位到 X25 Z1 位置，准备精车
G70 P10 Q50 F50	精车 φ16、M12 段
G0 Z-30	定位到 X25 Z-30 位置
G90 X22 Z-65 F50	精车 φ22 段
G0 X100 Z100	定位到 X100 Z100 位置，准备换车
T0303	换切槽刀
M5	主轴停止
G04 U5.0	延时 5s，让主轴完全停止

S3 M3	启动主轴，转速为460转
G04 U5.0	延时5s，让主轴完全启动，转速达到460转
G0 X16 Z−20	定位到$X16$ $Z−20$位置
G1 X9 F30	切退刀槽
G0 X20	
G0 X100 Z100	定位到$X100$ $Z100$位置，准备换车
T0404	换螺纹刀
G0 X15 Z2	定位到$X15$ $Z2$位置，准备车螺纹
G92 X11.9 Z−20 F1.5	
X11.80	
X11.65	
X11.45	
X11.25	
X11.10	
X10.95	加工螺纹，每次切深由X值控制，根据工件、刀具和工艺等条件选择X值
X10.75	
X10.55	
X10.45	
X10.40	
X10.35	
X10.30	
G0 X100 Z100	定位到$X100$ $Z100$位置，准备换车
T0303	换切槽刀
G0 X25 Z−55.50	定位到$X25$ $Z−55.50$位置，长度留0.5mm余量
G1 X23 F30	定位到$X23$ $Z−55.50$位置
G75 R1	
G75 X15 W−2 P1000 Q2000 F30	开退刀槽
G75 X10 W−2 P1000 Q2000	
G71 U1 R1	
G71 P60 Q100 U0.5 W−0.2 F50	
N60 G0 X10	
N70 G1 Z−55	粗加工$\phi18$段及过渡圆弧
N80 G2 X18 Z−51 R4	
N90 G1 −45	
N100 X22 Z−43	

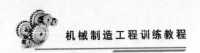
续表

G70 P60 Q100 F30	精加工 $\phi18$ 段及过渡圆弧
G0 Z-55	定位到 $X23$ $Z-55$ 位置，准备切断
G75 R1	切断工件
G75 X0 P1000 F30	
G0 X100 Z100	刀具退回加工原点
M5	停止主轴转动
T0100	消除基准刀的刀偏
M30	结束程序

训练与思考

1. 什么叫数控车床？它与普通车床的主要区别是什么？

2. 数控车床的主要特点是什么？其工作过程如何？

3. 先编程后加工如图 16-10 所示的工件。工件材料为 $\phi50 \times 100$，$45^{\#}$钢，要求采用两把右偏刀分别进行粗、精车加工。

4. 先编程后加工如图 16-11 所示的工件。工件材料为 $\phi25 \times 90$，$45^{\#}$钢，要求采用两把刀分别进行粗、精车加工。

5. 在完成以上实训题的基础上，请设计出有创新性或实用性的图形或零件，并用数控车床加工出来。

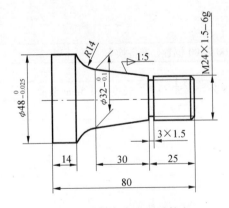

图 16-10 数控车床实训零件之一

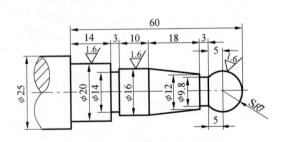

图 16-11 数控车床实训零件之二

第17章 数控铣削加工

【 教学目的与要求 】

（1）掌握数控铣削的特点和基本原理。
（2）掌握数控铣削加工的手工编程方法。
（3）掌握数控铣削加工的自动编程方法。
（4）掌握数控铣床的操作方法。

【 重点与难点 】

（1）数控铣削的编程方法。
（2）数控机床的操作方法。

【 基础知识 】

17.1 数控铣床概述

数控铣床是出现和使用最早的数控机床，在制造业中具有举足轻重的地位，在汽车、航空航天、军工、模具等行业中得到了广泛的应用。

17.1.1 数控铣床功能、结构与特点

数控铣床是一种应用很广的数控机床，分为数控立式铣床、数控卧式铣床和数控龙门铣床等。如图 17 - 1 所示，左图为数控立式铣床或加工中心，右图为普通立式铣床改装的数控铣床。

图 17 - 1 数控立式铣床

数控铣床主要由床身、铣头、纵向工作台、横向床鞍、升降台、电气控制系统等组成，能够完成基本的铣削、镗削、钻削、攻螺纹及自动工作循环等工作，可加工各种形状复杂的凸轮、样板及模具零件等。图 17-1 为数控铣床的布局图，床身固定在底座上，用于安装和支承机床各部件，控制台上有彩色液晶显示器、机床操作按钮和各种开关及指示灯。纵向工作台、横向溜板安装在升降台上，通过纵向进给伺服电机、横向进给伺服电机和垂直升降进给伺服电机的驱动，完成 X、Y、Z 坐标的进给。电器柜安装在床身立柱的后面，其中装有电器控制部分。

常规结构的数控铣床与普通铣床改装的数控铣床，具有以下特点：

（1）机床导轨采用线性滑轨，进给速度更快。

（2）可配直联高速主轴，实现高效加工。

（3）全防护钣金，保障人身安全与环境卫生。

（4）机床精度通过球杆仪、激光干涉仪检测与补正。

（5）主轴传动部件，精密滚珠丝杠螺母副。

（6）自动型润滑装置，定时向丝杠、导轨供油，防止遇热膨胀，延长使用寿命。

17.1.2 数控铣床的主要加工对象

数控铣床主要用于加工各种黑色金属、有色金属及非金属的平面轮廓零件、空间曲面零件和孔加工。

（1）平面轮廓零件：各种盖板、凸轮以及飞机整体结构件中的框、肋等。

（2）空间曲面零件：各类模具中常见的各种曲面，一般需要采用三坐标联动，甚至四、五轴坐标联动进行加工。

（3）螺纹：内外螺纹、圆柱螺纹、圆锥螺纹等。

17.2 数控铣削程序编程

数控铣削程序编程通常可分为手工编程和计算机辅助自动编程两大类。

17.2.1 手工编程

数控铣床品牌种类繁多，对于不同品牌规格的数控铣床其采用的数控系统有所不同，即使同一品牌规格的机床也可能选配的数控系统多种多样，以满足不同功能的需要。由于采用不同的数控系统，功能存在差异，故在功能代码指令和编程方法上都有一定差别，但基本方法和原理相同。数控系统的准备功能（G 代码功能）和辅助功能代码可参考表 17-1 及其相关内容。

表 17-1 常用 G 代码及功能

G 代码		组别	功能与指令形式	
GSK25i	GSK983M		GSK25i	GSK983M
* G00		01	快速定位：G00 X_ Y_ Z_	
G01			直线插补 G01 X_ Y_ Z_ F_	
G02			顺（时针）圆弧插补：G02 X_ Y_ R_ F_ / G02 X_ Y_ I_ J_ F_	
G03			逆（时针）圆弧插补：G03 X_ Y_ R_ F_ / G02 X_ Y_ I_ J_ F_	
G04		00	暂停 G04 P_ 或 G04 X	
	G07			速度正弦曲线控制（假想轴）
	G09			准停校验
G10	G10		可编程数据输入 G10 L_ ；N_ P_ R_	偏移量设定、工件零点偏移量设定
* G11			可编程数据输入方式取消	
* G15		17	极坐标指令消除	
G16			极坐标指令	
* G17		02	XY 平面选择：随其他程序写入即可，用在圆弧插补与刀具半径补偿中	
G18			ZX 平面选择：随其他程序写入即可，用在圆弧插补与刀具半径补偿中	
G19			YZ 平面选择：随其他程序写入即可，用在圆弧插补与刀具半径补偿中	
G20		06	英制单位输入：必须在程序开头，坐标系设定之前，单独程序段指定	
* G21			公制单位输入：必须在程序开头，坐标系设定之前，单独程序段指定	
	G22	04		存贮行程极限开
G23				存贮行程极限关
G27		00	返回参考点检测：X_ Y_ Z_	
G28			返回参考点：X_ Y_ Z_	
G29			从参考点返回：X_ Y_ Z_	
G30			返回 2、3、4 参考点：X_ Y_ Z_	
G31			跳转功能：X_ Y_ Z_	
	G33	01		螺纹切削
G39		00	拐角偏置圆弧插补	

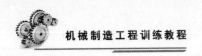

G 代码		组别	功能与指令形式	
GSK25i	GSK983M		GSK25i	GSK983M
* G40		07	刀具半径补偿取消	
G41			左侧刀具半径补偿	
G42			右侧刀具半径补偿	
G43		08	正方向刀具长度补偿	
G44			负方向刀具长度补偿	
	G45	00		刀具位置偏移增加
	G46			刀具位置偏移减小
	G47			刀具位置偏移以 2 倍增加
	G48			刀具位置偏移以 2 倍减小
* G49		08	刀具长度补偿取消	
* G50		11	比例缩放取消	
G51			比例缩放：G51 X_ Y_ Z_ P_	
	G52	00		局部坐标系设定
G53		00	在程序中写入即可	
* G54		14	工件坐标系 1：随其他程序写入即可，一般放在程序的开始处	
G55			工件坐标系 2：随其他程序写入即可，一般放在程序的开始处	
G56			工件坐标系 3：随其他程序写入即可，一般放在程序的开始处	
G57			工件坐标系 4：随其他程序写入即可，一般放在程序的开始处	
G58			工件坐标系 5：随其他程序写入即可，一般放在程序的开始处	
G59			工件坐标系 6：随其他程序写入即可，一般放在程序的开始处	
G60		00	单方向定位：G60 X_ Y_ Z_ F_	
G61		15	精确停校验方式	
G62			自动拐角修调有效	
G63			攻丝方式	
* G64			切削方式	
G65		00	宏指令简单调用：G65 H_ P#i Q#j R#k	
G66		12	宏指令模态调用	
G67			宏指令模态调用抹消	
G68		16	坐标系旋转开：G68 X_ Y_ R_	
G69			坐标系旋转关	

G 代码		组别	功能与指令形式	
GSK25i	GSK983M		GSK25i	GSK983M
G73		09	钻深孔循环：G73 X_ Y_ Z_ R_ Q_ F_	
G74			左旋攻丝循环：G74 X_ Y_ Z_ R_ P_ F_	
G76			精镗循环：G76 X_ Y_ Z_ R_ P_ F_ K_	
＊G80			固定循环注销，在程序段中随其他程序写入	
G81			钻孔循环（点钻循环），G81 X_ Y_ Z_ R_ F_	
G82			钻孔循环（镗阶梯孔循环）：G82 X_ Y_ Z_ R_ P_ F_	
G83			深孔钻循环：G83 X_ Y_ Z_ R_ Q_ F	
G84			攻丝循环：G84 X_ Y_ Z_ R_ P_ F_	
G85			镗孔循环：G85 X_ Y_ Z_ R_ F_	
G86			钻孔循环：G86 X_ Y_ Z_ R_ F_	
G87			反镗孔循环：G87 X_ Y_ Z_ R_ Q_ P_ F_	
G88			镗孔循环：G88 X_ Y_ Z_ R_ P_ F_	
G89			镗孔循环：G89 X_ Y_ Z_ R_ P_ F_	
＊G90		03	绝对值编程，在程序段中随其他程序写入	
G91			增量值编程，在程序段中随其他程序写入	
G92		00	绝对零点编程，G92 X_ Y_ Z_	
＊G94		05	每分钟进给	
G95			每转进给	
G96		13	恒速切削控制有效	
G97			恒速切削控制取消	
G98		10	在固定循环中返回初始平面，在程序段中随其他程序写入	
G99			返回到 R 点（在固定循环中），在程序段中随其他程序写入	

注：①带有＊记号的 G 代码，当电源接通时，系统处于这个 G 代码的状态。②00 组的 G 代码除了 G10、G11 外，都是非模态 G 代码。③如果使用了 G 代码一览表中未列出的 G 代码，则出现报警，或指令出现不具有选择功能的 G 代码，也报警。④在同一个程序段中可以指令几个不同组的 G 代码，如果在同一个程序段中指令两个以上的同组 G 代码，仅执行最后指令的 G 代码。⑤在固定循环中，如果指令了 01 组的 G 代码，固定循环则自动被取消，变成 G80 状态。但是 01 组的 G 代码不受固定循环的 G 代码影响。⑥G 代码根据类型的不同，分别用各组号表示。

下面以 GSK25i 为例，详细介绍常用功能指令用法。

1. 工件坐标系设定指令（G92，G54～G59）

G92 指令用于指定工件坐标系原点，工件坐标系原点又称编程原点。建立工件坐标系，用来确定对刀点在坐标系中的位置。格式：

$$G92 \ X\_ \ Y\_ \ Z\_$$

指定工件坐标系原点指令也可直接采用零点偏置指令 G54 ~ G59，将刀具移至工件上选择好的坐标原点位置时，将 CRT 显示的刀具当前位置的 X、Y、Z 值，用 MDI 的方式赋予 G54 ~ G59 六个工件坐标系中的任何一个即可。

2. 刀具补偿功能

刀具半径补偿铣削加工的刀具半径补偿分为刀具半径左补偿和刀具半径右补偿。

刀具半径左补偿 G41 指令和刀具半径右补偿 G42 指令格式如下：

$$\begin{Bmatrix} G41 \\ G42 \end{Bmatrix} \begin{Bmatrix} G00 \\ G01 \end{Bmatrix} X\_ \ Y\_ \ H\_$$

说明　G41——左刀补（在刀具前进方向左侧补偿）；

　　　G42——右刀补（在刀具前进方向右侧补偿）；

　　　X、Y——刀补建立或取消的终点；

　　　H——刀具半径补偿寄存器地址。

取消刀具半径补偿 G40 指令格式如下：

$$G40 \begin{Bmatrix} G00 \\ G01 \end{Bmatrix} X\_ \ Y\_$$

说明　G40——取消刀具半径补偿。

指令中有 X、Y 值时，表示编程轨迹上取消刀补点的坐标值。无 X、Y 值时，则刀具中心点将沿旧矢量的相反方向运动到指定点。

3. 编程实例

用增量坐标编程方式加工如图 17 – 2 所示工件外形轮廓。

移动刀具使刀尖位于工件平面上 O 点，采用刀具半径补偿（H05 是偏移号，事先用 MDI 把与 H05 对应的刀具半径值输入到偏置寄存器中）。程序如下：

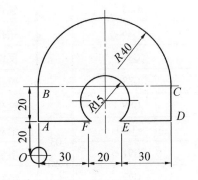

图 17 – 2　用增量坐标编程方式加工工件

程序	说明
O0006；	程序号 0006
N0016 M3；	主轴启动
N0026 G91；	增量坐标方式
N0036 G00 X0 Y20 G41 H05；	快速定位到 A 点，进行刀具半径补偿
N0046 G01 Z – 3 F300；	入刀
N0056 Y20；	A 点→B 点轮廓加工
N0066 G02 X80 R40；	B 点→C 点轮廓加工
N0076 G01 Y – 20；	C 点→D 点轮廓加工
N0086 X – 30；	D 点→E 点轮廓加工
N0096 G03 X – 20 R – 15；	E 点→F 点轮廓加工
N0106 G01 X – 30；	F 点→A 点轮廓加工
N0116 Z3；	退刀

N0126 Y – 20 G40；　　　　　返回 O 点，取消刀具半径补偿

N0136 M5；　　　　　　　　主轴停止

N0146 M30；　　　　　　　　程序停止

17.2.2　自动编程

数控铣削加工中，由于加工零件复杂，采用自动编程可快速准确地编制数控加工程序，自动编程就是用计算机代替手工编程。下一节我们将通过例子重点介绍如何使用CAD/CAM 集成软件实现零件数控程序的自动编制。

数控铣床自动编程及操作步骤是：

（1）熟悉系统功能与使用方法，了解系统的功能框架，这是数控加工编程的基础。了解系统的数控加工编程能力，熟悉系统的界面及使用方法，了解系统文件管理方式。

（2）分析加工零件。主要内容包括：分析待加工表面，确定编程原点及编程坐标系。

（3）几何造型。在零件分析的基础上，对加工表面及其约束面进行几何造型。造型可在 CAD/CAM 集成编程系统中进行，也可在 CAD 软件中进行，然后通过格式转换为 CAM 软件所能接受的格式。目前所使用的 CAD、CAM 软件很多，如 PRO/E、UG、MASTERCAM、CAXA、SolidWorks、PowerMILL 等。

（4）选择合适刀具。根据加工表面及其约束表面的几何形态选择合适的刀具类型及刀具尺寸。

（5）生成刀具轨迹。对自动编程来说，当走刀方式、刀具及加工次数确定之后，系统将自动产生所需要的刀具轨迹。所要求的加工参数包括：安全高度、主轴转速、进给速度、刀具轨迹间的残留高度、切削深度、加工余量、进刀/退刀方式等。

（6）刀具轨迹验证。如果系统具有刀具轨迹验证功能，对可能过切、干涉与碰撞的刀位点，采用系统提供的刀具轨迹验证手段进行检验。

（7）后置处理。根据所选用的数控系统，调用其机床数据文件，运行数控编程系统提供的后置处理程序，将刀位原文件转换成数控加工程序。

17.3　SolidWorks、PowerMILL 软件及其应用

17.3.1　SolidWorks 软件 CAD

SolidWorks 软件不但结合了其他 CAD 工程软件的应用优点，而且与其他软件相比，其可视化的画图环境给操作者提供了很直观的设计途径。比起一些只能用参数化方式来进行模具设计的 CAD 软件，它使初学者更易上手。

如图 17 –3 所示，是用 SolidWorks 软件制作的一个简单的 3D 模型，可以从旁边的设计树（图 17 –4）制作这样一个 3D 模型，所用的步骤比较容易掌握，三维效果也相当不错。SolidWorks 具体的 CAD 方法可从"帮助"菜单中学习，在此不再赘述。

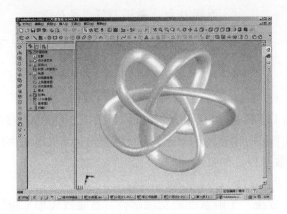

图 17-3　SolidWorks 软件制作的一个简单的 3D 模型　　　图 17-4　设计树

17.3.2　PowerMILL 软件 CAM

17.3.2.1　模型的输入方法

模型是由 SolidWorks 等 CAD 软件设计的。PowerMILL 的范例模型保存在目录 Examples 下。模型的输入方法如下。

（1）启动 PowerMILL 界面，选取文件→输入模型。PowerMILL 可接受多种类型模型。

（2）打开范例对话视窗，通过此对话视窗**eg**可快速选取范例模型。

主要的范例文件都保存在 eg 图标目录下。点取 eg 图标，选取模型，打开范例对话视窗。点取对话视窗中的文件类型下拉列表，可将所需类型的文件显示在对话视窗中。现选取文件 cowling. dgk，打开此模型（图 17-5）。

图 17-5　范例对话视窗

于是，模型显示在 PowerMILL 图形视窗中（图 17-6）。

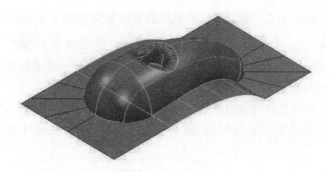

图 17 - 6 调出模型

17.3.2.2 模型的定位处理

模型定位的目的是使模型的毛坯坐标原点移动到合理的位置。例如毛坯坐标原点移动到毛坯上面的中点位置，以便于在加工中心对刀。模型的定位处理的方法如下。

（1）按毛坯的图标 ⬜ 打开毛坯表格图框，如图 17 - 7 所示。

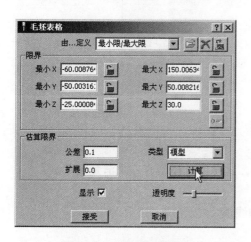

图 17 - 7 毛坯表格图框

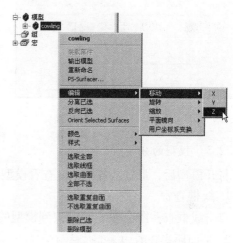

图 17 - 8 选取 Z 的坐标

（2）按计算图标 ⬜计算⬜ 由 PowerMILL 自动测量毛坯尺寸，在界面菜单可得到模型位置的数据，如最小 Z25.00008、最大 Z30.0 等。从图 17 - 7 可看出，显然其坐标原点不在毛坯的中心位置。

（3）移动 Z 坐标：

① 把上图中计算的最大 Z 的坐标值复制下来。

② 在模型→cowling 下按鼠标右键选编辑→移动→Z 坐标，如图 17 - 8 所示。

③ 把先前复制的数据粘贴在图 17 - 9 所示窗口内（注意要取相反值）。

图 17 - 9 Z 的坐标值复制

（4）移动 X、Y 坐标

模型的 X、Y 位置也可在开始点图标 里看出来。按图标 后由图 17 - 10，可看出，其坐标不在毛坯的中心。移动 X、Y 坐标的方法如同移动 Z 坐标的方法一样。

模型的位置 X、Y、Z 坐标按上述方法移动后，按毛坯图标 ▦，再按计算图标 ▭计算￼计算，可以看出模型的位置 X、Y 坐标在中心位置，Z 坐标在模型的最高点。

（5）模型的缩放。

模型输入后，可对其尺寸按比例缩小或放大。方法是在模型→cowling 下按鼠标右键选编辑→缩放→全部轴，输入 0.5，则将模型 X、Y、Z 三轴同时缩小 0.5 倍，如图 17－11 所示。

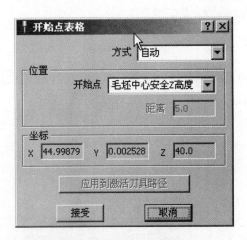

图 17－10　模型的坐标位置

图 17－11　模型的缩放

17.3.2.3　模型的分析

打开模型后，最好从各个角度查看模型，这样可对模型有一个清楚的了解。

1. 线框查看

点击线框查看图标 ⊕，可观察到模型的线框，如图 17－12 所示。

2. 平面阴影查看

点击平面阴影图标 ◕，可观察到模型的阴影，如图 17－13 所示。

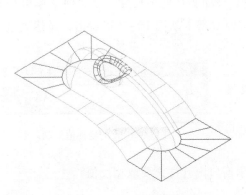

图 17－12　线框模型

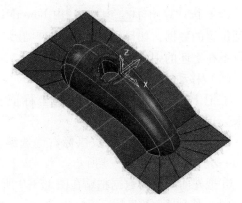

图 17－13　单色模型

3. 多色阴影查看

点击多色阴影图标 ⊕，可观察到模型的多色阴影，其颜色是模型的原来颜色，如图 17 – 14 所示。

4. 最小半径阴影查看

点击最小半径阴影图标 ◁，移动模型，可观察到显红色的面为模型的最小半径位置。然后按主菜单→显示→模型，显示模型选项，如图 17 – 15 所示。

在本例中，最小半径阴影的存在说明所选最小刀具半径 10.0 mm 时，不能加工图中的阴影部分。若改变最小刀具半径数值为 5，重新点击最小半径阴影图标 ◁，则可观察到显红色的地方没有了。因此，最小半径阴影的查看可方便我们选用最小的刀具半径。

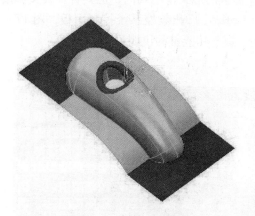

图 17 – 14　多色模型

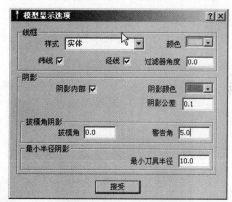

图 17 – 15　模型显示选项

5. 拔模角阴影

点击拔模角阴影 ◯ 图标，移动模型，可观察到显红色的地方为模型的拔模角极限，显黄色的为警告角度，如图 17 – 16 所示。按主菜单→显示→模型，分别改变拔模角和警告角的数值，则可观察到显红色或显黄色的面积改变了。因此，拔模角阴影查看可方便我们观察加工极限和选择清角刀具的大小和角度。

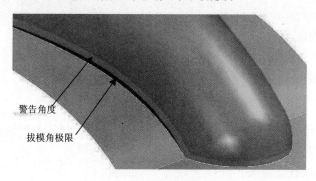

图 17 – 16　拔模角阴影

由于篇幅所限，关于模型的分层、毛坯的设定、刀具的定义（选取刀具、设置进给率和主轴转速、刀具的快进高度、刀具的开始点、实际的换刀位置等）的设置，可以参照软件"帮助"文件。

【工艺及操作】

17.4 数控铣床的操作

17.4.1 控制面板简介

数控铣床配置的数控系统不同，其操作面板的形式也不相同，但其各种开关、按键的功能及操作方法大同小异。图 17 – 17 为 GSK25i 广州数控系统控制面板，图 17 – 18 为 GSK983M 广州数控系统控制面板。控制面板各功能键的说明见表 17 – 2。

图 17 – 17　GSK25i 广州数控系统
控制面板

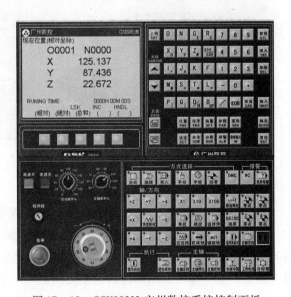

图 17 – 18　GSK983M 广州数控系统控制面板

17.4.2 数控铣床操作

1. 开机

由于各种型号数控机床的结构及数控系统有所差异，具体的开机过程参看机床操作说明书。通常按下列步骤进行：

（1）检查机床状态是否正常；

（2）检查电源电压是否符合要求，接线是否正确；

（3）按下"急停"按钮；

（4）机床上电；

（5）数控上电；

（6）检查风扇电机运转是否正常；

（7）检查面板上的指示灯是否正常。

表 17-2 控制面板各功能键的说明

名称	按键		功能说明
	GSK25i	GSK983M	
复位键	RESET	复位 RST	系统复位，进给、输出停止
光标移动键	← ↑ ↓ →	▲ ▼	一步步移动光标 ↑：向上移动光标，↓：向下移动光标 →：向后移动光标；←：向前移动光标
页面变换键			用于屏幕选择不同页面 ↑：向前变换页面 ↓：向后变换页面
系统键	系统 SYSTEM		通过软键转换参数、诊断、PLC。进行参数的查看或修改、PLC 的编辑等操作
替换键	上档 SHIFT	上档 SHT	编程时用于替换输入的字（地址、数字）
插入键	插入 INS	数据输入 IN	编程时用于插入字（地址、数字）
删除键	删除 DEL	删除 DEL	编程时用于删除已输入的字或删除程序
取消键	取消 CAN	取消 CAN	取消上一个输入的字符
位置键	位置 POS	位置 POS	通过软键转换显示当前点相对坐标、绝对坐标、综合、监视显示页面
程序键	程序 PRG	程序 PRG	通过软键转换显示程序、MDI、检测、数据、文件列表页面，程序目录通过翻页键转换
图形键	图形 GRA	图形 GRA	通过软键转换显示图参、图形页面，进行图形中心、大小以及比例和显示界面的设定
帮助键	帮助 HELP		通过软键转换查看系统相关的各项信息

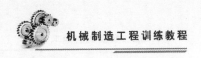
续表

名称	按键		功能说明
	GSK25i	GSK983M	
偏置/设定键	偏置 OFT 设定 SET	偏置 OFT / 设定 SET	通过软键转换显示，分别可以设置刀具的长度补偿和半径补偿，以及各进给轴的螺距误差补偿，设定工件坐标系、宏变量、登录等
诊断键		诊断 DGN	设定和显示参数表及自诊断表的内容
报警键	信息 INFO	报警 ALM	按此键显示报警号
输入键	输入 INPUT	输入 INPUT	除程序编辑方式外，当在面板上按一个字母或数字键后，必须按此键才能输入到 CNC 内
输出启动键		输出 OUTPUT	按下此键，CNC 开始输出内存中的参数或程序到外部设备

2. 安装工件（毛坯）

利用手动方式把 Z 轴抬高，利用手柄将工作台降低，装上平口钳并进行调整，然后把平口钳紧固在工作台上，接着装上工件并紧固，根据加工高度调整工作台的位置，并进行锁紧。

（1）输入程序。将数控加工程序（.nc）输入数控系统，由于使用的数控系统不同，输入方式也会有差异，请参看数控系统使用说明书。

（2）对刀。首先让刀具在工件的左右碰刀，使刀具逐渐靠近工件，并在工件和刀具间放一张纸来回抽动，如果感觉到纸抽不动了，说明刀具与工件的距离已经很小，将手动速率调节到 1μm 或 10μm 上，使刀具向工件移动，用塞尺检查其间隙，直到塞尺通不过为止，记下此时的 X 坐标值。把得到的左右 X 坐标值相加并除以 2，此时的位置即为 X 轴 0 点的位置，Y 轴同样如此。利用工件的上平面同刀具接触来确定 Z 轴的位置。在实际生产中，常使用百分表及寻边器等工具进行对刀。

（3）加工。选择自动方式，按下循环启动按钮，铣床进行自动加工。加工过程中要注意观察切屑情况，并随时调整进给速率，保证在最佳条件下切削。

（4）关机。工件加工完毕后，卸下工件，清理机床，然后关机。

关机的步骤：按下控制面板上的"急停"按钮→断开数控电源→断开机床电源。

训练与思考

1. 数控铣床与普通铣床有哪些区别？

2. 数控铣床主要由哪几部分组成？

3. 数控铣床上可加工哪些类型的零件？

4. 工件坐标系设定指令中，G92 与 G54 ~ G59 指令之间有何差别？

5. 数控铣削加工中，由于加工零件复杂，采用自动编程可快速准确地编制数控加工程序。何谓自动编程？

6. 目前 CAD/CAM 软件很多，请写出其名称并概述该软件的特点。

7. 用你所熟悉的 CAD/CAM 软件设计一个有创意的零件，并利用自动编程方法在数控铣床上加工出来。

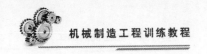

机械制造工程训练教程

第 18 章　加工中心加工

【教学目的与要求】

（1）掌握加工中心的结构与分类。
（2）掌握加工中心的工艺与编程。
（3）掌握加工中心自动编程的方法。
（4）掌握加工中心的操作步骤。

【重点与难点】

（1）加工中心的 CAD/CAM、UG 的应用。
（2）哈斯加工中心面板、机床的操作。

【基础知识】

18.1　加工中心概述

加工中心（Machining Center，MC）是一种功能较全的数控加工机床。它把铣削、镗削、钻削和切螺纹等功能集中在一台设备上，使其具有多种工艺功能。工件一次装夹后能完成较多的加工步骤，加工精度高。加工中心适合对形状复杂、精度要求高的单件或中小批量多品种零件的加工。特别是对于必须采用工装和专机设备来保证产品质量和效率的工件，采用加工中心加工，可以省去工装和专机，显示出加工中心的优越性。加工中心已成为现代机床发展的主流方向，广泛应用于汽车、航空航天、军工、模具等领域。

18.1.1　加工中心结构简介

加工中心是计算机控制下的自动化机床，它在数控机床上增加了自动换刀装置（Automatic Tool Changer，ATC），具有自动换刀功能。加工中心按机床形态分为立式加工中心、卧式加工中心、龙门式加工中心、虚轴加工中心等。

加工中心主要由基础部件、主轴部件、数控系统、自动换刀系统和辅助系统组成。基础部件由床身、立柱和工作台等大件组成，主要承受加工中心的静载荷以及在加工时的切削负载，是刚度很高的部件。主轴部件由主轴伺服电源、主轴电机、主轴箱、主轴轴承和传动轴等零件组成。主轴是加工中心的关键部件，其结构的好坏对加工中心的性能有很大的影响，它决定着加工中心的切削性能、动态刚度、加工精度等。数控系统由CNC 装置、可编程序控制器、伺服驱动装置以及电机等部分组成，是加工中心执行顺序控制动作和完成加工过程的控制中心。自动换刀系统由刀库、机械手等部件组成，是加工中心区别于其他数控机床的典型装置，它解决工件一次装夹后多工序连续加工中，工序与工序间的刀具自动储存、选择、搬运和交换任务。辅助系统包括润滑、冷却、排屑、防护、液压和随机检测系统等部分。

图 18－1 为立式加工中心的布局图，主轴为垂直状态，能完成铣削、镗削、钻削、攻螺纹等多工序加工，适宜加工高度尺寸较小的零件。

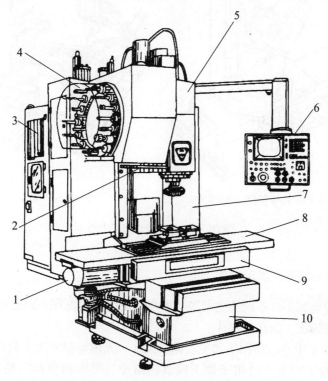

1—直流伺服电机；2—换刀机械手；3—数控柜；4—盘式刀库；
5—主轴箱；6—机床操作面板；7—驱动电源柜；8—工作台；9—滑座；10—床身

图 18－1 立式加工中心布局图

图 18－2 为卧式加工中心的布局图，主轴为水平状态，通常带有自动分度的回转工作台，具有 3～5 个运动坐标。适宜加工箱体类零件，一次装夹可对工件的多个面加工，特别适合孔与定位基面或孔与孔之间有相对位置要求的箱体零件加工。

按加工中心运动坐标数和同时控制的坐标数，分为三轴二联动、三轴三联动、四轴三联动、五轴四联动、六轴五联动等。三轴、四轴是指加工中心具有的运动坐标数，联动是指控制系

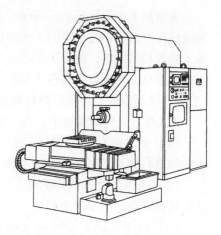

图 18－2 卧式加工中心布局图

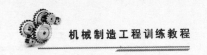

统可以同时控制运动的坐标数。图 18 - 3 为多轴联动加工中心。

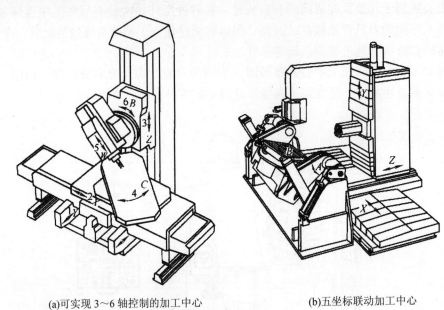

(a)可实现 3～6 轴控制的加工中心   (b)五坐标联动加工中心

图 18 - 3   多轴联动加工中心

18.1.2   加工中心的主要加工对象

加工中心种类繁多，不同类型的加工中心其使用范围也有一定的局限性，每一种加工中心都有其最佳加工的典型零件。

（1）卧式加工中心：适用于加工箱体、泵体、壳体等曲面加工和孔加工。

（2）立式加工中心：适用于加工模具、箱盖、壳体和平面凸轮等曲面加工和孔加工。

18.1.3   加工中心自动编程方法

编制加工中心数控加工程序时，要把加工零件的工艺过程、运动轨迹、工艺参数和辅助操作等信息，按一定的文字和格式记录在程序载体上，通过输入装置，将控制信息输入到数控系统中，使加工中心进行自动加工。在加工中心上加工的零件一般较复杂，需采用 CAD/CAM 集成软件进行自动编程。下一节我们将通过例子重点介绍如何使用 UG 软件实现零件数控程序的自动编制。

在 UG 加工应用模块中，自动编程的步骤如下：

（1）创建加工装配（Manufacturing Assembly）。使用加工装配的好处是可以对零件几何体进行修改，而不会影响主模型。

（2）选择合适的加工环境（Machining Environment）。选择正确的加工配置使编程人员选择最合适的工步类型。

（3）创建父节点（Parent Group）。最大限度地减少重复性选择和设置，建立和利用继承（Inheritance）的概念，已有的参数设置可以传递到其他对象中。

（4）创建工步（Operation）。设置生成刀轨所需的参数和加工方法。

（5）检验刀轨。用仿真的方法检查刀轨，尽量减少刀轨中的错误。

（6）后处理（Postprocess）刀轨。改变刀轨的格式，使之符合指定的机床/控制系统要求。

（7）创建车间工艺文件（Shop Documentation）。把加工信息输出为工艺文件，便于车间操作人员查看使用。

以上步骤见图18-4UG自动编程流程图。

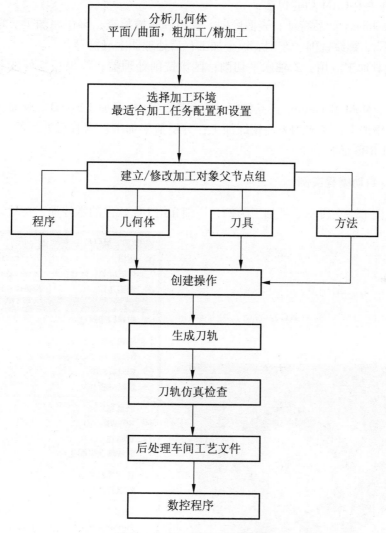

图18-4　UG自动编程流程图

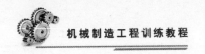

18.2　UG 软件及其应用

18.2.1　UG 软件简介

UG 软件是美国通用汽车公司的 EDS 公司产品，起源于麦道飞机公司，以 CAD/CAM 一体化而著称，可以支持不同硬件平台。该软件以世界一流的集成化设计、工程及制造系统，广泛地应用于通用机械、模具、汽车及航空领域。

UG 软件主要 CAM 功能包括：

（1）Machinery 产品特征：表面磨削、模拟和碰撞检查；多层粗加工、轮廓加工和精加工；钻孔、螺纹铣削、车削、钣金加工；后处理器生成器等。

（2）模具加工应用：Z 轴水平切削；区域铣削处理器；清根切削处理器；高速加工等。

（3）Die/Mold Machining 产品特征：表面铣；2D 轮廓加工或 3D 轮廓加工；Z 轴水平粗加工和精加工；实体和表面轮廓加工；分层清根加工；内置后处理器；高速加工；三坐标轴 NURBS 插补。

18.2.2　UG 自动编程实例

下面以图 18 – 5 所示零件加工为例，详细介绍 UG 软件的零件加工自动编程方法。

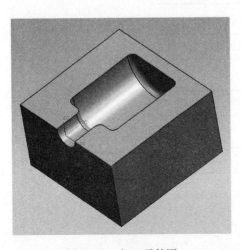

图 18 – 5　加工零件图

图 18 – 6　加工方法选项区

（1）选择主菜单文件→打开，输入已建好的零件模型文件名，单击 OK，在绘图区显示零件模型。

（2）选择主菜单应用→加工，如图 18－6 所示，则出现加工方法的选项，选择 general mill。

（3）点击屏幕右边的操作导航器，选中 NC－PROGRAM，右击打开快捷菜单，选插入→操作，用以建立新的加工工序，如图 18－7 所示。

（4）设置 cavity mill，选择主界面，点击图标 ⊞，选择预先建立好加工的工件模型文件，点击图标 ⊡，选择预先建立好的零件模型文件，如图 18－8 所示。

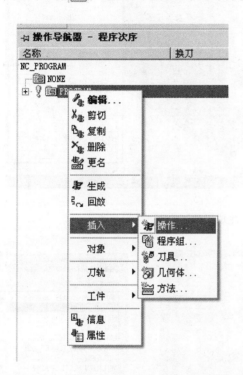

图 18－7　利用 program 建立新加工工序　　　　图 18－8　cavity mill 设置

（5）在切削方式选项 ⊡ 中，点击下拉箭头选择刀具切削走刀的路径。

（6）在主界面对话框中设置步进百分比、每一刀的全局深度、进给率、机床等主要加工参数，其他选项使用缺省的参数，如图 18－8 所示。

（7）点击图标 ↙ 生成刀具运动轨迹，如图 18－9 所示。

点击图标 ⊿ 进行实体仿真切削，在弹出的"可视化刀轨轨迹"对话框中选择 3D 动态，点击 ▶ 进行实体仿真加工。

（8）仿真加工如图 18－10 所示。

（9）点击屏幕左下方 ⊡ 后处理图标，在弹出的后处理对话框中选择机床的类型，点击确定按钮，生成 NC 程序，如图 18 – 11 所示。

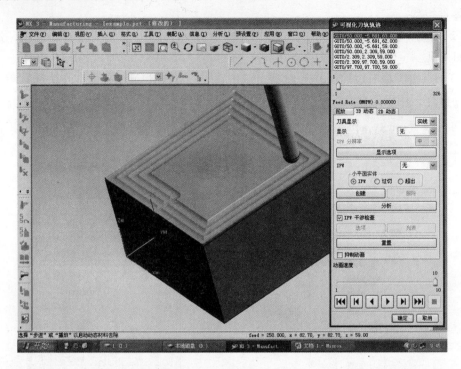

图 18 – 9　生成刀具运动轨迹

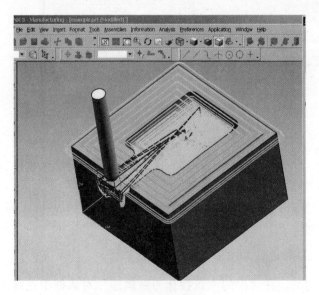

图 18 – 10　仿真加工

图 18 – 11　生成 NC 程序

【工艺及操作】

18.3　加工中心的操作

18.3.1　加工中心与控制面板简介

美国哈斯自动化公司是全球最大的数控机床制造商之一，图 18 – 12 为哈斯加工中心。

图 18 – 12　哈斯加工中心 VF1 与 VF2

18.3.2　加工中心基本操作

18.3.2.1　加工中心手动操作

1. 回参考点操作

机床启动后，首先要进行回参考点的操作，步骤如下：

（1）将 MODE 模式选择按钮置于回参考点模式（ZERO RETURN）位置；确认 Z、X、Y 轴远离参考点后，分别按"+Z、+X、+Y"键。若 Z、X、Y 轴离参考点较近，执行回参考点操作时易发生超程报警。

（2）Z、X、Y 轴依次回参考点后，直至相应灯亮，表示 Z 轴、X 轴、Y 轴回参考点结束。

2. 连续进给手动操作

（1）将 MODE 模式选择按钮置于手动模式（JOG）位置。

（2）选择手动模式下进给速度。

（3）选择要移动的坐标轴 X（或 Y、Z）

3. 手摇轮手动进给操作

（1）手动操作方式，转动手摇脉冲发生器，可使机床微量进给。

（2）将 MODE 模式选择按钮置于手轮模式（HANDLE）位置。

（3）选择手摇脉冲发生器要移动的轴 X（或 Y、Z）。

（4）选择要移动的方向" ＋ "或" － "。

（5）转动手摇脉冲发生器。

（6）右转（＋方向）时，选择轴朝正向移动；左转（－方向）时，选择轴朝负向移动。

4. 主轴运转手动操作

在手动操作模式下，按主轴正转键 CW，主轴会以上一次转动的转速沿顺时针方向转动；按主轴反转键 CCW，主轴会以上一次转动的转速沿逆时针方向转动；按主轴停止键 STOP，主轴停止转动。当主轴运转时如将模式选择按钮改为自动模式（AUTO/MDI），则主轴也会立即停止转动。

5. 机床超程解除手动操作

工作台超越了机床限位开关规定的行程范围出现超程，数控系统处于急停状态并报警。

解除步骤如下：

（1）按"超程解除"按钮。

（2）复位（松开）机床锁定键。

（3）确认超程的轴和方向后，在"手动方式"或"手轮"方式下把超程轴反方向开出，脱离了限位开关后，松开超程解除按钮。同时，按一下 RESET 键，报警信号消失，系统重新启动。

哈斯数控系统操作面板如图 18 – 13 所示。

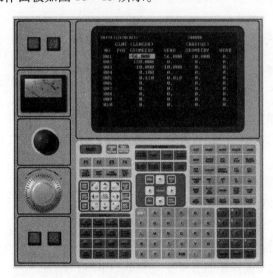

图 18 – 13　哈斯数控系统操作面板

18.3.2.2　加工中心自动加工

自动加工可根据程序的大小，分两种模式进行。当加工程序的容量不超过加工中心的内存容量（50K）时，可以将加工程序全部输入加工中心的内存中，实现自动加工；当加工程序的容量大于加工中心的内存时，可采用计算机与加工中心联机的方式自动加工。

1. 单机自动加工操作步骤

（1）程序输入到内存。

（2）选择要执行的程序。

（3）将 MODE 模式选择按钮置于自动（AUTO）模式位置。

（4）按程序启动键，开始自动执行程序。

2. 联机自动加工操作

（1）选一台计算机，安装专用传输软件，根据加工中心的程序传输具体要求，设置传输参数。

（2）通过 RS-232C 串行端口将计算机和加工中心连接起来。

（3）将加工中心设置成 DNC 操作模式。

（4）将 MODE 模式选择按钮置于自动（AUTO）模式位置。

（5）在计算机上选择要传输加工的程序，按下传输命令。

（6）按下加工中心程序启动键，联机自动加工开始。

3. 加工中心换刀、装刀操作

（1）自动模式下换刀操作。

机床在自动运行中，ATC 换刀的操作是靠执行换刀程序自动完成的。

换刀动作过程是：Z 轴以 G00 速度上升至 Z0→主轴定位→刀库向前→刀具松开，吹气→Z 轴以 G00 速度上升至 Z105→刀库旋转→Z 轴以 G00 速度下降到 Z0→刀具夹紧，停止吹气→刀库向后，完成自动换刀。

（2）手动模式下换刀操作。

当手动操作机床时，ATC 的换刀可由人工操作完成，或用 MDI 工作方式完成。在机床的操作面板上设有"ATC"按钮，它的上侧有"ATC"指示灯。

①将 MODE 模式选择按钮置于手动（JOG）位置，按下"ATC"按钮，则刀库返回参考点，即刀库上的 1 号刀套定位在换刀位置上。

②手动方式使 Z 轴返回参考点。

③将 MODE 模式选择按钮置于 MDI 位置，输入"M19"指令，完成主轴定向。按下"ATC"按钮，使得换刀运动连续动作，即主轴上的刀具与换刀位置上的刀具交换。

（3）MDI 模式下换刀操作（前提是 Z 轴已返回参考点）。

①将 MODE 模式选择按钮置于 MDI 位置。

②输入需要换刀的刀号。

③输入 M06。

④按 CYCLE START 循环启动键，执行换刀动作。

训练与思考

1. 加工中心与数控铣床有哪些区别?

2. 加工中心主要由哪几部分组成?

3. 立式加工中心可加工哪些类型的零件?

4. 卧式加工中心可加工哪些类型的零件?

5. 加工中心分为三轴二联动、三轴三联动等,"轴"和"联动"的含义是什么?

6. 试简述 UG 加工应用模块中自动编程的步骤,并绘图如图 18 – 14 所示。

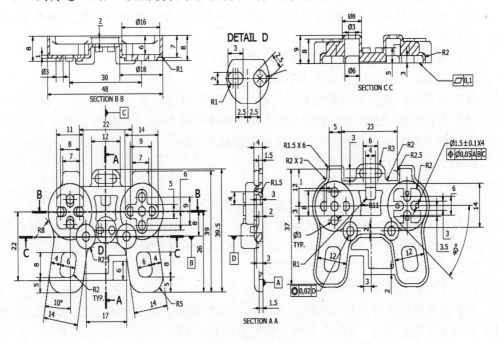

图 18 – 14　绘图练习

7. 除了 UG 软件外,请列出能应用于加工中心的其他 CAD/CAM 软件。

8. 用你所熟悉的 CAD/CAM 软件设计一个有创意的零件,并利用自动编程方法在加工中心设备中加工出来。

第19章　数控线切割加工

【教学目的与要求】

（1）掌握数控线切割的基本原理及特点。

（2）掌握数控线切割加工设备的主要组成部分。

（3）掌握数控线切割机床的编程方法。

（4）掌握数控线切割机床操作要领。

（5）熟悉数控线切割加工的安全技术规程。

【重点与难点】

（1）数控线切割机床的编程格式，ISO 程序格式与 3B 程序格式的区别。

（2）数控线切割加工的工艺指标，切割速度的影响因素。

（3）数控线切割加工前的准备工作要领。

【基础知识】

电火花线切割加工（Wire Cut Electrical Discharge Machining，WEDM）简称"线切割"，是电火花加工的一个分支。它是利用移动的细金属丝作为工具电极，在金属丝与工件间通以脉冲电流，利用脉冲放电的电腐蚀作用对工件进行切割加工。由于后来使用数控技术来控制工件和金属丝的切割运动，因此常称为数控线切割加工。

19.1　数控线切割加工的基本原理、特点

19.1.1　数控线切割加工的基本原理

电火花数控线切割加工时电极丝接脉冲电源的负极，工件接脉冲电源的正极。当一个电脉冲到来时，在电极丝与工件间产生一次火花放电，在放电通道的中心温度可高达10 000℃以上。高温使放电点的工件表面金属熔化甚至汽化，电蚀形成的金属微粒被工作液清洗出去，工件表面形成放电凹坑，无数凹坑组成一条纵向的加工线。控制器通过进给电机控制工作台的动作，使工件沿预定轨迹运动，从而将工件切割成一定形状。其加工原理如图 19-1 所示。

线切割机床根据电极丝的走丝速度分为两大类：高速走丝线切割机床和低速走丝线切割机床，我国主要生产高速走丝线切割机床。

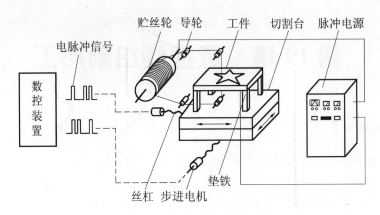

图 19 - 1　数控线切割机床加工原理

19.1.2　数控线切割加工的特点

（1）由于电极工具是直径较小的细丝，故脉冲宽度、平均电流等不能太大，加工工艺参数的范围较小。

（2）采用水或水基工作液，不会引燃起火，容易实现无人安全运行。

（3）电极丝通常比较细，可以加工窄缝及形状复杂的工件。由于切缝窄，金属的实际去除量很少，材料的利用率高，尤其在加工贵重金属时，可节省费用。

（4）无需制造成型工具电极，大大降低了成型工具电极的设计和制造费用，并可缩短生产周期。

（5）自动化程度高，操作方便，加工周期短，成本低。

19.1.3　数控线切割加工的适用范围

（1）模具加工。适用于加工各种形状的冲模。调整不同的间隙补偿量，只需一次编程就可以切割凸模、凸模固定板、凹模及卸料板等。

（2）新产品试制。在新产品试制过程中，利用线切割可直接切割出零件，不需要另行制造模具，可大大降低试制成本和周期。

（3）加工特殊材料。对于某些高硬度、高熔点的金属材料，用传统的切削加工方法几乎是不可能的，采用电火花线切割加工既经济，质量又好。

19.2　数控线切割加工设备

电火花数控线切割机床主要由机床本体、脉冲电源、数控装置三大部分组成，如图19 - 2所示。

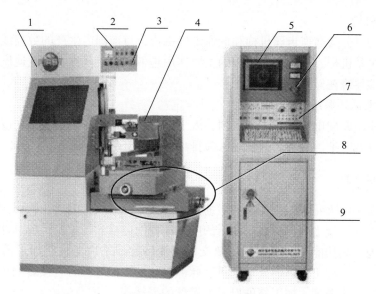

1—电源总开关；2—机床操作面板；3—机床急停按钮；4—运丝架；5—显示器；
6—控制器急停按钮；7—控制器操作面板；8—手轮；9—控制器电源开关；

图19-2　电火花数控线切割机床组成

19.2.1　机床本体

机床本体是数控线切割加工设备的主要部分，主要由床身、工作台、丝架、走丝机构、工作液循环系统等几部分组成。

1. 床身

床身通常为铸铁件，是机床的支撑体，上面装有：工作台、丝架、走丝机构，其结构为箱式结构，内部安装电源和工作液箱。

2. 工作台

工作台用来装夹工件，其工作原理是驱动电机通过变速机构将动力传给丝杠螺母副，并将其变成坐标轴的直线运动，从而获得各种平面图形的曲线轨迹。工作台主要由上、下拖板，丝杠螺母副，齿轮传动机构和导轨等组成。上、下拖板采用步进电机带滚珠丝杠副驱动。

3. 丝架

丝架是用来支撑电极丝的构件，通过导轮将电极丝引到工作台上，并通过导电块将高频脉冲电源连接到电极丝上。对于具有锥度切割的机床，丝架上还装有锥度切割装置。丝架的主要功用是在电极丝按给定的线速度运动时，对电极丝起支撑作用，并使电极丝与工作台平面保持一定的几何角度。

丝架按功能可分为固定式、升降式和偏移式三种类型。按结构可分为悬臂式和龙门式两种类型。固定式丝架的上、下丝臂固定连接，不可调节，刚性好，加工稳定性高。活动丝架可适用不同厚度的工件加工，加工范围大。

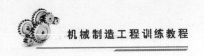

4. 走丝机构

走丝机构可分为高速走丝机构和低速走丝机构，目前国内生产的数控线切割机床基本都是高速走丝机构。高速走丝机构的主要作用是带动电极丝按一定线速度运动，并将电极丝整齐地卷绕在储丝筒上。

5. 工作液循环系统

在加工中不断向电极丝与工件之间冲入工作液，迅速恢复绝缘状态，以防止连续的弧光放电，并及时把蚀除下来的金属微粒排出去。

19.2.2 脉冲电源

脉冲电源是电火花线切割机床加工的能量提供者，是数控电火花线切割机床的主要组成部分。它在两极之间产生高频高压的电脉冲，使电极丝与工件形成脉冲放电，通常又叫高频电源。其功能是把工频的正弦交流电流转变成适应电火花加工需要的脉冲电流，以提供电火花加工所需的放电能量。脉冲电流的性能好坏将直接影响加工的切割速度、工件的表面粗糙度、加工精度以及电极丝的损耗等。

19.2.3 数控装置

数控电火花线切割机床控制系统的主要功能有：

（1）轨迹控制。精确地控制电极丝相对于工件的运动轨迹。

（2）加工控制。控制伺服进给速度、电源装置、走丝机构、工作液系统等。

现在的电火花线切割机床基本上都直接采用微型计算机控制。除了完成通常数控机床对工作台或上线架的运动进行控制以外，线切割的数控装置还需要根据放电状态，控制电极丝与工件的相对运动速度，以保证正确的放电间隙（0.01 mm）。数字程序控制流程参见图 19-3。

图 19-3 数字程序控制流程图

19.3 数控线切割机床编程方法

数控线切割机床的控制系统是根据指令控制机床进行加工的，为了加工出所需要的图形，必须事先把要切割的图形用机器所能接受的语言编写好"命令"，将其输入控制系统中，这种命令就是程序，编写命令这项工作就是编程。编程方法分为手工编程和计算机编程。手工编程的计算工作比较繁杂，花费时间较多。近年来，由于计算机技术的飞速发展，线切割编程大都采用计算机编程。高速走丝线切割机床一般采用 B 代码格式，而低速走丝线切割机床一般采用国际上通用的 ISO（G 代码）格式。目前市场上很多自动编程软件既可以输出 B 代码，又可以输出 G 代码。

19.3.1 ISO 程序格式

ISO 代码是国际标准化组织制定的通用数控编程格式。对线切割而言，程序段的格式为：

N×××G××X××××××Y××××××I××××××××××J

其中 N 表示程序段号，×××为 1～4 位数字序号。

G 表示准备功能，其后的两位数字××表示不同的功能。表 19-1 所示为常用的准备功能。

表 19-1 常用的准备功能

G0	表示点定位
G01	表示直线（斜线）插补
G02	表示顺圆插补
G03	表示逆圆插补
G04	表示暂停
G40	表示丝径（轨迹）补偿（偏移）取消
G41、G42	表示丝径向左、右补偿偏移（沿钼丝的进给方向看）
G90	表示选择绝对坐标方式输入
G91	表示选择增量（相对）坐标方式输入
G92	为工作坐标系设定

X、Y 表示直线或圆弧终点坐标值，以 μm 为单位，为 1～6 位数。

I、J 表示圆弧的圆心对圆弧起点的坐标值，以 μm 为单位，为 1～6 位数。

19.3.2 3B 程序格式

我国数控线切割机床采用统一的五指令 3B 程序格式即：

BXBYBJGZ

其中　B——分隔符号，因为 X、Y、J 均为数码，需用 B 将它们区分开来，若 B 后数字为 0，则 0 可以不写。

　　X、Y——加工圆弧时，坐标原点取在圆心，X、Y 为起点坐标值。加工斜线时，坐标原点取在起点，X、Y 为终点坐标值，并允许将 X 及 Y 坐标值按相同的比例缩小或放大，以 μm 为单位。

　　J——计数长度，以 μm 为单位。编制程序的计算误差应小于 1 μm。当 X 或 Y 为零时，可以不写。J 应写足六位数。如 J = 1980 μm。应写成 001980。

　　G——计数方向：指明计数长度 J 的轴向，G_X、G_Y 分别表示计数方向是拖板 X 轴向，Y 轴向。

加工指令 Z 共有 12 种，如图 19-4 所示。

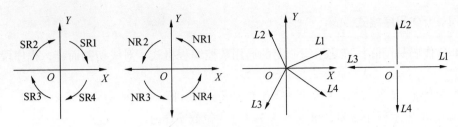

图 19 – 4　加工指令方向

当被加工的斜线在Ⅰ、Ⅱ、Ⅲ、Ⅳ象限时，分别用 L_1、L_2、L_3、L_4 表示。

当被加工的圆弧在Ⅰ、Ⅱ、Ⅲ、Ⅳ象限，加工点按顺时针方向运动时，分别用 SR1、SR2、SR3、SR4 表示。

当被加工的圆弧在Ⅰ、Ⅱ、Ⅲ、Ⅳ象限，加工点按逆时针方向运动时，分别用 NR1、NR2、NR3、NR4 表示。

19.3.3　自动编程

CAXA 线切割是一个面向线切割机床数控编程的软件系统，在我国线切割加工领域有广泛的应用。它可以为各种线切割机床提供快速、高效率、高品质的数控编程代码，极大地简化了数控编程人员的工作。CAXA 线切割可以快速、准确地完成在传统编程方式下很难完成的工作，可提供线切割机床的自动编程工具，使操作者以交互方式绘制需切割的图形，生成带有复杂形状轮廓的两轴线切割加工轨迹。CAXA 线切割支持快走丝线切割机床，可输出 3B、4B 及 ISO 格式的线切割加工程序。其自动化编程的过程一般是：利用 CAXA 线切割的 CAD 功能，绘制加工图形→生成加工轨迹及加工仿真→生成线切割加工程序→将线切割加工程序传输给线切割加工机床。

下面以多边形加工为例，说明其操作过程。

1. 绘制加工图形

可直接在 CAXA 中进行绘制，也可将其他软件中生成的 CAD 图形进行导入（如 DWG、IGES 等）。图 19 – 5 为绘制好的加工图形。

2. 生成加工轨迹

（1）单击菜单中的"线切割"→"轨迹生成"，系统弹出"线切割轨迹生成参数表"对话框。

（2）按图 19 – 6 填写"切割参数"选项卡。

（3）按图 19 – 7 填写"偏移量/补偿值"选项卡。

（4）单击"确定"按钮。

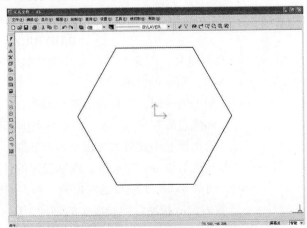

图 19 – 5　绘制好的加工图形

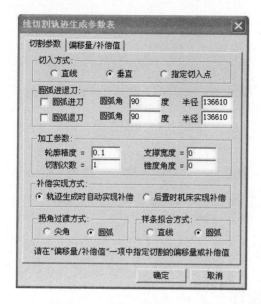

图 19 - 6　"切割参数"选项卡

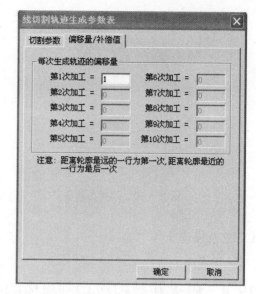

图 19 - 7　"偏移量/补偿值"选项卡

（5）系统提示拾取轮廓，单击轮廓上的一点，此时在轮廓上出现一对反向箭头，如图 19 - 8 所示。

（6）选择顺时针方向的箭头作为切割方向。

（7）切割方向确定后，在轮廓法线上出现一对反向箭头，要求选择补偿方向，见图 19 - 9。

（8）选择轮廓内侧箭头作为补偿方向。

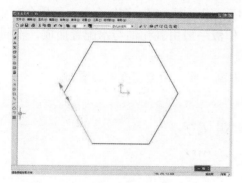

图 19 - 8　选择切削方向

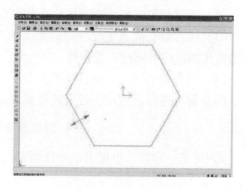

图 19 - 9　选择补偿方向

（9）输入穿丝点坐标（0，0），回车。

（10）回车，使穿丝点与退出点重合，完成多变形轨迹，如图 19 - 10 所示。

（11）单击菜单中的"线切割"→"轨迹仿真"，选择静态，单击加工图形，系统将生成静态切削过程仿真图（图 19 - 11）。

此外，系统还可以输出 3B 代码及 G 代码。

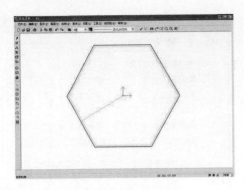

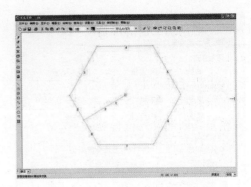

图 19 – 10　多变形轨迹　　　　图 19 – 11　静态切削过程仿真图

【工艺及操作】

19.4　电火花数控线切割机床的操作

19.4.1　电火花数控线切割加工的工艺指标

1. 切割速度

单位时间内电极丝中心所切割过的有效面积，通常以 mm^2/min 表示。影响切割速度的主要因素有：

（1）走丝速度。走丝速度越快，切割速度越快。

（2）工件材料。按切割速度大小排列顺序：铝、铜、钢、铜钨合金、硬质合金。

（3）工作液。高速走丝线切割加工的工作液一般由乳化油与水配置而成，不同牌号的乳化油适应不同的工艺条件。

（4）电极丝的张力。电极丝的张力适当取高一些，切割速度将会增加。

（5）脉冲电源。可用下述公式近似表示。

$$切割速度 = Kt_k^{1.1}I_p^{1.4}f$$

式中　　K—常数，根据工艺条件而定；

　　　　t_k—脉冲宽度（μs）；

　　　　I_p—脉冲峰值电流（A）；

　　　　f—放电频率（Hz/s）。

2. 表面粗糙度

表面粗糙度通常采用轮廓算术平均偏差 Ra（μm）来表示。高速走丝线切割一般的表面粗糙度为 $Ra\ 5 \sim 2.5$ μm，最佳只有 $Ra\ 1$ μm 左右。

3. 加工精度

加工精度是加工工件的形状精度、尺寸精度和位置精度的总称。高速走丝线切割的可控加工精度在 $0.01 \sim 0.02$ mm。

19.4.2　切割加工前的准备

1. 开机

合上机床输入电源总开关，此时机床控制面板上电压表指针应在 220 V 左右，且相应的指示灯亮。用机油充分润滑机床运动部件。打开计算机，进入系统主屏幕。检查乳化油箱及其回油管的位置是否正确，穿钼丝并矫正其垂直度，调节行程开关，使钼丝充分利用；检查操作面板上波段开关的位置是否正确。

2. 确定起始切割点

电火花数控线切割加工的零件大部分是封闭图形，因此切割的起点也就是切割加工的终点。为了减少工件切割表面上的残留切痕，应尽可能把起点选在切割表面的拐角处或精度要求不高的表面上，或是容易修整的表面上。

3. 切割路线的确定

在整体材料上切割工件时，材料边角处的变形较大，因此确定切割路线时，应尽量避开坯料的边角处。合理的切割路线应使工件与其夹持部分分离的切割段安排在总的切割程序末端。

4. 毛坯的准备

为了提高加工精度，通常无论加工凸形零件还是切割凹形零件，都应在毛坯的适当位置进行预孔加工，即穿丝孔。穿丝孔的位置最好选择在已知坐标点或便于运算的坐标点上，以简化编程时控制轨迹的运算。

5. 工件的装夹及穿丝

工件的装夹方式对加工精度有直接影响。常用夹具有：压板夹具、磁性夹具、分度夹具等。安装工件前，首先要确定基准面，装夹工件时，基准面应清洁无毛刺；工件上必须留有足够的夹持余量，对工件的夹紧力要均匀，不得使工件产生变形或翘起。要注意不得使工件夹具在加工时与丝架相碰。工件装夹完毕要进行穿丝，穿丝前检查电极丝的直径是否与编程所规定的电极丝直径相同，若电极丝损耗到一定程度应更换新的电极丝。穿丝完毕检查电极丝的位置是否正确，特别注意电极丝是否在导轮槽内。

6. 调整

加工前要进行如下的调整：

（1）电极丝与工件装夹台面垂直度的调整。

可采用矫正尺、矫正杯或光学矫正器进行矫正。使用矫正尺或矫正杯时，应将矫正工具慢慢移至电极丝，目测电极丝与矫正工具的上下间隙是否一致，或加小能量脉冲电流，根据上下是否同时放电来确定电极丝的垂直度。使用光学矫正器时，可通过观察上下指示灯是否同时亮，来对电极丝的垂直度进行调整。

（2）脉冲电源电参数的调整。

电参数主要有：脉冲宽度、脉冲间隔、脉冲电压、峰值电流等。电参数选择是否恰当，对工件表面粗糙度、精度及切割速度起着决定的作用。脉冲宽度增加、脉冲间隔减小、脉冲电压幅值增大、峰值电流增大都会使切割速度提高，但加工的表面粗糙度和精度将会下降；反之可改善表面粗糙度和提高加工精度。

①脉冲宽度 t_i。脉冲宽度是单脉冲放电的决定因素之一，它对加工速度和表面粗糙度均有很大影响。脉冲宽度大则加工表面粗糙度值大，加工速度快。

②脉冲间隔 t_0。调节脉冲间隔实际上是调节占空比，即调节输入功率，脉冲间隔加大有利于排除切缝中的切屑，使加工稳定性提高。但调节脉冲间隔不能改变单脉冲能量，因此对表面粗糙度影响不大，但对加工速度有较大影响。

（3）外加电压的调整。

外加电压一方面会影响放电能量的大小，在较大厚度切削时，应采用高电压（大于 100V），另一方面加工电压的大小又会影响放电间隙。当电压波动较大时会影响加工的稳定性，因此电压波动较大时应采用稳压电源。

（4）进给速度的调整。

调节进给速度本身并不具有提高加工速度的能力，其作用是保证加工的稳定性。适当的变频进给速度，可保证加工稳定进行，获得较好的加工质量。

（5）走丝速度的调整。

电极丝走丝速度与电极丝的冷却、切缝中的排屑均有关。对于不同厚度的工件应选择合适的走丝速度，工件越厚，走丝速度越快。

19.4.3 试切与切割

对于加工质量要求较高的工件，正式加工前最好进行试切。通过试切可确定正式加工时的各种工艺参数，同时可检查程序的编制是否正确。

19.4.4 电火花数控线切割加工的安全技术规程

（1）操作者必须熟悉机床操作工程，开机前应检查各连线是否接触良好，电网供电是否正常，并应按设备润滑要求对设备相对运动部位进行润滑，润滑油必须符合设备说明书要求。

（2）要注意开机的顺序，先开运丝电机，再开工作液泵，最后开高频。

（3）装卸钼丝时，操作储丝筒后，应及时将手摇柄拔出，防止储丝筒转动时将手柄甩出伤人；换下来的废旧钼丝要放在规定的容器内，防止混入电路和走丝机构中，造成电器短路、触电和断丝事故。

（4）装拆工件时，一定要断开高频电源，以防止触电。在装拆过程中，特别注意不要用手、工具、夹具、工件等物件碰到钼丝，防止碰断钼丝；加工工件前，应确认工件位置已安装正确，防止碰撞丝架和因超行程撞坏丝杆、螺母等传动部件。

（5）加工中，要改变电源参数，一定要在钼丝换向时间内操作。

（6）在停走丝电机时，一定要在丝筒有效行程内，以防止电机移动拉断钼丝；在正常停机情况下，一般把钼丝停在丝筒的一边，防止不小心碰断钼丝，造成全筒钼丝废掉。

（7）机床送上高频电源后，不可用手或手持金属工具同时接触加工电源的两输出端（床身与工件），以防止触电；紧急情况下，关闭走丝机构电源，即达到机床总停的目的；禁止用湿手、污手按开关或接触计算机操作键盘、鼠标等电器设备。

训练与思考

1. 简述数控线切割机床的加工原理。
2. 电火花数控线切割加工主要应用于哪些领域？
3. 电火花数控线切割加工机床由哪几部分组成？
4. 3B 代码的一般格式中各项的含义是什么？
5. 电火花数控线切割加工的工艺指标有哪些？

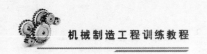

第 20 章 电火花加工

【教学目的与要求】

（1）掌握电火花加工的基本原理和适用范围。
（2）掌握电火花成型加工机床的分类和组成结构。
（3）掌握数控电火花成型加工的工艺参数。
（4）掌握数控电火花成型机床的操作规程。

【重点与难点】

（1）电火花加工的基本原理。
（2）加工工艺参数中，电极极性的选择。
（3）数控电火花成型机床操作的主要步骤。

【基础知识】

电火花加工又称放电加工（Electrical Discharge Machining，EDM）或电蚀加工，与金属切削加工的原理完全不同，它是在加工过程中通过工具电极和工件电极间脉冲放电时的电腐蚀作用进行加工的一种工艺方法。由于放电过程中可见到火花，故称之为电火花加工。目前这一工艺技术已广泛应用于加工各种高熔点、高强度、高韧性材料，如淬火钢、不锈钢、模具钢、硬质合金等，以及用于加工模具等具有复杂表面和有特殊要求的零件。

20.1 概述

20.1.1 电火花加工原理

电火花加工的原理是基于工具和工件（正、负电极）之间脉冲性火花放电时的电腐蚀现象来蚀除多余的金属，以达到对工件的尺寸、形状及表面质量预定的加工要求。

电火花加工需要做到以下几点：

（1）使工具电极与工件被加工表面之间始终保持一定的放电间隙，这一间隙与加工电压、加工介质等因素有关，通常为几微米至几百微米。如果间隙过大，极间电压不能击穿极间介质，因而不会产生火花放电；如果间隙过小，很容易形成短路接触，同样也不能产生火花放电。为此，在电火花加工过程中必须具有工具电极的自动进给和调节装置。

（2）使火花放电为瞬时的脉冲性放电，并在放电延续一段时间后，停歇一段时间

（放电延续时间一般为 $10^{-7} \sim 10^{-3}$ s，即 $0.1 \sim 1000$ μs），以使放电汽化产生的热量来不及从放电点传导扩散到其他部位，从而只在极小范围内使金属局部熔化，直至汽化。因此，电火花加工必须采用脉冲电源。

（3）加工中电极和工件浸泡在称为工作液的液体介质中，例如煤油、皂化液或去离子水等。工作液必须具有较高的绝缘强度，以便于产生脉冲性的火花放电。同时，液体介质能将电蚀产物从放电间隙中排除出去，并对电极和工件表面进行很好地冷却。

图 20-1 所示为电火花加工系统示意图。工件 1 与工具 4 分别与脉冲电源 2 的两输出端相连接。自动进给调节装置 3 使

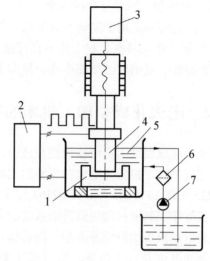

1—工件；2—脉冲电源；3—自动进给调节装置；
4—工具；5—工作液；6—过滤器；7—工作液泵
图 20-1 电火花加工系统示意图

工具和工件间经常保持一很小的放电间隙。当脉冲电压加到两极之间时，便在当时条件下相对某一间隙最小处或绝缘强度最低处击穿介质，在该处局部产生火花放电，瞬时高温使工具和工件表面都蚀除掉一小部分金属，各自形成一个小凹坑，如图 20-2 所示。其中图 20-2a 表示单个脉冲放电后的电蚀坑，图 20-2b 表示多次脉冲放电后的电极表面。脉冲放电结束后，经过一段间隔时间（即脉冲间隔 t_0），使工作液恢复绝缘后，第二个脉冲电压又加到两极上，又会在当时极间距离相对最近或绝缘强度最弱处击穿放电，又电蚀出一个小凹坑。这样随着相当高的频率连续不断地重复放电，工具电极不断地向工件进给，就可将工具端面和横截面的形状复制在工件上，加工出所需的和工具形状阴阳相反的零件，整个加工表面由无数个小凹坑所组成。

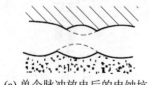
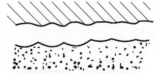

(a) 单个脉冲放电后的电蚀坑   (b) 多次脉冲放电后的电极表面

图 20-2 脉冲放电后的电蚀坑

20.1.2 电火花加工的适用范围

电火花加工的适用范围主要包括：

① 可以加工任何难加工的金属材料和导电材料。由于加工中材料的去除依靠放电时的电、热作用来实现，材料的可加工性主要取决于材料的导电性及热学特性，几乎与其力学性能无关。

② 可以加工形状复杂的表面。电火花加工可以简单地将工具电极的形状复制到工件上，因此特别适用于复杂表面形状工件的加工，如复杂型腔模具加工。

③ 加工中工具电极和工件不直接接触，没有机械加工的切削力，因此可以加工薄壁、有弹性、低刚度、微细小孔、异形小孔等有特殊要求的零件。

20.2 电火花成型加工机床的结构

电火花成型加工机床按数控程度分为普通（非数控）电火花成形加工机床和数控电火花成型加工机床。电火花成型加工机床按其大小可分为小型（D7125 以下）、中型（D7125～D7163）和大型（D7163 以上）；也可按精度等级分为标准精度型和高精度型；还可按工具电极的伺服进给系统的类型分为液压进给、步进电动机进给、直流或交流伺服电动机进给驱动等类型。随着模具工业的需要，国外已经大批生产微机三坐标数字控制的电火花加工机床，以及带工具电极库能按程序自动更换电极的电火花加工中心。

电火花成型加工机床型号表示方法如下：

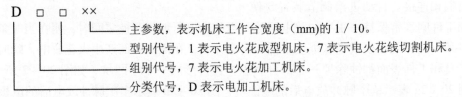

图 20-3a 为常见的电火花成型加工机床，它包括主机、脉冲电源、工作液循环过滤系统及机床电气系统。数控电火花成型加工机床还有数控系统。

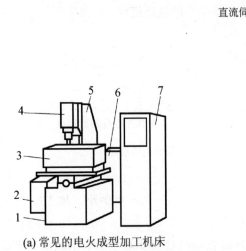

(a) 常见的电火成型加工机床

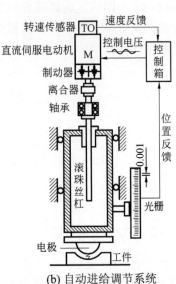

(b) 自动进给调节系统

1—床身；2—液压油箱；3—工作液槽；4—主轴头；5—立柱；6—工作液箱；7—电源箱

图 20-3 电火花穿孔、成型加工机床

主机由床身、立柱、主轴头、工作台等组成，用于支承工具电极及工件，保证它们之间的相对位置，并实现电极在加工过程中稳定的进给运动。床身和立柱是机床的基础结构。主轴头是机床的关键部件，电极安装其上，通过自动进给调节系统带动其在立柱上作升降运动，用于改变电极和工件之间的间隙。

脉冲电源的作用是将工频交流电转变成一定频率的定向脉冲电流，提供电火花成形加工所需要的能量。

自动进给调节系统（图20-36）的任务是通过改变、调节主轴头进给速度，使进给速度接近并等于蚀除速度，以维持一定的"平均"放电间隙，保证电火花加工正常而稳定进行，以获得较好的加工效果。常用自动进给调节系统有电液自动控制系统和电-机械式自动进给调节系统。数控电火花机床普遍采用电-机械式自动进给调节系统。

【工艺及操作】

20.3　电火花机床的操作

20.3.1　数控电火花成形加工工艺参数的确定

1. 电极材料

理论上任何导电材料都可以用来制作电极，在生产中通常选择损耗小、加工过程稳定、生产率高、机械加工性能好、来源丰富、价格低廉的材料作为电极材料。

常用的材料有钢、铸铁、石墨、黄铜、紫铜、铜钨合金、银钨合金等。

2. 电极结构

电极结构分为整体式电极、组合式电极和镶拼电极3种。

3. 电极极性的选择

工具电极极性的一般选择原则是：

（1）铜电极对钢，或钢电极对钢，选"+"极性。

（2）铜电极对铜，或石墨电极对铜，或石墨电极对硬质合金，选"-"极性。

（3）铜电极对硬质合金，选"+"或"-"极性都可以。

（4）石墨电极对钢，加工 R_{max} 为 15 μm 以下的孔，选"-"极性；加工 R_{max} 为 15 μm 以上的孔，选"+"极性。

4. 加工脉冲电流峰值 I_0 和脉冲宽度 t_i 的选择

I_0 和 t_i 主要影响加工表面粗糙度和加工速度。脉冲电流峰值和脉冲宽度愈大，单个脉冲能量也愈大，表面粗糙度值愈大；反之，表面粗糙度值小，加工速度要下降很多。

5. 脉冲间隔的选择

脉冲间隔 t_0 主要影响加工效率，但间隔太小会引起放电异常。应重点考虑排屑情况，以保证正常加工。

具体参数的选择，请参考有关的机床使用说明书。

20.3.2 数控电火花成型机床操作

1. 准备工作

合上机床输入电源总开关，启动总电源，启动计算机电源开关，相应的指示灯亮，稍等片刻，计算机屏幕上显示主菜单画面，然后根据提示启动强电开关。利用手动检查机床运动部件是否轻快自如。

2. 工具电极工艺基准的校正

在电火花加工中，主轴伺服进给方向一般都垂直于工作台，所以，工具电极的工艺基准必须平行于机床主轴头的垂直坐标。当工具电极安装到主轴头上之后，如果不能获得自然的工艺基准校正，必须采用人工校正。目前，电火花加工机床都具有工具电极调节的万向装置，通过调节该装置即可达到工具电极工艺基准校正的目的。

3. 安装工件

将工件安装在工作台上，利用机床的撞刀保护（接触感知）功能进行对刀。在正式加工前，必须将工具电极与工件的相对位置校正，方能在工件上加工出位置准确的形状。具体调节方法参见各机床说明书。

4. 调整工作液面

为了加工安全，工作液面必须高出工件加工面一定高度，一般情况下，工作液面高出加工面 50 mm。

5. 选择电规准

根据加工工件的精度和加工面积确定电规准，包括高低压脉冲规准、输出的脉冲电流、脉冲间隔时间。选择的原则是：粗加工时，应有较大的脉冲宽度、较大的工作电流、比较小的脉冲间隔，力求提高生产率；精加工时，为了获得较高的精度和表面质量，则减小脉冲宽度，减小工作电流，增大脉冲间隔等。将确定好的电规准输入计算机中。

6. 加工

通过计算机选择所要加工的程序段，启动机床进行自动加工。加工完毕机床将自动停机。

7. 加工完成

加工完成后，停止作业，卸下工具电极与工件，切断电源，停机擦净机床。

20.3.3 电火花加工中的安全规程

（1）加工时，工作液面要高于工件一定距离（30～100 mm），如果液面过低，加工电流较大，很容易引起火灾。发生火灾时，应立即切断电源，并用四氯化碳或二氧化碳灭火器扑灭火苗，防止事故扩大。

（2）按照工艺规程做好加工前的一切准备工作，严格检查工具电极与工件是否都已校正和固定好。

（3）调节好工具电极与工件之间的距离，锁紧工作台面，启动工作液油泵，使工作液油面高于工件加工表面一定距离后，才能启动脉冲电源进行加工。

（4）加工过程中，操作人员不能一只手触摸工具电极，另一只手触碰机床（因为机床是联通地面的），这会有触电危险，严重时会危及生命。如果操作人员脚下没有铺垫橡胶、塑料等绝缘垫，则加工中不能触摸工具电极。

（5）为了防止触电事故的发生，必须采取如下的安全措施：

建立各种电气设备的经常与定期的检查制度，如出现故障或不符合有关规定时，应及时加以处理。

尽量不要带电工作，特别是在危险场所（如工作地点很狭窄，工作地周围有对地电压在250 V以上的导体等）应禁止带电工作。如果必须带电工作时，应采取必要的安全措施（如站在橡胶垫上或穿绝缘胶靴，附近的其他导体或接地处都应用橡胶布遮盖，并需有专人监护等）。

（6）加工完毕后，随即关断电源，收拾好工、夹、量具，并将场地清扫干净。

（7）操作人员应坚守岗位，思想集中，经常采用看、听、闻等方法注意机床的运转情况，发现问题要及时处理或向有关人员报告。

（8）定期做好机床的维修保养工作，使机床经常处于良好状态。

（9）在电火花加工场所，不准吸烟，并且严禁其他明火。

训练与思考

1. 简述数控电火花成型加工的基本原理和加工过程。
2. 简述电火花成型加工机床的分类方法。
3. 电火花成型机床由哪几部分组成？
4. 电极极性的选择原则是什么？
5. 电火花成型加工的主要工艺参数有哪些？

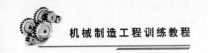

第 21 章　快速成型与逆向工程

【教学目的与要求】

(1) 掌握快速成型技术的基本原理、定义及基本术语。

(2) 掌握快速成型技术的分类及各自特点与运用对象。

(3) 掌握逆向工程的基本原理及在快速成型中的应用。

【重点与难点】

(1) 熔融沉积成型和3D打印技术，能用以上技术来制造各种带有曲面的作品。

(2) 把逆向工程与快速成型有机结合，高效快速制作工艺品。

【基础知识】

快速成型制造技术（Rapid Prototyping Manufacturing）是 20 世纪 80 年代中期发展起来的一项高新技术。1988 年，当 3D system 公司将 SLA – 250 光固化设备系统送给 3 个用户时，标志着快速成型设备的商品化正式开始。快速成型技术独特的制造原理和不可比拟的优越性，缩短了制造商和客户之间的距离，它对制造业的影响可与数控技术相媲美，被认为是制造技术的又一次重大突破。目前，快速成型技术已经广泛应用于模具制造、汽车零部件制造以及航空航天领域等。

21.1　快速成型技术原理和特点

21.1.1　快速成型原理

快速成型的过程：首先在计算机上生成产品的三维 CAD 实体模型或曲面模型文件，并将其转换成 STL 文件格式，再用软件从 STL 文件"切"（Slice）出设定厚度的一系列的片层，或者直接从 CAD 文件切出一系列的片层，这些片层按次序累积起来仍是所设计零件的形状。然后，将上述每一片层的资料传到快速自动成型机中，类似于计算机向打印机传递打印信息，用材料添加法依次将每一层做出来并同时连接各层，直到完成整个零件。因此，快速自动成型可定义为一种将计算机中储存的任意三维型体信息通过材料逐层添加法直接制造出来，而不需要特殊的模具、工具或人工干涉的新型制造技术。快速成型技术工作流程如图 21 – 1 所示。

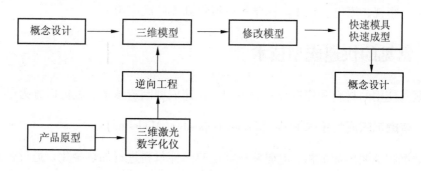

图 21 - 1　快速成型技术工作流程

快速成型技术集成了计算机辅助设计（CAD）技术、计算机辅助制造（CAM）技术、数控技术、激光技术和新材料技术等现代科技成果，是先进制造技术的重要组成部分。与传统制造方法相比，快速成型从零件的 CAD 几何模型出发，通过软件分层离散和数控成型系统，用激光束或其他方法将材料堆积而形成实体零件。由于它把复杂的三维制造转化为一系列二维制造的叠加，因而可以在不用模具和工具的条件下生成任意复杂的零部件，极大地提高了生产效率和制造柔性。

21.1.2　快速成型技术的特点

快速成型技术具有以下特点：

1. 成型速度快

快速成型技术不必采用传统加工工艺需要的机床、模具等，加工时间快。从 CAD 数模或者实体反求获得的数据到制成原型，一般仅需要数小时或十几小时，为传统加工方法的 10%～30% 的工时和 20%～35% 的成本。

2. 自由成型制造

自由成型制造也是快速成型技术的另外一个用语。它特指两个方面：一是指无需使用工具、模具而制作原型或零件，由此可以大大缩短新产品的试制周期并节省费用；二是指不受形状复杂程度的限制，能够制作任意复杂形状与结构、不同材料复合的原型或零件。

3. 对操作者技术要求低

传统加工工艺往往对操作者的技术、经验依赖很大，技术娴熟的操作者比技术生疏的操作者加工出来的产品更精确，工作效率更高。而快速成型设备自动化程度高，易学易用，影响加工结果的因素很少，操作者短期培训后即可胜任设备操作工作。

4. 突出的经济效益

快速成型技术制造原型或零件，无需工具、模具，与原型或零件的复杂程度无关，与传统的机械加工方法相比，其原型或零件本身制作过程的成本显著降低。快速成型技术有其突出的经济效益，因此才得到快速发展。

5. 应用广泛

目前，快速成型技术已在航空航天、工业造型、机械制造（汽车、摩托车）、军

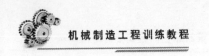

事、建筑、影视、家电、轻工、医学等领域得到了广泛应用。

21.2 常见的快速成型技术

根据所使用的材料和建造技术的不同，快速成型制造技术大致可以分为以下几种。

21.2.1 熔融沉积成型技术 FDM（Fused Deposition Modeling）

熔融沉积又叫熔丝沉积，它是将丝状的热熔性材料进行加热融化，通过带有一个微细喷嘴的挤出机把材料挤出。喷头可在水平面沿 X、Y 轴的方向进行移动，而工作台可在垂直方向沿 Z 轴移动，熔融的丝材被挤出后随即与前一层材料粘合在一起。一层材料沉积后工作台将按预定的增量下降一个厚度，然后重复以上的步骤直到工件完全成型。FDM 工艺无需激光系统的支持，所用的成型材料一般为 ABS 等塑料，成本相对低廉，性价比高。

熔融沉积成型工艺的基本原理如图 21-2 所示。

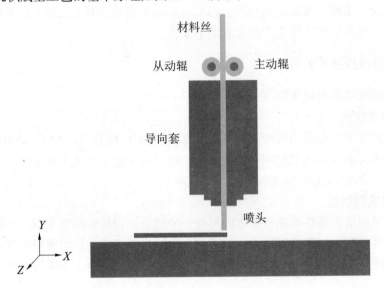

图 21-2　熔融沉积成型工艺的基本原理

将实心丝材原材料缠绕在供料辊上，由步进电机驱动辊子旋转，丝材在主动辊与从动辊的摩擦力作用下向挤出机喷头送出。在供料辊和喷头之间有一导向套，导向套采用低摩擦材料制成，以便丝材能够顺利准确地由供料辊送到喷头的内腔。喷头的前端有电阻式加热器，在其作用下丝材被加热到熔融状态，然后通过挤出机把材料挤压到工作台上，并在冷却后形成界面轮廓。

熔融沉积快速成型工艺在原型制作时需要同时制作支撑，为了节省材料成本和提高沉积效率，新型 FDM 设备采用了双喷头。一个喷头负责挤出成型材料，另外一个喷头负责挤出支撑材料。

一般来说，成型材料丝精细而成本较高，沉积效率也较低。而制作支撑材料的丝材相对便宜，但沉积效率会更高。支撑材料一般会选用水溶性材料或熔点低于模型材料熔点的热熔材料，以便于后处理过程中支撑材料的去除。

21.2.2　光敏树脂固化技术 SLA（Stereo Lithography Apparatus）

光敏树脂固化技术 SLA，又称立体光刻成型。SLA 工艺以光敏树脂作为材料，在计算机的控制下，紫外激光将对液态的光敏树脂进行扫描，从而让其逐层凝固成型。SLA 工艺能以简洁且全自动的方式制造出精度极高的几何立体模型，SLA 光固化成型技术如图 21 - 3 所示。

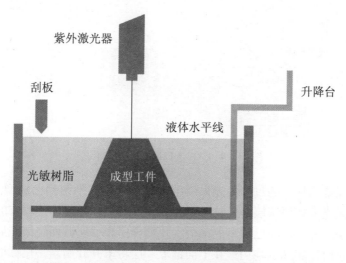

图 21 - 3　SLA 光固化成型技术

液槽中会先盛满液态的光敏树脂，氦 - 镉激光器或氩离子激光器发射出的紫外激光束在计算机的操纵下，按工件的分层截面数据在液态的光敏树脂表面进行逐行逐点扫描，这使扫描区域的树脂薄层产生聚合反应而固化，从而形成工件的一个薄层。当一层树脂固化完毕后，工作台将下移一个层厚的距离以便在原先固化好的树脂表面上再覆盖一层新的液态树脂，刮板将粘度较大的树脂液面刮平，然后再进行下一层的激光扫描固化。新固化的一层将牢固地粘合在前一层上，如此重复，直至整个工件层叠完毕，这样最后就能得到一个完整的立体模型。当工件完全成型后，首先需要把工件取出并把多余的树脂清理干净，接着把支撑结构清除，最后还需要把工件放到紫外灯下进行二次固化。

SLA 工艺成型效率高，系统运行相对稳定，成型工件表面光滑，精度也有保证，适合制作结构异常复杂的模型，能够直接制作面向熔模精密铸造的中间模。尽管 SLA 的成型精度高，但成型尺寸有较大的限制，因而不适合制作体积庞大的工件。成型过程中伴随的物理变化和化学变化可能会导致工件变形，因此成型工件需要有支撑结构。

21.2.3　选择性激光烧结技术 SLS（Selective Laser Sintering）

选择性激光烧结工艺使用的是粉末状材料，激光器在计算机的操控下对粉末进行扫描照射而实现材料的烧结粘合，材料层层堆积从而实现成型。SLS 选择性激光烧结工艺如图 21 - 4 所示。

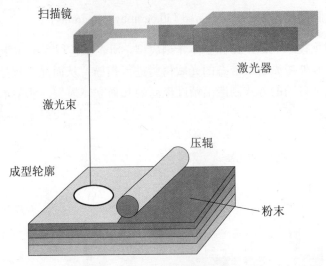

图 21 - 4　SLS 选择性激光烧结工艺

选择性激光烧结加工的过程：先采用压辊将一层粉末平铺到已成型工件的上表面，数控系统操控激光束按照该层截面轮廓在粉层上进行扫描照射而使粉末的温度升至熔化点，从而进行烧结并于下面已成型的部分实现粘合。当一层截面烧结完后，工作台将下降一个层厚，这时压辊又会均匀地在上面铺上一层粉末并开始新一层截面的烧结，如此反复操作直至工件完全成型。当工件完全成型并完全冷却后，工作台将上升至原来的高度，此时需要把工件取出，使用刷子或压缩空气把模型表层的粉末去掉。

SLS 工艺支持多种材料，比如石蜡、聚碳酸酯、尼龙、纤细尼龙、合成尼龙、陶瓷甚至金属，而且材料利用率高。成型过程中，未烧结的粉末对模型的空腔和悬臂起支撑作用，因此 SLS 成型的工件不像 SLA 成型工件那样需要支撑结构。但尽管如此，SLS 的设备价格和材料价格仍然十分昂贵，烧结前材料需要预热，烧结过程中材料会挥发异味，设备工作环境要求相对苛刻。

21.2.4　分层实体成型工艺 LOM（Laminated Object Manufacturing）

分层实体成型工艺 LOM 多使用纸材、PVC 薄膜等材料，价格低廉且成型精度高，因此受到了较为广泛的关注，在产品概念设计可视化、造型设计评估、装配检验、熔模铸造等方面应用广泛。LOM 分层实体成型工艺如图 21 - 5 所示。

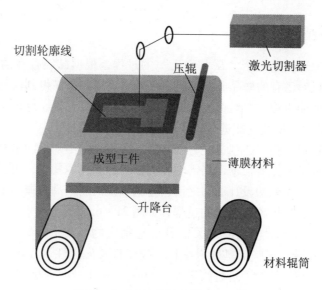

图 21 - 5　LOM 分层实体成型工艺

　　分层实体成型系统主要由计算机、数控系统、原材料存储与运送部件、热粘压部件、激光切割系统、可升降工作台等部分组成。其中计算机负责接收和存储成型工件的三维模型数据，这些数据主要是沿模型高度方向提取的一系列截面轮廓。原材料存储与运送部件将存储在其中的原材料（底面涂有粘合剂的薄膜材料）逐步送至工作台上方。激光切割器沿着工件截面轮廓线对薄膜进行切割。可升降的工作台能支撑成型的工件，并在每层成型之后，降低一个材料厚度以便送进将要进行粘合和切割的新一层材料，最后热粘压部件，一层一层把成型区域的薄膜粘合在一起，重复上述步骤直到工件完全成型。

　　LOM 快速成型工艺制作的制件有较高的硬度和良好的力学性能，可以进行切削加工。它无需设计和制作支撑结构，制作的工件尺寸大，原材料便宜。但是这种方法不能直接制作塑料件，抗拉强度不够好，工件容易吸湿膨胀，工件表面有台阶纹。

21.3　逆向工程技术

21.3.1　逆向工程的定义

　　逆向工程（Reverse Engineering ，RE）也称反求工程，是相对于传统的产品设计流程即所谓的正向工程（Forward Engineering ，FE）而提出的。逆向工程常指从现有模型（产品样件、实物模型等）经过一定的手段转化为概念模型和工程设计模型，如利用三坐标测量机的测量数据对产品进行数学模型重构，或者直接将这些离散数据转化成 NC 程序进行数控加工而获取成品，是对已有产品的再设计、再创造的过程。

21.3.2 逆向工程的原理及特点

逆向工程的原理就是一个"从有到无"的过程，根据已经存在的产品模型，由高速三维激光扫描机对已有的样品或模型进行准确、高速扫描，得到其三维轮廓数据，配合逆向软件进行曲面重构，并对重构的曲面进行在线精度分析、评价构造效果，最终生成 IGES 或 STL 数据，据此就能进行快速成型或 CNC 数控加工。

传统设计是通过工程师的创造性劳动，将一个事先并不知道的事物变为人类需求的产品。为此，工程师首先要根据市场需求，提出目标和技术要求，再进行功能设计，创造新方案，在经过一系列的设计活动之后，得到预期的新产品。概括地说，传统设计过程是由未知到已知、由想象到现实的过程，如图 21－6a 所示。

反求设计则是从已知事物的有关信息（包括实物、技术资料文件、照片、广告、情报等）出发，去寻求这些信息的科学性、技术性、先进性、经济性、合理性等，并充分消化和吸收，在此基础上进行改进和再创造。图 21－6b 为反求设计过程示意图。

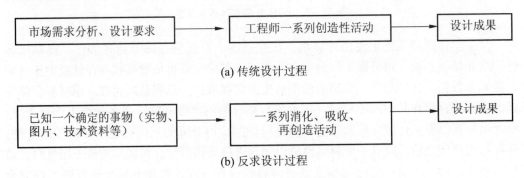

图 21－6　传统设计过程与反求设计过程之比较

21.3.2 逆向工程的技术优点

（1）快速建立新产品的数据化模型。利用坐标测量仪器对原产品进行实际测量，快速建立起新产品的原始数据模型，为快速原型制造提供数据来源。坐标数据采集是反求工程中的第一环节，是数据处理、模型重建的基础。常用的测量方法有机械坐标测量法、激光线扫描法、光栅法及层切法等。

（2）显著提高新产品技术水平。在对原产品进行原理、结构、材料、精度、使用维护分析的基础上，采用价值工程、人机工程学、相似理论、精度设计、动态设计和可靠性设计等现代优化设计工具对其进行改进和提高，以制造出更好的产品来。因此，反求工程技术有助于企业迅速消化吸收和改进提高国内外先进技术，确保企业自身在同行业中新产品的技术水平优势。

（3）彻底改变新产品传统制造工艺方法。反求工程集成制造系统综合运用了 CAD/CAE、数控、伺服驱动、激光和材料等先进技术，可在没有传统制造工具的情况下，在短时间内制造出几何形状复杂的物体。

（4）缩短新产品研发周期。快速响应制造是 21 世纪对制造业更具影响的技术之一。追求完美与个性化的消费需求使产品品种多样化，企业间的竞争不再只是质量与成本的竞争，更重要的是产品上市时间的竞争。采用反求技术可避免走自行开发中不可避免的许多弯路，从而大大缩短新产品的开发周期，为企业快速占领市场创造有利条件。

（5）实现异地（远地）制造或虚拟制造。将反求工程与快速原型制造相结合，利用互联网或局域网将三维物体数据方便地读入、传输，即可实现异地（远地）制造或虚拟制造。

（6）实现快速模具制造（RT）。将快速原型制造的样本用于模具制造，可降低成本，缩短生产周期，显著提高生产效率。硅橡胶模、金属树脂模等可用原模具为样本，用反求的方法实现快速制造模具。

（7）快速制造出复杂物体。三维模型对于一些十分复杂的物体，如车身壳体、玩具、艺术造型等，用目前的 CAD 软件还很难设计出十分满意的形状要求。如果运用反求技术，则可很快地将实体模型转化为 CAD 模型，然后利用快速原型系统制造出样件。

在某些医学领域，利用层析 X 射线（Computerized Tomography，CT）及核磁共振（Mag－netic Resonance Imagining，MRI）等设备采集人体器官、骨骼、关节等部位的外形数据，重建三维数据化模型，然后用快速原型技术制造教学和手术参考用的模型或用于帮助制造假肢或外科镶复等，由于对具体患者采集数据并建立相应的三维模型，可以使假肢、牙科镶复及其他器官更具有针对性，更符合具体患者的需求。

【工艺及操作】

21.4 FDM 设备操作

21.4.1 FDM 快速成型机使用前注意事项

（1）检查丝状 ABS 材料是否受潮，如果受潮了需要在 65℃环境下烘干 3h 左右。受潮会影响出丝的质量。

（2）将打印机按说明书组装好，并用 USB 线连接电脑主机。

（3）确保机器周边没有放杂物。

（4）确保工作台面干净无杂物。

（5）确保丝料筒供丝不会打结，以能保持较长时间出丝粗细均匀，且无结、无堵塞堆积。

（6）在工作前机器必须预热和测试喷头挤料，喷嘴的温度大概保持在 265～275℃（视丝料而定），工作平台必须预热（100℃）。这样有利于喷丝的凝固与粘结。

（7）检查喷嘴是否堵塞，并空排丝料一段时间（1 到 5 分钟，具体视情况而定），看看出丝是否顺畅，并检查挤出的丝料是否存在缺陷（如起泡、丝料直径不均匀等）。

（8）启动设备执行系统初始化，检查各个运动轴是否移动正常，机器各项数据是否正常。

21.4.2　FDM 设备加工原型操作步骤

（1）电脑主机和 UP 打印机通电。打开电脑主机和 UP 打印机"电源开关"，并将打印平板用夹子安装到打印平台上，如图 21 - 7 所示。

（2）在计算机中单击 图标，启动控制软件，如图 21 - 8 所示。

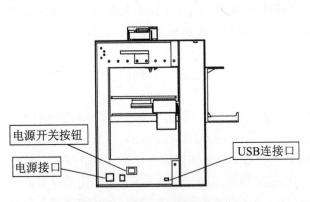

图 21 - 7　打开电脑主机示意图　　　　21 - 8　启动控制软件

（3）单击"三维打印"→"初始化"，如图 21 - 9a 所示。此时，UP 打印机会发出蜂鸣声，提示机器正进行初始化，XYZ 三运动轴会上下左右前后移动一会，初始化完成后，会有蜂鸣声提示。

（4）UP 打印机初始化后，平台要先预热到指定温度（100℃）。单击"三维打印"→"维护"，如图 21 - 9b 所示。

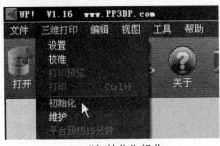
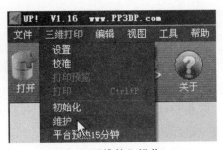

(a)"初始化"操作　　　　　　　　　(b)"维护"操作

图 21 - 9　三维打印机初始化

（5）在"维护"窗口，可看到打印机当前的状态（喷头：26.4℃；平台：28.7℃，实时室温），单击"加热 1 小时"，进行平台预热至 100℃（5 到 10 分钟），如图 21 - 10 所示。

（6）单击"打开"按钮，在弹出"打开"对话窗口，选择要打印的文件（STL 文件）。模型事先用 CAD 软件画好并转成 STL 格式，或用逆向工程技术扫描得到，并转成 STL 格式，如图 21 - 11 所示。

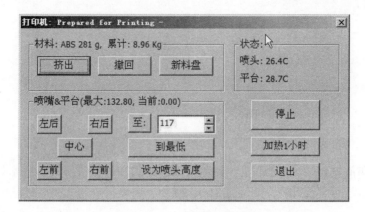

图 21 - 10 维护窗口数据显示

(a) "打开"操作

(b) 选择要打印的文件

图 21 - 11 利用"打开"操作选择文件

（7）模型导入后显示画面如图 21 - 12 所示。

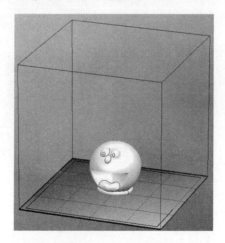

图 21 - 12 哆啦 A 梦

（8）如模型的位置或大小不对，可按"自动布局"，或转换功能按钮"移动"→
"旋转"→"缩放"来调整即可，如图 21 - 13 所示。

图 21 - 13　对模型位置或大小进行调整

（9）打印前先要"打印预览"，评估所需的时间和材料以便进行成本核算，单击菜单"三维打印"→"打印预览"（图 21 - 14）。

 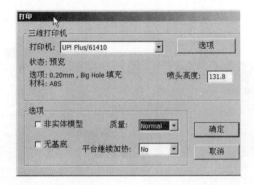

图 21 - 14　打印预览

（10）在"打印"窗口里，单击"选项"，然后选择"填充"方式，如图 21 - 15 所示。

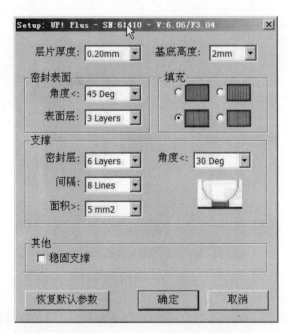

图 21 - 15　"打印"窗口选项

（11）"填充"方式选择如图21-16所示。

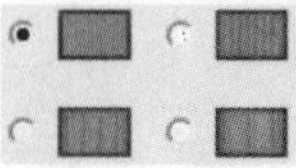	该部分是由塑料制成的最坚固部分。此设置在制作工程部件时建议使用。按照先前的软件版本此设置称之为"坚固"
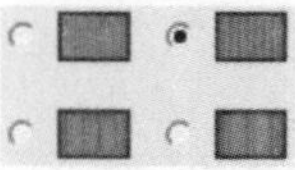	该部分的外部壁厚大概1.5 mm，但内部为网格结构填充。之前的版本此设置称之为"松散"
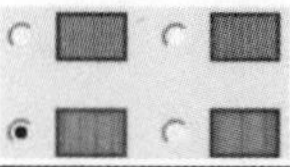	该部分的外部壁厚大概1.5 mm，但内部为中空网格结构填充。之前的版本此设置称之为"中空"
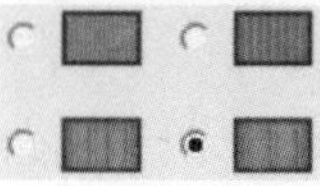	该部分的外部壁厚大约1.5 mm，但是内部由大间距的网络结构填充，之前的软件版本此设置称之为"大洞"

图21-16 "填充"方式选项

（12）此次制作选择"中空"填充方式后，按"确定"。软件马上对模型进行离散处理和编辑路径运算，显示结果（消耗材料和加工时间）如图21-17所示。

（13）如确认没有问题，即可进行正式打印，单击"三维打印"→"打印"，然后选择"质量"为"Normal"，"填充"为"中空"，最后单击"确认"，如图21-18所示。

图21-17 "中空"填充方式

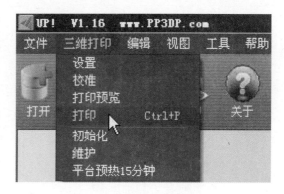

图21-18 开始打印

（14）经过1小时25分钟左右的打印，模型完成打印，如图21-19所示。

图 21 - 19　最终模型

训练与思考

1. 简述快速成型技术的种类。
2. 简述熔融沉积成型（FDM）技术的原理及操作。
3. 什么是逆向工程？它的特点是什么？
4. 简述逆向工程与快速成型技术的关系。
5. 利用逆向工程和熔融沉积成型技术制作一个工艺品。

第22章　激光加工

【教学目的与要求】

(1) 了解激光的产生原理、各种激光加工技术在工业上的应用。

(2) 激光打标和激光内雕技术操作。

【本章的重点和难点】

(1) 激光打标机的参数设置、操作。

(2) 激光内雕机的参数设置、操作。

【基础知识】

22.1　激光的产生原理及特性

　　光是人类眼睛可以看得见的一种电磁波，也称可见光谱。在科学上的定义，光是指所有的电磁波谱。光是由光子为基本粒子组成，具有粒子性与波动性，称为波粒二象性。光可以在真空、空气、水等透明的物质中传播。对于可见光的范围没有一个明确的界限，一般人的眼睛所能接受的光的波长在 380～760 nm 之间。人们看到的光来自太阳或借助于产生光的设备，包括白炽灯泡、荧光灯管、激光器、萤火虫等。

　　白炽灯、日光灯、高压脉冲氙灯、激光灯的发光现象，都是光源系统中原子（或分子、离子）内部能量变化的结果。原子的能级结构是发光现象的物质基础，了解激光产生原理，我们必须先了解物质的结构与激光的辐射和吸收的过程。

　　物质由原子组成，原子的中心是原子核，由质子和中子组成，质子带有正电荷，中子则不带电。原子的外围布满带负电的电子，绕原子核运动。电子在原子中的能量并不是任意的，而是处于一些固定的能阶，不同的能阶对应于不同的电子能量。为了简单起见，我们可以把这些能阶想象成一些绕原子核的轨道（图 22－1），距离原子核轨道越远的轨道能量越高。此外，不同轨道最多可容纳的电子数目也不同。例如，最低的轨道（也就是近原子核的轨道）最多只可容纳 2 个电子，较高的轨道则可容纳 8 个电子等。事实上，这个过分简化了的模型并不是完全正确的，但是它足以帮助我们说明激光的基本原理。

　　电子可以透过吸收或者释放能量从一个能阶跃迁至另一个能阶。例如，当电子吸收一个光子时，它便可能从一个较低的能阶跃迁至一个较高的能阶（图 22－1a）。一个位于高能阶的电子也会通过发射一个光子而跃迁至较低的能阶（图 22－1b）。此外，光子射入物质诱发电子从高能阶跃迁至低能阶，并释放光子。入射光与释放的光子有相同的波长和相，此波长对应于两个能阶的能量差，一个光子诱发一个原子发射一个光子，最后就变成了2个光子（图22-1c）。在这些过程中，电子吸收或者释放的能量总是与这两能阶的能量差相等。由于光子能量决定了光的波长，因此，吸收或释放的光具有固定的颜色。

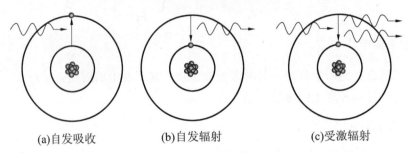

(a)自发吸收   (b)自发辐射   (c)受激辐射

图22-1　原子内电子的跃迁过程

激光的产生就是由第三种跃迁机制产生的。激光的产生就是原子内部能量变化的结果，主要通过以下几个过程和步骤。

1. 激发

一般原子系统中，绝大多数的原子是处于低能级的基态，处于高能级激发状态的原子数目是非常少的。例如：在室温（27～28℃）的情况下，红宝石晶体中处于基态的铬离子数目为激发态的1 030倍，因此，红宝石铬离子基本上是处于基态的。如果要使这些处于基态的粒子产生辐射作用，首先必须把这些基态上的粒子激发到高能级去，从低能级到高能级的这一过程称为激发或抽运。这个吸收能量的过程，称作光的受激吸收（自发吸收）。激发的方法很多，主要是给基态粒子外加一定能量，例如光照、电子碰撞、分解或化合以及加热等。基态粒子吸收能量后即被激发，例如红宝石激发器就是用脉冲氙灯照射的方法施加光能，使铬离子从基态激发到高能级的激发态上。又如氦-氖激光器通过电子与氦原子碰撞，使氦原子获得能量，氦原子通过碰撞又将能量传给氖原子，氖原子获得能量后从基态激发到高能级去。化学激发器是用分解或化合的方法作为激发能源。由于原子内部结构的不同，在相同的外界条件下，原子从基态被激发到各个高能级去的可能性是不一致的。通常把原子从基态激发到某一能级上去的可能性，叫作该能级的"激发几率"。各能级的激发几率是不同的，有的很大，有的很小，这种几率取决于物质自身的性质。

2. 辐射

原子（或分子、离子）总是力图使自己的能量状态处于基态上，被激发到高能级后的粒子，力图回到基态上去，与此同时放出激发时所吸收的能量。

由于入射光子的感应或激励，导致激发原子从高能级跃迁到低能级去，这个过程称为受激跃迁或感应跃迁，这种跃迁辐射叫作"受激辐射"。受激辐射出来的光子与入射光子有着同样的特征，如频率、相位、振幅以及传播方向等完全一样。这种相同性就决定了受激辐射光的相干性。入射一个光子引起一个激发原子受激跃迁，在跃迁过程中，辐射出两个同样的光子，这两个同样的光子又去激励其他激发原子发生受激跃迁，从而获得 4 个同样的光子。如此反应下去，在很短的时间内，辐射出来大量同模样、同性能的光子，这个过程称为"雪崩"。雪崩就是受激辐射光的放大过程。受激辐射光是相干光，相干光有叠加效应，因此合成的振幅加大，表现为光的高亮度性。激发寿命与跃迁几率取决于物质种类的不同。处于基态的原子可以长期存在下去，但原子激发到高能级的激发态上去以后，它会很快地并且自发地跃迁回到低能级去。在高能级上滞留的平均时间，称为原子在该能级上的"平均寿命"，通常以符号"T"表示。一般来说，原子处于激发态的时间是非常短的，约为 10^{-8} s。

激发系统在 1s 内跃迁回基态的原子数目称为"跃迁几率"，通常以"A"表示。大多数同种原子的平均跃迁几率都有固定的数值。跃迁几率 A 与平均寿命 τ 的关系：$A = 1/\tau$。由于原子内部结构的特殊性，决定了各能级的平均寿命长短不等。例如红宝石中的铬离子 E3 的寿命非常短，只有 10^{-9}s，而 E2 的寿命比较长，约为数秒。寿命较长的能级称为"亚稳态"，具有亚稳态原子、离子或分子的物质，是产生激光的工作物质，因亚稳态能更好地为粒子数反转创造条件。

3. 粒子数反转和激光的形成

当光子通过某一介质时，它可能被原子（或离子、分子）所吸收，从而使原子从低能级激发到高能级去，这个过程称为"共振吸收"或称光的受激吸收。另外，入射光也能引起处于高能级的原子发生受激辐射。

在一般情况下，处于低能级的原子数目远远超过处于高能级的原子数目。要想得到受激辐射，就必须先使原子（或离子、分子）激发到高能级去。人为地施加一定能量，使高能级上具有较多的粒子数分布，这种状态称为"粒子数反转"。产生粒子数反转的物质就称为活性物质。

处于粒子数反转状态的活性系统，可以产生"雪崩"。雪崩过程可以使光再次放大。该过程的继续进行，必须通过一定的装置，这种装置就是光学共振腔。从共振腔中持续发出来的、特征完全相同的大量光子就是激光。

22.2 激光的特点

激光之所以被誉为神奇的光，是因为它具有普通光所完全不具备的几个特性。

1. 方向性好

普通光源是向四面八方发光，要让发射的光朝一个方向传播，需要给光源装上一定的聚光装置，如汽车的车前灯和探照灯都是安装有聚光作用的反光镜，使辐射光汇集起来向一个方向射出。激光器发射的激光，天生就是朝一个方向射出，光束的发散度极小，大约只有 0.001 弧度，接近平行。1962 年，人类第一次使用激光照射月球，地球离月球的距离约 38 万 km，但激光在月球表面的光斑不到两公里。若以聚光效果很好、看似平行的探照灯光柱射向月球，其光斑直径将覆盖整个月球。

2. 亮度高

激光是当代最亮的光源。红宝石激光器发射的光束在月球上产生的照度约为 0.02lx（光照度的单位），颜色鲜红，激光光斑明显可见。若用功率最强的探照灯照射月球，产生的照度只有约一万亿分之一勒克斯（lm），人眼根本无法察觉。激光亮度极高的主要原因是定向发光。大量光子集中在一个极小的空间范围内射出，能量密度自然极高，很容易在某一微小点处产生高压和几万摄氏度甚至几百万摄氏度高温。激光打孔、切割、焊接和激光外科手术就是利用了这一特性。

3. 单色性好

光的颜色由光的波长（或频率）决定，一定的波长对应一定的颜色。太阳光的波长分布范围在 0.76 微米至 0.4 微米之间，对应的颜色从红色到紫色共 7 种颜色，所以太阳光谈不上单色性。发射单种颜色光的光源称为单色光源，它发射的光波波长单一。比如氙灯、氦灯、氖灯、氢灯等都是单色光源，只发射某一种颜色的光。单色光源的光波波长虽然单一，但仍有一定的分布范围。如氪灯只发射红光，单色性很好，被誉为单色性之冠，波长分布的范围仍有 0.000 01nm，因此氪灯发出的红光，若仔细辨认仍包含有几十种红色。由此可见，光辐射的波长分布区间越窄，单色性越好。

激光器输出的光，波长分布范围非常窄，因此颜色极纯。以输出红光的氦氖激光器为例，其光的波长分布范围可以窄到 2×10^{-9}nm，是氪灯发射的红光波长分布范围的万分之二。由此可见，激光器的单色性远远超过任何一种单色光源。

激光还有相干性好的特点。激光的频率、振动方向、相位高度一致，使激光光波在空间重叠时，重叠区的光强分布会出现稳定的强弱相间现象，这种现象叫作光的干涉，所以激光是相干光。而普通光源发出的光，其频率、振动方向、相位不一致，称为非相干光。

此外，激光闪光时间可以极短。由于技术上的原因，普通光源的闪光时间不可能照相用的闪光灯，闪光时间是千分之一秒左右。脉冲激光的闪光时间，可达到 6 飞秒（1 飞秒 = 10^{-15}秒）。闪光时间极短的光源在生产、科研和军事方面都有重要的用途。

22.3　激光器的组成

激光器一般由工作物质、激励能源和光学谐振腔三个部分组成（图 22 - 2）。

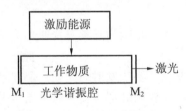

图 22 - 2　激光器的组成

1. 工作物质

工作物质是激光器的核心，只有能实现能级跃迁的物质才能作为激光器的工作物质。它接受来自泵浦源的能量，对外发射光波并保持能够强烈发光的活跃状态。目前，激光工作物质已有数千种，激光波长已由 X 光远至红外光。例如氦氖激光器中，通过氦原子的协助，使氖原子的两个能级实现粒子数反转。

2. 激励能源（光泵）

激励能源的作用是给工作物质以能量，即将原子由低能级激发到高能级的外界能量。通过强光照射工作物质而实现粒子数反转的方法称为光泵法。例如红宝石激光器，是利用大功率的闪光灯照射红宝石（工作物质）而实现粒子数反转，造成了产生激光的条件。通常可以分为光能源、热能源、电能源、化学能源等。激光产生原理见图22-3。

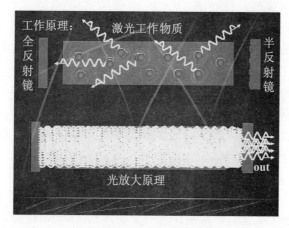

图 22-3 激光产生原理

3. 光学谐振腔

光学谐振腔是激光器的重要部件，其作用一是使工作物质的受激辐射连续进行；二是不断给光子加速；三是限制激光输出的方向。最简单的光学谐振腔是由放置在氦氖激光器两端的两个相互平行的反射镜组成。当一些氖原子在实现了粒子数反转的两能级间发生跃迁，辐射出平行于激光器方向的光子时，这些光子将在两反射镜之间来回反射，于是就不断地引起受激辐射，很快就产生相当强的激光。M1、M2 两个互相平行的反射镜，M1 反射率接近 100%，即完全反射；M2 反射率约为 98%，激光就是从后一个反射镜射出的（图22-4）。

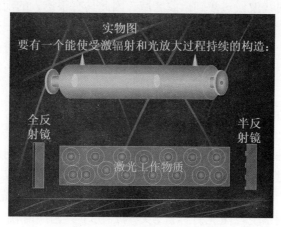

图 22-4 光学谐振的工作原理

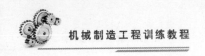

22.4　激光器的分类

激光器的种类很多，根据工作物质的状态不同，可以分为固体、气体、液体、半导体、自由电子、化学等激光器。

1. 固体（晶体和玻璃）激光器

这类激光器所采用的工作物质，是通过把能够产生受激辐射作用的金属离子掺入晶体或玻璃基质中构成发光中心而制成的。典型的固体激光器如红宝石激光器。

2. 气体激光器

它们所采用的工作物质是气体或金属蒸汽，并且根据气体中真正产生受激发射作用之工作粒子性质的不同，进一步区分为原子气体激光器、离子气体激光器、分子气体激光器、准分子气体激光器等，典型的气体激光器有二氧化碳分子激光器、氮分子激光器、氩离子激光器等。

3. 液体激光器

这类激光器所采用的工作物质主要包括两类，一类是有机荧光染料溶液，另一类是含有稀土金属离子的无机化合物溶液，其中金属离子（如 Nd）起工作粒子作用，而无机化合物液体（如 SeOCl）则起基质的作用。

4. 半导体激光器

这类激光器是以一定的半导体材料做工作物质而产生受激发射作用，其原理是通过一定的激励方式（电注入、光泵或高能电子束注入），在半导体物质的能带之间或能带与杂质能级之间，通过激发非平衡载流子而实现粒子数反转，从而产生光的受激发射作用。

5. 自由电子激光器

这是一种特殊类型的新型激光器，工作物质为在空间周期变化磁场中高速运动的定向自由电子束。只要改变自由电子束的速度就可产生可调谐的相干电磁辐射，原则上其相干辐射谱可从 X 射线波段过渡到微波区域，因此具有很诱人的前景。

6. 化学激光器

化学激光器的工作物质可以是气体，也可以是液体，它是利用化学反应释放出来的能量建立粒子反转，因此，其工作物质种类很多，例如氟化氢激光器。

22.5　激光打标机

激光打标技术是激光加工最大的应用领域之一。激光打标是利用高能量密度的激光对工件进行局部照射，使表层材料汽化或发生颜色变化的化学反应，从而留下永久性标记。激光打标机的工作激光器种类有 CO_2 激光器、灯泵浦 YAG 激光器、半导体激光器、光纤激光器等。控制系统在激光打标机领域曾经历了大幅面时代、转镜时代和振镜时代。激光打标技术作为一种现代精密加工方法，与传统的加工方法相比具有无与伦比的优势。采用激光加工可以保证工件的原有精度，同时对材料的适应性较广，对各种金属及部分非金属，可以在材料的表面制作出非常精细的标记且耐久性非常好；激光的空间控制性和时间控制性很好，特别适用于自动化加工和特殊面加工，且加工方式灵活；激光加工系统与计算机数控技术相结合可构成高效自动化加工设备，可以打出各种文字、符号和图案，易于用软件设计标刻图样，更改标记内容，适应现代化生产高效率、快节奏的要求；激光加工和传统的丝网印刷相比，没有污染源，是一种清洁、无污染的高环保加工技术。

22.5.1 激光打标机的机理

激光打标是利用激光与物质相互作用的特殊效应，在材料表面加工出所需要的字符、图案，对于不同的材料、不同的工艺参数，激光的作用效应也不尽相同。一般来说，激光束对材料的标记过程有如下几种作用效应。

1. 汽化效应

当激光束照射到材料表面时，除一部分光被反射外，被材料吸收的激光能量会迅速转变为热能，使其表面温度急剧上升，当达到材料的汽化温度时，材料表面因瞬时汽化、蒸发而出现标记痕迹，此类打标中将出现明显的蒸发物。

2. 刻蚀效应

当激光束照射到材料表层时，材料吸收光能并向内层传导。设材料表面的吸收率为 B，内部的吸收率为 A，那么距表面深度为 Z 处的光强为：

$$I = BI_0 e^{-Az}$$

激光在材料表面热传导使其产生热熔效应，如对透明玻璃和有机玻璃等脆性材料进行打标时，其熔蚀效应十分明显，无明显蒸发物。

3. 光化学效应

对于一些有机化合物材料，当其吸收激光能量后，材料的化学特性将发生变化。当激光照射到有色的聚氯乙烯（PVC）表面时，由于消聚合化学效应，使其色彩减弱，与未受激光照射的部分形成颜色差异，从而得到打标效果。

22.5.2 激光打标机的结构及工作原理

如图 22-5 所示，激光打标机由 He-Ne 电源、He-Ne 激光器、冷却系统、光学扫描系统、Q 开关、YAG 聚光腔等组成。交流电源分别给计算机、Q 开关电源、冷却循环泵、激光电源、He-Ne 激光器等供电。半反镜、YAG 聚光腔、全反镜组成了谐振腔产生激光，经过 Q 开关的调制后形成一定频率峰值功率很高的脉冲激光，经过光学扫描、聚焦后到达工作台表面。工作台的表面可以上下移动，以适应不同厚度的工件，工件表面处于激光的焦平面上。计算机通过专用的打标控制软件输入需要标刻的文字及图样，设定文字及图样的大小、总的标刻面积、激光束的行走速度和需要重复的次数，扫描系统就能在计算机的控制下运动，操控激光束在工件上标刻出设定的文字和图样。现在的软件具有自动图像失真矫正功能，能够实现精密图像的标刻（图 22-6）。冷却系统中的去离子循环水冷却 Q 开关和聚光腔，使之保持一定的温度，防止它们烧坏。

He – Ne 激光器有两个作用：一是指示激光的加工位置，二是光路调整时提供指示。

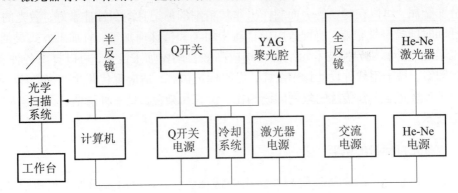

图 22 – 5　激光打标机组成

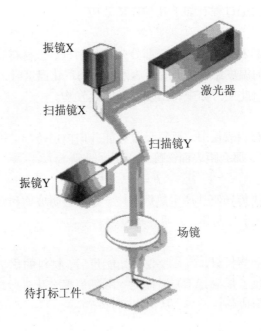

图 22 – 6　激光打标机光路

22.6　激光内雕机原理及应用

22.6.1　激光内雕机理

激光要能雕刻玻璃，其能量密度须大于使玻璃破坏的某一临界值，或称阈值。激光在某处的能量密度与它在该点光斑的大小有关。同一束激光，光斑越小的地方产生的能量密度越大。这样，通过适当聚焦，可以使激光的能量密度在进入玻璃及到达加工区之前低于玻璃的破坏阈值，而在希望加工的区域则超过这一临界值。激光在极短的时间内产生脉冲，其能量能够在瞬间使水晶受热破裂，从而产生极小的白点，在玻璃内部雕出预定的形状，而玻璃或水晶的其余部分则保持原样——完好无损。

22.6.2　雕刻实现

　　激光内雕机首先通过专用点云转换软件（点云是在同一空间参考系下表达目标空间分布和目标表面特性的海量点集合），将二维或三维图像转换成点云图像，然后根据点的排列，通过激光控制软件控制图像在水晶中的位置和激光的输出。由半导体泵浦固体产生的激光经倍频处理输出波长为 532nm 的激光，侧面泵浦结构原理如图 22 - 7 所示。

　　激光束经扩束镜扩束后，再射到方头里振镜扫描器的反射镜上，振镜扫描器在计算机控制下高速摆动，使激光束在平面 X、Y 两维方向上进行扫描形成平面图像。三维图像靠振镜及工作台的联合动作实现。通过镜头将激光束聚焦在加工物体的表面或内部，形成一个个微细的、高能量密度的光斑，每一个高能量的激光脉冲瞬间在物体表面或内部烧蚀形成雕刻。经过计算机控制连续不断地重复，这一过程预先设计好的字符、图形等内容，就永久地蚀刻在物体表面或内部。

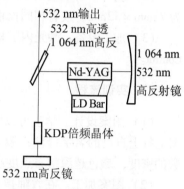

图 22 - 7　侧面泵浦结构原理

【 工艺及操作 】

22.7　激光打标实训

22.7.1　训前准备

　　（1）材料。每人提供金属名片一张，用于图案加工，名片规格 86mm×54mm。

　　（2）软件。可以使用 Photoshop、AutoCAD 软件进行打标图案设计，图案大小建议为 80mm×50mm，或者相同比例，保存格式建议选用 jpg、bmp、dxf。

　　（3）加工设备。激光打标机 2 台，打标机操作软件为 EzCad2.0。

22.7.2　实训流程

　　（1）图案设计。学生可以使用图形设计软件设计自己喜欢的图案或者 logo，并在图案上打上自己的名字（注：图案设计时建议只使用一种颜色）。

　　（2）图案加工。学生根据教师指导，操作激光打标机将图案标刻于名片表面。

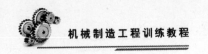
22.8 激光内雕实训

22.8.1 训前准备

（1）材料。提供人造水晶若干，用于平面图案加工，水晶规格 80mm × 60mm × 30mm。

（2）软件。可以使用 Photoshop、AutoCAD 软件进行内雕图案设计，图案大小建议为 72mm × 52mm，或者相同比例，保存格式建议选用 bmp、dxf。

（3）加工设备。激光内雕机 1 台，内雕机操作软件为 LaserPhoto、Laserimage、Laser-Control。

22.8.2 实训流程

（1）图案设计。学生可以使用图形设计软件设计自己喜欢的图案或者 logo，并在图案上打上自己的名字（注：激光内雕时可根据不同部位颜色的深浅调整图形的加工点数的密度，颜色越深密布点度越小）。

（2）图案加工。在教师指导下，操作激光内雕机将图案标刻于水晶内部。

22.8.3 平面作品的加工步骤

平面作品的加工主要分为四步，以卡通龙（图 22 - 8）为例。

图 22 - 8　抠图处理后卡通龙

第一步：抠图处理。使用 Photoshop 将非加工部分全部变成黑色（注：激光内雕软件默认黑色为非加工部分，例如，使用黑色线条，加工时该区域将不会产生爆点）。

第二步：将图形文件生成雕刻文件，即点云计算。可使用 Laser Photo 进行处理，默认图片格式为 *.bmp，见图 22 - 9。

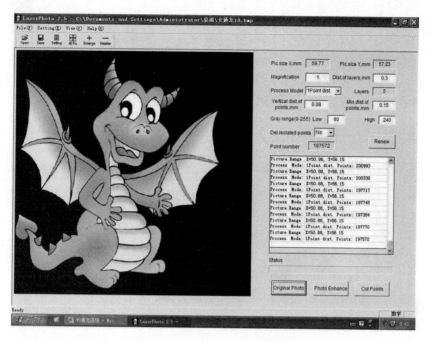

图 22 - 9 Laser Photo 工作界面

（1）将 ∗.bmp 格式图形导入，图 22 - 9 为 Laser Photo 工作界面。

（2）使用图形增强功能，对图形进行优化处理，包括对比度、亮度等，图 22 - 10 为优化后效果图。

图 22 - 10 优化后效果图

图 22 - 11 算点后效果图

（3）使用切点功能，进行点云参数设置，并算点，图 22 - 11 为算点后效果图。

（4）将算点后的效果图保存为 ∗.lss 或者 ∗.dxf 格式点云图形文件。

第三步：使用 LaserImage 对图形参数进行设置（图 22 - 12）。

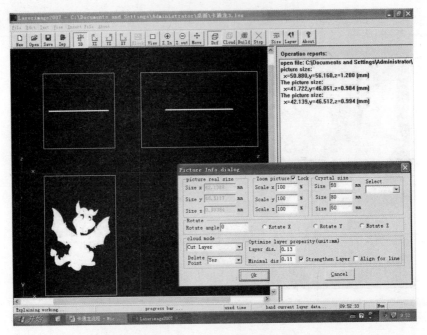

图 22 – 12　导入 LaserImage 后图形及参数设置

（1）导入 *.lss 或者 *.dxf 格式点云图形文件。

（2）对图形尺寸、水晶尺寸、布点等进行设置，二次生成点云图形。

（3）将算点后的效果图保存为 *.dxf 或者 *.clo 格式点云图形文件。

第四步：激光加工

打开点云格式文件，使用软件 Laser Control（图 22 – 13）确定图形在激光中的位

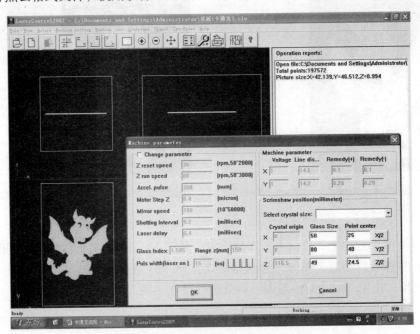

图 22 – 13　Laser Control 工作界面

置，摁下启动按钮，控制激光内雕机进行加工。加工后的卡通龙效果图如图 22 – 14 所示。

图 22 – 14 加工后卡通龙效果图

训练与思考

1. 简述激光产生的原理。
2. 简述激光打标机的工作原理及操作步骤。
3. 简述对激光的认识和看法。

第 23 章 PLC 控制

【教学目的与要求】

（1）了解 PLC 的应用领域、定义与基本结构，以及 PLC 在工业控制中的应用。

（2）掌握 PLC 基本指令的作用和 PLC 基本控制程序的编制。

【本章的重点和难点】

（1）PLC 的基本指令及其功能。

（2）简单 PLC 程序的编制。

【基础知识】

23.1　PLC 的应用领域、定义与基本结构

23.1.1　PLC 应用领域与定义

随着微处理器、计算机和数字通信技术的飞速发展，计算机控制已扩展到了几乎所有的工业领域。现代社会要求制造业对市场需求做出迅速的反应，生产出小批量、多品种、多规格、低成本和高质量的产品。为了满足这一要求，生产设备和自动生产线的控制系统必须具有极高的可靠性和灵活性，PLC（Programmable Logic Controller，可编程序控制器）正是顺应这一要求出现的，它是以微处理器为基础的通用工业控制装置。

国际电工委员会（1EC）在 1985 年对 PLC 作了如下定义："可编程序控制器是一种数字运算操作的电子系统，专为在工业环境下应用而设计。它采用可编程序的存储器，用来在其内部存储执行逻辑运算、顺序控制、定时、计数和算术运算等操作的指令，并通过数字式、模拟式的输入和输出，控制各种类型的机械或生产过程。可编程序控制器及其有关设备，都应按易于使工业控制系统形成一个整体，易于扩充其功能的原则设计。"从上述定义可以看出，PLC 是一种用程序来改变控制功能的工业控制计算机，除了能完成各种各样的控制功能外，还具有与其他计算机通信联网的功能。

了解 PLC 的工作原理，具备设计、调试和维护 PLC 控制系统的能力，已经成为现代工业对电气技术人员和工科学生的基本要求。

23.1.2　PLC 的基本结构

PLC 主要由 CPU 模块、输入模块、输出模块和编程器组成（图 23 - 1）。有的 PLC 还可以配备特殊功能模块，用来完成某些特殊的任务。

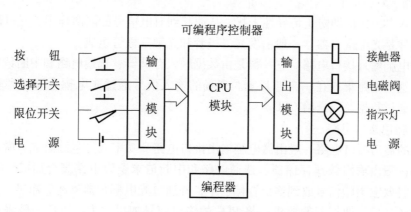

图 23 - 1　PLC 控制系统示意图

1. CPU 模块

CPU 模块主要由微处理器（CPU 芯片）和存储器组成。在 PLC 控制系统中，CPU 模块相当于人的大脑，它不断地采集输入信号，执行用户程序，刷新系统的输出；存储器用来储存程序和数据。

2. I/O 模块

输入（Input）模块和输出（Output）模块简称为 I/O 模块。

输入模块用来接收和采集输入信号，开关量输入模块用来接收从按钮、选择开关、数字拨码开关、限位开关、接近开关、光电开关、压力继电器等过来的开关量输入信号；模拟量输入模块用来接收电位器、测速发电机和各种变送器提供的连续变化的模拟量电流、电压信号。

开关量输出模块用来控制接触器、电磁阀、电磁铁、指示灯、数字显示装置和报警装置等输出设备；模拟量输出模块用来控制调节阀、变频器等执行装置。

（1）输入接口电路。

输入接口电路一般由光电耦合电路和微电脑输入接口电路组成。输入接口电路如图 23 - 2 所示。

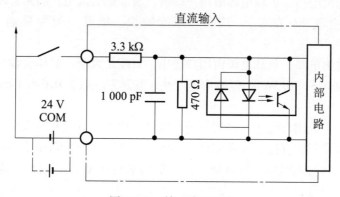

图 23 - 2　输入接口电路

①光电耦合电路。采用光电耦合电路与现场输入信号相连的目的，是防止现场的强

电干扰进入 PLC，也即防止传导性干扰，从而起到对电信号的隔离作用。光电耦合电路的关键器件是光电耦合器，一般由发光二极管和光敏三极管组成。

②微电脑输入接口电路。它一般是由数据输入存储器、选通电路和中断请求逻辑电路构成，这些电路集成在一个芯片上。现场的输入信号通过光电耦合器送到输入存储器，然后通过数据总线送给 CPU。

（2）输出接口电路。

PLC 的输出接口电路一般由微电脑输出接口电路和功率放大电路组成。微电脑输出接口电路一般由输出数据存储器、选通电路和中断请求逻辑电路集合而成。CPU 通过数据总线将要输出的信号放到输出存储器中，并通过光电耦合器隔离后输出。功率放大电路是为了适应工业控制的要求，将 PLC 的输出信号加以放大。PLC 一般采用继电器输出，部分 PLC 采用晶闸管或晶体管输出。图 23 - 3 为 PLC 采用继电器输出时的输出接口电路。

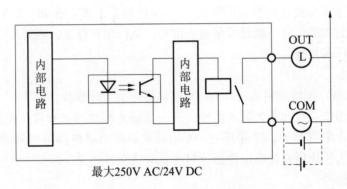

图 23 - 3　PLC 采用继电器输出时的输出接口电路

①继电器输出电路。负载电源由用户提供，可以是交流电也可以是直流电，视负载情况而定。继电器输出电路抗干扰能力强，负载能力大（工作电流可达 2～5A），但信号响应速度慢，其延迟一般为 8～10ms。

②晶闸管输出电路。负载电源由用户提供，通常是交流电。晶闸管输出电路负载能力较大（工作电流 1A 左右），其响应速度较快，延迟一般为导通 1～2 ms，关断 8～10 ms。

③晶体管输出电路。负载电源由用户提供，只能是直流。晶体管输出电路负载能力小（工作电流仅 0.3～0.5A），但响应速度快，其延迟一般为 0.5～1 ms。

3. 编程器

编程器用来生成用户程序，并用它进行编辑、检查、修改和监视用户程序的执行情况。手持式编程器不能直接输入和编辑梯形图，只能输入和编辑指令表程序，因此又叫作指令编程器。它的体积小，价格便宜，一般用来给小型 PLC 编程，或者用于现场调试和维护。

23.2 PLC 的编程语言

PLC 的主要编程方法是梯形图（LD）。梯形图是使用得最多的 PLC 图形编程语言。梯形图与继电器控制系统的电路图很相似，直观易懂，很容易被工厂熟悉继电器控制的电气人员掌握，特别适用于开关量逻辑控制。图 23 - 4 和图 23 - 5 是某型号 PLC 编程语言表示的同一逻辑关系。

梯形图由触点、线圈和应用指令等组成。触点代表逻辑输入条件，如外部的开关、按钮和内部条件等。线圈通常代表逻辑输出结果，用来控制外部的指示灯、交流接触器和内部的输出标志位等。

在分析梯形图中的逻辑关系时，为了借用继电器电路图的分析方法，可以想象左右两侧垂直母线之间有一个左正右负的直流电源电压（有时省略了右侧的垂直母线），当图 23 - 6 中 10.1 与 10.2 的触点接通，或 M0.3 与 10.2 的触点接通时，有一个假想的"能流"（Powerflow）流过 Q1.1 的线圈。利用能流这一概念，可以帮助我们更好地理解和分析梯形图，能流只能从左向右流动。

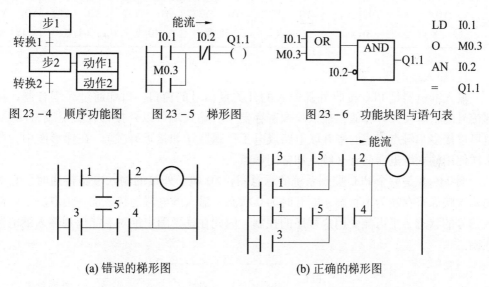

图 23 - 4 顺序功能图　　图 23 - 5 梯形图　　图 23 - 6 功能块图与语句表

(a) 错误的梯形图　　　　(b) 正确的梯形图

图 23 - 7 梯形图

图 23 - 7a 中的电路不能用触点的串并联来表示，能流可能从两个方向流过触点 5（经过触点 1，5，4，或经过触点 3.2），无法将该图转换为指令表，应将它改画为图 23 - 7b 所示的等效电路。

使用编程软件可以直接生成和编辑梯形图，并将它下载到 PLC 中去。

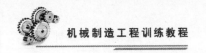

23.3 FX 系列 PLC 梯形图中的编程元件

23.3.1 输入继电器与输出继电器

FX 系列 PLC 梯形图中的编程元件的名称由字母和数字组成，它们分别表示元件的类型和元件号，如 Y10，M129。输入继电器和输出继电器的元件号用八进制数表示，八进制数只有 0～7 这 8 个数字符号，遵循"逢 8 进 1"的运算规则。例如，八进制数 X17 和 X20 是两个相邻的整数。表 23 – 1 给出了 FX$_{2N}$ 系列 PLC 的输入/输出继电器元件号。

表 23 – 1   FX$_{2N}$ 系列 PLC 的输入/输出继电器元件号

型号	FX$_{2N}$ – 16M	FX$_{2N}$ – 32M	FX$_{2N}$ – 48M	FX$_{2N}$ – 64M	FX$_{2N}$ – 80M	FX$_{2N}$ – 128M	扩展时
输入	X0～X7 8 点	X0～X17 16 点	X0～X27 24 点	X0～X37 32 点	X0～X47 40 点	X0～X77 64 点	X0～X267 184 点
输出	Y0～Y7 8 点	Y0～Y17 16 点	Y0～Y27 24 点	Y0～Y37 32 点	Y0～Y47 40 点	Y0～Y77 64 点	Y0～Y267 184 点

1. 输入继电器（X）

输入继电器是 PLC 接收外部输入的开关量信号的窗口。PLC 通过光耦合器，将外部信号的状态读入并存储在输入映像寄存器中。输入端可以外接常开触点或常闭触点，也可以接多个触点组成的串并联电路或电子传感器（如接近开关）。在梯形图中，可以多次使用输入继电器的常开触点和常闭触点。

图 23 – 8 是一个 PLC 控制系统的示意图，X0 端子外接的输入电路接通时，它对应的输入映像寄存器为 1 状态，断开时为 0 状态。输入继电器的状态惟一地取决于外部输入信号的状态，不可能受用户程序的控制，因此在梯形图中绝对不能出现输入继电器的线圈。

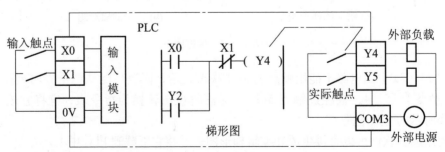

图 23 – 8   输入继电器与输出继电器

因为 PLC 只是在每一扫描周期开始时读取输入信号，输入信号为 ON 或 OFF 的持续时间应大于 PLC 的扫描周期。如果不满足这一条件，可能会丢失输入信号。

2. 输出继电器（Y）

输出继电器是 PLC 向外部负载发送信号的窗口。输出继电器用来将 PLC 的输出信号传送给输出模块，再由后者驱动外部负载。如果图 23－8 梯形图中 Y4 的线圈"通电"，继电器输出型输出模块中对应的硬件继电器的常开触点闭合，使外部负载工作。输出模块中的每一个硬件继电器仅有一对常开触点，但是在梯形图中，每一个输出继电器的常开触点和常闭触点则可以多次使用。

23.3.2 辅助继电器（M）

辅助继电器是用软件实现的，它们不能接收外部的输入信号，也不能直接驱动外部负载，是一种内部的状态标志，相当于继电器控制系统中的中间继电器。

1. 通用辅助继电器

FX 系列 PLC 的通用辅助继电器没有断电保持功能。在 FX 系列 PLC 中，除了输入继电器和输出继电器的元件号采用八进制外，其他编程元件的元件号均采用十进制。

如果在 PLC 运行时电源突然中断，输出继电器和通用辅助继电器将全部变为 OFF。若电源再次接通，除了因外部输入信号而变为 ON 的以外，其余的仍将保持为 OFF 状态。

2. 电池后备/锁存辅助继电器

某些控制系统要求记忆电源中断瞬时的状态，重新通电后再现其状态，电池后备/锁存辅助继电器可以用于这种场合。在电源中断时用锂电池保持 RAM 中的映像寄存器的内容，或将它们保存在 EEPROM 中。它们只是在 PLC 重新通电后的第一个扫描周期保持断电瞬时的状态。为了利用它们的断电记忆功能，可以采用有记忆功能的电路。图 23－9 中 X0 和 X1 分别是启动按钮和停止按钮，M500 通过 Y0 控制外部的电动机，如果电源中断时 M500 为 1 状态，因为电路的记忆作用，重新通电后 M500 将保持为 1 状态，使 Y0 继续为 ON，电动机重新开始运行。

3. 特殊辅助继电器

特殊辅助继电器共 256 点，它们用来表示 PLC 的某些状态，提供时钟脉冲和标志（如进位、借位标志），设定 PLC 的运行方式，或者用于步进顺控、禁止中断、设定计数器是加计数还是减计数等设置。

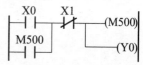

图 23－9 断电保持功能

23.3.3 定时器（T）

PLC 中的定时器相当于继电器系统中的时间继电器。它有一个设定值寄存器（一个字长）、一个当前值寄存器（一个字长）和一个用来储存其输出触点状态的映像寄存器（占二进制的一位），这三个存储单元使用同一个元件号。FX 系列 PLC 的定时器分为通用定时器和积算定时器。数 K 可以作为定时器的设定值，也可以用数据寄存器（D）的内容来设置定时器。例如外部数字开关输入的数据可以存入数据寄存器，作为定时器的设定值。通常使用有电池后备的数据寄存器，这样在断电时不会丢失数据。

各系列的辅助继电器如表 23 - 2 所示。100 ms 定时器的定时范围为 0.1 ~3 276.7s，10ms 定时器的定时范围为 0.01 ～ 327.67s。FX_{1S} 的特殊辅助继电器 M8028 为 1 状态时，T32 ～ T62（31 点）被定义为 10 ms 定时器。图 23 - 10 中 X0 的常开触点接通时，T0 的当前值计数器从 0 开始，对 100 ms 时钟脉冲进行累加计数。当前值等于设定值 40 时，定时器的常开触点接通，常闭触点断开，即 T0 的输出触点在其线圈被驱动 100 ms ×40 =4s 后动作。X0 的常开触点断开后，定时器被复位，它的常开触点断开，常闭触点接通，当前值恢复为 0。通用定时器没有保持功能，在输入电路断开或停电时即被复位。

表 23 - 2　辅助继电器

PLC	FX_{1S}	FX_{1S}	FX_{2N}/FX_{2NC}
通用辅助断电器	384（M0～383）	384（M0～383）	500（M0～499）
电池后备/锁存辅助继电器	128（M384～511）	1 152（M384～1 535）	2 572（M500～3 071）
总计	512	1 536	3 072

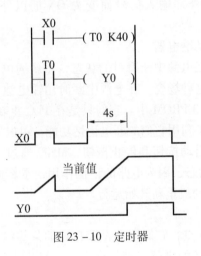

图 23 - 10　定时器

23.3.4　内部计数器（C）

内部计数器（表 23 - 3）用来对 PLC 的内部映像寄存器 X，Y，M，S 提供的信号计数，计数脉冲为 ON 或 OFF 的持续时间，应大于 PLC 的扫描周期，其响应速度通常小于数十赫兹。

表 23 - 3　内部计数器

PLC	FX_{1S}	FX_{1N}	FX_{2N} 与 FX_{2NC}
16 位通用计数器	16（C0～C15）	16（C0～C15）	100（C0～C99）

续表

PLC	FX$_{1S}$	FX$_{1N}$	FX$_{2N}$与FX$_{2NC}$
16位电池后备/锁存计数器	16（C16～C31）	184（C16～C199）	100（C100～C199）
32位通用双向计数器	—	20（C200～C219）	
32位电池后备/锁存双向计数器	—	15（C220～C234）	

16位加计数器的设定值为1～32 767。图23-11给出了16位加计数器的工作过程，图中X10的常开触点接通后，C0被复位，它对应的位存储单元被置0，它的常开触点断开，常闭触点接通，同时其计数当前值被置为0。X11用来提供计数输入信号，当计数器的复位输入电路断开，计数输入电路由断开变为接通（即计数脉冲的上升沿）时，计数器的当前值加1。在5个计数脉冲之后，C0的当前值等于设定值5，它对应的位存储单元的内容被置1，其常开触点接通，常闭触点断开。再来计数脉冲时当前值不变，直到复位输入电路接通，计数器的当前值被置为0。计数器也可以通过数据寄存器来指定设定值。

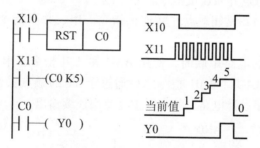

图23-11　16位加计数器

如果使用电池后备/锁存计数器，在电源中断时，计数器停止计数，并保持计数当前值不变；电源再次接通后在当前值的基础上继续计数，因此电池后备/锁存计数器可累计计数。

23.4　FX系列PLC的基本逻辑指令

FX系列PLC共有27条基本逻辑指令，此外还有一百多条应用指令。仅用基本逻辑指令便可以编制出开关量控制系统的用户程序。

1. LD，LDI与OUT指令（图23-12）

LD（Load）：电路开始的常开触点对应的指令，可以用于X，Y，M，T，C和S。

LDI（Load Inverse）：电路开始的常闭触点对应的指令，可以用于X，Y，M，T，C和S。

OUT（Out）：驱动线圈的输出指令，可以用于 Y，M，T，C 和 S。

LD 与 LDI 指令对应的触点一般与左侧母线相连，在使用 ANB，ORB 指令时，用来定义与其他电路串并联的电路的起始触点。

OUT 指令不能用于输入继电器 X，线圈和输出类指令应放在梯形图的最右边。

OUT 指令可以连续使用若干次，相当于线圈的并联。定时器和计数器的 OUT 指令之后应设置

```
X0
├┤├──────( Y0 )      LD    X0
                     OUT   Y0
X1
├┤/├──────(T0 K19)   LDI   X1
          │          OUT   T0
          │          SP    K19
          └──( M100 ) OUT  M100
T0
├┤├──────( Y1 )      LD    T0
                     OUT   Y1
```

图 23 - 12　LD、LDI 与 OUT 指令

以字母 K 开始的十进制常数，常数占一个步序。定时器实际的定时时间与定时器的种类有关，图中的 T0 是 100 ms 定时器，K19 对应的定时时间为 19×100 ms = 1.9 s。也可以指定数据寄存器的元件号，用它里面的数作为定时器和计数器的设定值。

计数器的设定值用来表示计完多少个计数脉冲后计数器的位元件变为 1。

2. 触点的串并联指令（图 23 - 13）

AND（And）：常开触点串联连接指令。

ANI（And Inverse）：常闭触点串联连接指令。

OR（Or）：常开触点并联连接指令。

ORI（Or Inverse）：常闭触点并联连接指令。串、并联指令可以用于 X，Y，M，T，C 和 S。

单个触点与左边的电路串联时，使用 AND 和 ANI 指令，串联触点的个数没有限制。在图 23 - 13 中，OUT M101 指令之后通过了 T1 的触点去驱动 Y4，称为连续输出。只要按正确的次序设计电路，就可以重复使用连续输出。

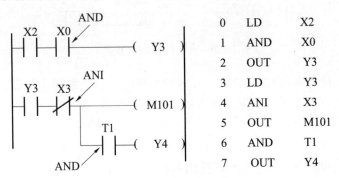

图 23 - 13　AND 与 ANI 指令

串联和并联指令是用来描述单个触点与别的触点或触点组成的电路的连接关系的。虽然 T1 的触点和 Y4 的线圈组成的串联电路与 M101 的线圈是并联关系，但是 T1 的常开触点与左边的电路是串联关系，所以对 T1 的触点应使用串联指令。

OR 和 ORI 用于单个触点与前面电路的并联（图 23 - 14），并联触点的左端接到该指令所在的电路块的起始点（LD 点）上，右端与前一条指令对应的触点的右端相连。OR 和 ORI 指令总是将单个触点并联到它前面已经连接好的电路的两端，以图 23 - 14

中的 M110 的常闭触点为例，它前面的 4 条指令已经将 4 个触点串并联为一个整体，因此 ORI M110 指令对应的常闭触点并联到该电路的两端。

3. LDP, LDF, ANDP, ANDF, ORP 和 ORF 指令（图 23－15）

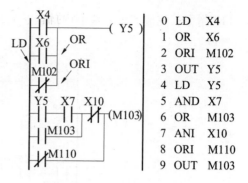

图 23－14　OR 与 ORI 指令

LDP, ANDP 和 ORP 是用来作上升沿检测的触点指令，触点的中间有一个向上的箭头，对应的触点仅在指定位元件的上升沿（由 OFF 变为 ON）时接通一个扫描周期。

LDF, ANDF 和 ORF 是用来作下降沿检测的触点指令，触点的中间有一个向下的箭头，对应的触点仅在指定位元件的下降沿（由 ON 变为 OFF）时接通一个扫描周期。

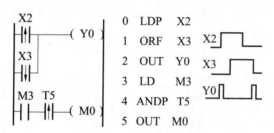

图 23－15　边沿检测触点指令

上述指令可以用于 X, Y, M, T, C 和 S。在图 23－15 中 X2 的上升沿或 X3 的下降沿，Y0 的一个扫描周期为 ON。

4. PLS 与 PLF 指令（见图 23－16）

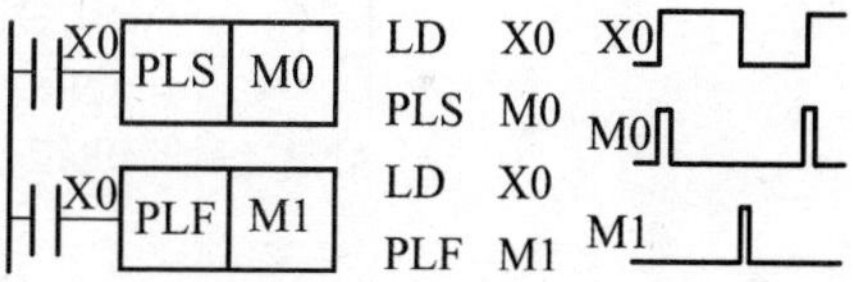

PLS（Pulse）：上升沿微分输出指令。

PLF：下降沿微分输出指令。

图 23－16　PLS 与 PLF 指令

PLS 和 PLF 指令只能用于输出继电器和辅助继电器（不包括特殊辅助继电器）。图 23－16 中的 M0 仅在 X0 的常开触点由断开变为接通（即 X0 的上升沿）时的一个扫描周期内为 ON，M1 仅在 X0 的常开触点由接通变为断开（即 X0 的下降沿）时的一个扫描周期内为 ON。

当 PLC 从 RUN 到 STOP，然后又由 STOP 进入 RUN 状态时，其输入信号仍然为 ON，PLS M0 指令将输出一个脉冲。然而，如果用电池后备（锁存）的辅助继电器代替 M0，其 PLS 指令在这种情况下不会输出脉冲。

5. 电路块的串并联指令

ORB（Or Block）：多触点电路块的并联连接指令。

ANB（And Block）：多触点电路块的串联连接指令。

ORB 指令将多触点电路块（一般是串联电路块）与前面的电路块并联，它不带元件号，相当于电路块间右侧的一段垂直连线。要并联的电路块的起始触点使用 LD 或

LDI 指令，完成了电路块的内部连接后，用 ORB 指令将它与前面的电路并联，见图 23 ~ 17。

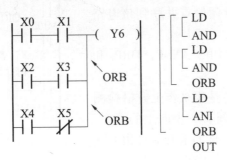

图 23 – 17 　ORB 指令

ANB 指令将多触点电路块（一般是并联电路块）与前面的电路块串联，它不带元件号。ANB 指令相当于两个电路块之间的串联连线，该点也可以视为它右边的电路块的 LD 点。要串联的电路块的起始触点使用 LD 或 LDI 指令，完成了两个电路块的内部连接后，用 ANB 指令将它与前面的电路串联，见图 23 – 18。

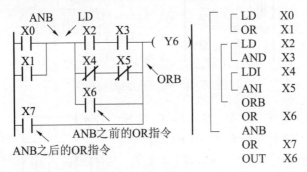

图 23 – 18 　ANB 指令

6. SET 与 RST 指令

SET：置位指令，使操作保持 ON 的指令。

RST：复位指令，使操作保持 OFF 的指令。

SET 指令可用于 Y，M 和 S，RST 指令可用于复位 Y，M，S，T，C，或将字元件 D，V 和 Z 清零。

如果图 23 – 19 中 X0 的常开触点接通，Y0 变为 ON 并保持该状态，即使 X0 的常开触点断开，它也仍然保持 ON 状态。当 Xl 的常开触点闭合时，Y0 变为 OFF 并保持该状态，即使 Xl 的常开触点断开，它也仍然保持 OFF 状态（图 23 – 19 中的波形图）。

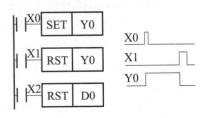

图 23 – 19 　SEF 与 RST 指令

对同一编程元件，可多次使用 SET 和 RST 指令，最后一次执行的指令将决定当前的状态。RST 指令可将数据寄存器 D、变址寄存器 Z 和 V 的内容清零，RST 指令还用来复位积算定时器 T246 ~ T255 和计数器。

SET、RST 指令的功能与数字电路中 R – S 触发器的功能相似，SET 与 RST 指令之间可以插入别的程序。如果它们之间没有别的程序，最后的指令有效。

图 23 – 20 中 X0 的常开触点接通时，积算定时器 T246 复位，X3 的常开触点接通时，计数器 C200 复位，它们的当前值被清 0，常开触点断开，常闭触点闭合。

在任何情况下，RST 指令都优先执行。计数器处于复位状态时，输入的计数脉冲不起作用。

如果不希望计数器和积算定时器具有断电保持功能，可以在用户程序开始运行时用初始化脉冲 M8002 将它们复位。

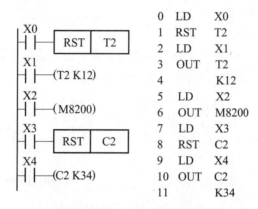

0	LD	X0
1	RST	T2
2	LD	X1
3	OUT	T2
4		K12
5	LD	X2
6	OUT	M8200
7	LD	X3
8	RST	C2
9	LD	X4
10	OUT	C2
11		K34

图 23 – 20　定时器与计数器的复位

7. 取反、空操作与 END 指令（图 23 – 21）

INV（lnverse）指令在梯形图中用一条 45° 的短斜线来表示，它将执行该指令之前的运算结果取反，运算结果如为 0 将它变为 1，运算结果为 1

```
LD    X0
AND   X1
INV
OUT   Y0
```

图 23 – 21　INV 指令

则变为 0。在图 23 – 21 中，如果 X0 和 Xl 同时为 ON，则 Y0 为 OFF；反之则 Y0 为 ON。INV 指令也可以用于 LDP，LDF，ANDP 等脉冲触点指令。

用手持式编程器输入 INV 指令时，先按 NOP 键，再按 P/I 键。

NOP（Non processing）为空操作指令，使该步序作空操作。执行完清除用户存储器的操作后，用户存储器的内容全部变为空操作指令。

END（End）为结束指令，将强制结束当前的扫描执行过程。若不写 END 指令，将从用户程序存储器的第一步执行到最后一步；将 END 指令放在程序结束处，只执行第一步至 END 这一步之间的程序，使用 END 指令可以缩短扫描周期。

在调试程序时可以将 END 指令插在各段程序之后，从第一段开始分段调试，调试好以后必须删去程序中间的 END 指令，这种方法对程序的查错也很有用处。

8. 编程注意事项

（1）双线圈输出。

如果在同一个程序中，同一元件的线圈使用了两次或多次，称为双线圈输出。对于输出继电器来说，在扫描周期结束时，真正输出的是最后一个 Y0 的线圈的状态。

Y0 的线圈的通断状态除了对外部负载起作用外，通过它的触点，还可能对程序中别的元件的状态产生影响。图 23 – 22a 中 Y0 两个线圈所在的电路将梯形图划分为 3 个区域。因为 PLC 是循环执行程序的，最上面和最下面的区域中 Y0 的状态相同。如果两个线圈的通断状态相反，不

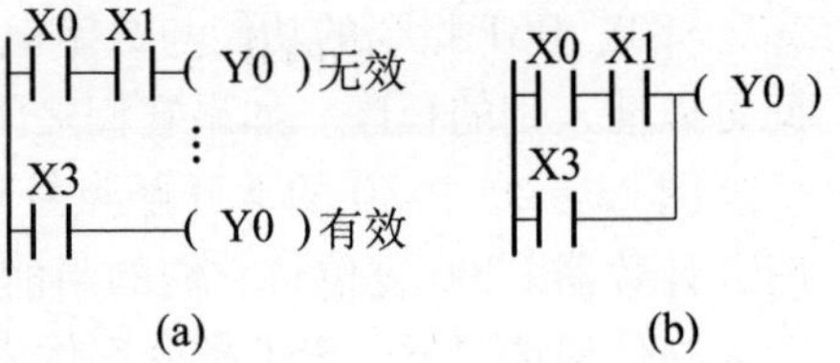

图 23 – 22　双线圈输出

同区域中 Y0 的触点的状态也是相反的，可能使程序运行异常。笔者曾遇到因双线圈引起的输出继电器快速振荡的异常现象。所以一般应避免出现双线圈输出现象，例如可以将图 23 – 22a 改为图 23 – 22b。

（2）程序的优化设计。

在设计并联电路时，应将单个触点的支路放在下面；设计串联电路时，应将单个触点放在右边，否则将多使用一条指令（图 23 – 23）。

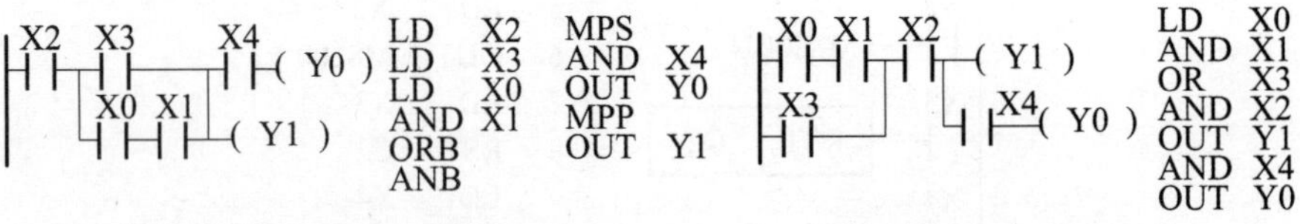

(a) 不好的梯形图　　　　　(b) 好的梯形图

图 23 – 23　梯形图的优化设计

建议在有线圈的并联电路中将单个线圈放在上面，将图 23 – 23a 的电路改为图 23 – 23b 的电路，可以避免使用入栈指令 MPS 和出栈指令 MPP。

（3）编程元件的位置。

输出类元件（例如 OUT，MC，SET，RST，PLS，PLF 和大多数应用指令）应放在梯形图的最右边，它们不能直接与左侧母线相连。有的指令（如 I：1 END 和 MCR 指令）不能用触点驱动，必须直接与左侧母线或临时母线相连。

23.5　开关量控制系统梯形图设计方法

梯形图是在模仿继电器电路图设计的方法来设计 PLC 开关量控制，即在一些典型电路的基础上，根据被控对象对控制系统的具体要求，不断地修改和完善梯形图。

1. 启动、保持和停止电路

由于起动、保持和停止电路（简称启保停电路）在梯形图中得到了广泛的应用，现在将它画在图 23 – 24 中。图中的启动信号 X1 和停止信号 X2（例如启动按钮和停止按钮提供的信号）持续为 ON 的时间一般都很短，这种信号称为短信号。启保停电路

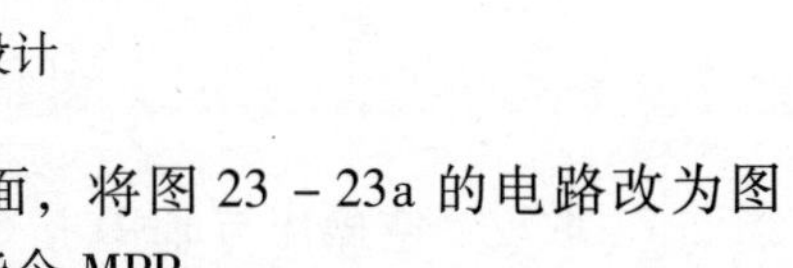

图 23 – 24　启保停电路

最主要的特点是具有"记忆"功能，当启动信号 X1 变为 ON 时（波形图中用高电平表示），X1 的常开触点接通；如果这时 X2 为 OFF，X2 的常闭触点接通，Y1 的线圈"通

电"，它的常开触点同时接通。放开启动按钮，Xl 变为 OFF（用低电平表示），其常开
触点断开，"能流"经 Y1 的常开触点和 X2 的常闭触点流过 Y1 的线圈，Y1 仍为 ON。
这就是所谓的"自锁"或"自保持"功能。当 X2 为 ON 时，它的常闭触点断开，停止
条件满足，使 Y1 的线圈"断电"，其常开触点断开。以后即使放开停止按钮，X2 的常
闭触点恢复接通状态，Y1 的线圈仍然"断电"。这种功能也可以用 SET（置位）和
RST（复位）指令来实现。

在实际电路中，启动信号和停止信号可能由多个触点组成的串、并联电路提供。

2. 三相异步电动机正反转控制电路

图 23-25 是三相异步电动机正反转控制的主电路和继电器控制电路图，图 23-26
与图 23-27 是功能与它相同的 PLC 控制系统的外部接线图和梯形图，其中 KMl 和 KM2
分别是控制正转运行和反转运行的交流接触器。

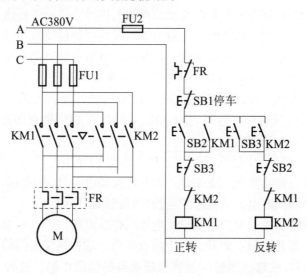

图 23-25　三相异步电动机正反转控制电路图

在梯形图中，用两个启保停电路来分别控制电动机的正转和反转。按下正转启动按
钮 SB2，X0 变为 ON，其常开触点接通，Y0 的线圈"得电"并自保持，使 KMl 的线圈
通电，电机开始正转运行。按下停止按钮 SBl，X2 变为 ON，其常闭触点断开，使 Y0
线圈"失电"，电动机停止运行。

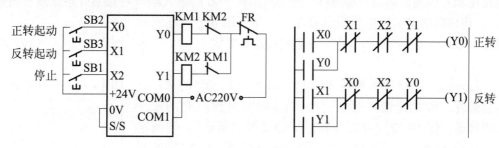

图 23-26　PLC 控制系统外部接线图　　　　图 23-27　PLC 控制系统的梯形图

在梯形图中，将 Y0 和 Y1 的常闭触点分别与对方的线圈串联，可以保证它们不会同时为 ON，因此 KM1 和 KM2 的线圈不会同时通电，这种安全措施在继电器电路中称为"互锁"。除此之外，为了方便操作和保证 Y0 和 Y1 不会同时为 ON，在梯形图中还设置了"按钮联锁"，即将反转启动按钮 X1 的常闭触点与控制正转的 Y0 的线圈串联，将正转启动按钮 X0 的常闭触点与控制反转的 Y1 的线圈串联。设 Y0 为 ON，电动机正转，这时如果想改为反转运行，可以不按停止按钮 SB1，直接按反转启动按钮 SB3，X1 变为 ON，它的常闭触点断开，使 Y0 线圈"失电"，同时 X1 的常开触点接通，使 Y1 的线圈"得电"，电机由正转变为反转。

梯形图中的互锁和按钮联锁电路只能保证输出模块中与 Y0 和 Y1 对应的硬件继电器的常开触点不会同时接通。由于切换过程中电感的延时作用，可能会出现一个接触器还未断开、另一个却已合上的现象，从而造成瞬间短路故障。可以用正反转切换时的延时来解决这一问题，但是这一方案会增加编程的工作量，也不能解决下述的接触器触点故障引起的电源短路事故。如果因主电路电流过大或接触器质量不好，某一接触器的主触点被断电时产生的电弧熔焊而被粘结，其线圈断电后主触点仍然是接通的，这时如果另一接触器的线圈通电，仍将造成三相电源短路事故。为了防止出现这种情况，应在 PLC 外部设置由 KM1 和 KM2 的辅助常闭触点组成的硬件互锁电路（见图 23－26），假设 KM1 的主触点被电弧熔焊，这时它与 KM2 线圈串联的辅助常闭触点处于断开状态，因此 KM2 的线圈不可能通电。

图 23－26 中的 FR 是作过载保护用的热继电器，异步电动机长期严重过载时，经过一定延时，热继电器的常闭触点断开，常开触点闭合。其常闭触点与接触器的线圈串联，过载时接触器线圈断电，电机停止运行，起到保护作用。

有的热继电器需要手动复位，即热继电器动作后要按一下它自带的复位按钮，其触点才会恢复原状，即常开触点断开，常闭触点闭合。这种热继电器的常闭触点可以像图 23－26 那样接在 PLC 的输出回路，仍然与接触器的线圈串联，这种方案可以节约 PLC 的一个输入点。

有的热继电器有自动复位功能，即热继电器动作后电机停转，串接在主回路中的热继电器的热元件冷却，热继电器的触点自动恢复原状。如果这种热继电器的常闭触点仍然接在 PLC 的输出回路，电机停转后过一段时间会因热继电器的触点恢复原状而自动重新运转，可能会造成设备和人身事故。因此有自动复位功能的热继电器的常闭触点不能接在 PLC 的输出回路，必须将它的触点接在 PLC 的输入端（可接常开触点或常闭触点），用梯形图来实现电机的过载保护。如果用电子式电机过载保护器来代替热继电器，也应注意它的复位方式。

3. 闪烁电路

设开始时图 23－28 中的 T0 和 T1 均为 OFF，X0 的常开触点接通后，T0 的线圈"通电"，2s 后定时时间到，T0 的常开触点接通，使 Y0 变为 ON，同时 T1 的线圈"通电"，开始定时。3s 后 T1 的定时时间到，它的常闭触点断开，使 T0 的线圈"断电"，T0 的常开触点断开，使 Y0 变为 OFF，同时使 T1 的

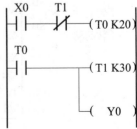

图 23－28 闪烁电路

线圈"断电",其常闭触点接通,T0 又开始定时。以后 Y0 的线圈将这样周期性地"通电"和"断电",直到 X0 变为 OFF。Y0"通电"和"断电"的时间分别等于 T1 和 T0 的设定值。

闪烁电路实际上是一个具有正反馈的振荡电路,T0 和 T1 的输出信号通过它们的触点分别控制对方的线圈,形成了正反馈。

23.6　编程软件的使用方法

三菱电机的 SWOPC – FXGP/WIN – C 是专为 FX 系列 PLC 设计的编程软件,功能较强,在 Windows 操作系统中运行。

23.6.1　梯形图程序的生成与编辑

1. 一般性操作

按住鼠标左键并拖动鼠标,可在梯形图内选中同一块电路里的若干个元件,被选中的元件被蓝色的矩形覆盖。使用工具条中的图标或"编辑"菜单中的命令,可实现被选中的元件的剪切、复制和粘贴操作。用删除(Delete)键可将选中的元件删除。执行菜单命令"编辑→撤销键入"可取消刚刚执行的命令或输入的数据,回到原来的状态。

使用"编辑"菜单中的"行删除"和"行插入"命令,可删除一行或插入一行。

菜单命令"标签设置"和"跳向标签"是为跳到光标指定的电路块的起始步序号设置的。执行菜单命令"查找→标签设置",光标所在处的电路块的起始步序号被记录下来,最多可设置 5 个步序号。执行菜单命令"查找→跳向标签"时,将跳至选择的标签设置处。

2. 放置元件

使用"视图"菜单中的命令"功能键"和"功能图",可选择是否显示窗口底部的触点、线圈等元件图标或浮动的元件图标框。

将光标(深蓝色矩形)放在欲放置元件的位置,用鼠标点击要放置的元件的图标,将弹出"输入元件"窗口,在文本框中输入元件号(键盘直接输入),定时器和计数器的元件号和设定值用空格键隔开。可直接输出应用指令的助记符和指令中的参数,助记符和参数之间、参数和参数之间用空格分隔开,例如输入应用指令"DMOVP D0 D2",表示在输入信号的上升沿,将 D0 和 D1 中的 32 位数据传送到 D2 和 D3 中去。按"参照"按钮,弹出"元件说明"窗口。"元件范围限制"文本框中显示出各类元件的元件号范围,选中其中某一类元件的范围后,"元件名称"文本框中将显示程序中已有的元件名称。

放置梯形图中的垂直线时,垂直线从矩形光标左侧中点开始往下画。用"I DEL"图标删除垂直线时,欲删的垂直线的上端应在矩形光标左侧中点。

用鼠标左键双击某个已存在的触点、线圈或应用指令,在弹出的"输入元件"对话框中可修改其元件号或参数。

3. 注释

（1）设置元件名。

使用菜单命令"编辑→元件名:"，可设置光标选中的元件名称，例如"PBl"，元件名只能使用数字和字符，一般由汉语拼音或英语的缩写和数字组成。

（2）设置元件注释。

使用菜单命令"编辑→元件注释"，可给光标选中的元件加上注释，注释可使用多行汉字，例如"启动按钮"。用类似的方法可以给线圈加上注释，线圈的注释在线圈的右侧，可以使用多行汉字。

4. 程序的检查

执行菜单命令"选项→程序检查"，在弹出的对话框（图23-29）中，可选择检查的项目。语法检查主要检查命令代码及命令的格式是否正确；电路检查用来检查梯形图电路中的缺陷；双线圈检查用于显示同一编程元件被重复用于某些输出指令的情况。可设置被检查的指令，同一编程元件的线圈（对应于OUT指令）在梯形图中一般只允许出现一次。

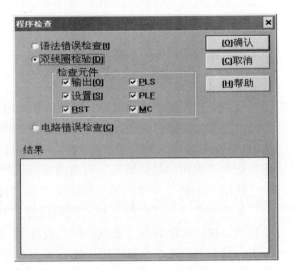

图23-29　程序检查对话框

23.6.2　PLC 的操作

1. 程序的转换和清除

使用菜单命令"工具→转换"，可检查程序是否有语法错误。如果没有错误，梯形图被转换格式并存放在计算机内，同时图中的灰色区域变白。若有错误，将显示"梯形图错误"。

如果在未完成转换的情况下关闭梯形图窗口，新创建的梯形图并未被保存。菜单命令"工具→全部清除"可清除编程软件中当前所有的用户程序。

2 文件传送

执行菜单命令"PLC→传送→写出"，将计算机中的程序发送到PLC中，执行写出功能时，PLC上的RUN开关应在"STOP"位置（RUN运行指示灯不亮），如果使用了RAM或EEPROM存储器卡，其写保护开关应处于关断状态。在弹出的窗口中选择"范围设置"（图23-30），可减少写出所需的时间。

3. 遥控运行/停止

执行菜单命令"PLC→遥控运行/停止"，在弹出的窗口中选择"运行"或"停止"，按"确认"键后可改变PLC的运行模式。或者通过数据线旁边的"小开关"也可改变PLC的运行模式。

4. PLC 诊断

执行"PLC→PLC诊断"菜单命令，将显示与计算机相连的PLC的状况，给出出错信息、扫描周期的当前值、最大值和最小值，以及 PLC 的 RUN/STOP 运行状态。

图 23-30 程序写出对话框

5. PLC 的监控

执行菜单命令"监控→开始监控"后，用绿色表示触点或线圈接通（为1），定时器、计数器和数据寄存器的当前值在元件号的上面显示。

6. 程序调试

当 PLC 处于运行状态时（RUN 运行指示灯亮），通过按下输入继电器 X 相连的开关，输入命令使 X 触点状态改变，PLC 运行用户程序，使输出 Y 的状态改变。在监控状态下，控制过程可以通过计算机显示屏，观察各元件的颜色变化。

训练与思考

1. 简述 PLC 与单板机、单片机的异同，各自的优缺点。

2. 简述 PLC 控制的主要特点。

3. 举例说明 PLC 在工业控制上的应用。

4. 抢答指示灯控制电路的设计。

要求：参加智力竞赛的 A、B、C 三人的桌上各有一个抢答按钮（为点动开关），分别接到 PLC 的 X10～X13 输入端，通过输出端 Y10～Y13 控制三个灯 L10～L13 显示他们的抢答信号。当主持人接通抢答允许开关（为普通开关）X14 后，其控制的 Y14（L14）灯（常）亮，抢答开始，最先按下按钮的抢答者对应的灯（常）亮，与此同时，禁止另外两个抢答者的灯亮，指示灯在主持人断开抢答允许开关后熄灭。另外，考虑到防止作弊问题，主持人允许开关（为普通开关）X14 没有按下，其控制的 Y14（L14）灯不亮，这时有人先按下其开关（当主持人接通抢答允许开关时），肯定是作弊的人先抢到。

附：设计提示：

设计程序梯形图，将程序输入 PLC 后运行该程序。调试程序时应逐项检查以下要求是否满足：

（1）正常抢答调试

①当主持人允许开关 X14 接通后，按某一个抢答按钮是否能使对应的灯（常）亮。

②某一抢答者的灯亮后，另外两个抢答者的灯是否还能被点亮。

③断开抢答允许开关 X14，是否能使已亮的灯熄灭。

（2）作弊调试：

当抢答允许开关 X14 没有接通时，各抢答按钮是否能使对应的灯亮。当 X14 接通后，按某一个按钮是否能使对应的灯亮。

5. 交通信号灯控制程序设计。

控制要求：信号灯受一个启动开关控制。当启动开关接通时，信号灯系统开始工作，当启动开关断开时，所有信号灯都熄灭。具体指标是：

（1）南北绿灯和东西绿灯不能同时亮，否则应同时关闭信号系统并立即报警。

（2）南北红灯亮并维持 25s。在南北红灯亮的同时，东西绿灯也亮，并维持 20s。到 20s 时，东西绿灯闪亮，闪亮 3s 后熄灭，在东西绿灯熄灭时，东西黄灯亮，并维持 2s。到 2s 时，东西黄灯熄灭，东西红灯亮。与此同时，南北红灯熄灭，南北绿灯亮。

（3）东西红灯亮维持 30s。南北绿灯亮维持 25s，然后闪亮 3s 再熄灭。同时南北黄灯亮，维持 2s 后熄灭，这时南北红灯亮，东西绿灯亮。

（4）周而复始。

根据控制要求，画出的信号灯状态波形见图 23-31。

交通灯控制梯形图程序可有多种，根据控制要求和 I/O 端子可自行编制梯形图。

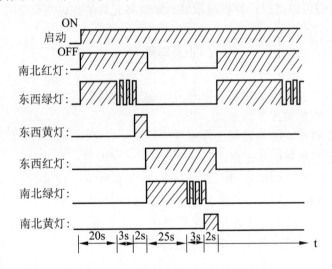

图 23-31 交通指挥信号灯状态波形图

参 考 文 献

［1］周世权. 工程实践. 武汉：华中科技大学出版社，2003.

［2］贺小涛，曾去疾，唐小红. 机械制造工程训练. 湖南：中南大学出版社，2003.

［3］张力真，徐永长. 金属工艺学实习教材. 北京：高等教育出版社，2001.

［4］模具使用技术丛书编委会. 塑料模具实际制造与应用实例. 北京：机械工业出版社，2002.

［5］李海梅，申长雨. 注塑成型及模具设计实用技术. 北京：化学工业出版社，2002.

［6］刘敏江. 塑料加工技术大全. 北京：中国轻工业出版社，2001.

［7］柳秉毅，黄明宇，徐钟林. 金工实习. 北京：机械工业出版社，2002.

［8］清华大学金属工艺学教研室. 金属工艺学实习教材. 北京：高等教育出版社，2002.

［9］王焕庭等. 机械工程材料. 大连：大连理工大学出版社，2000.

［10］骆志斌. 金属工艺学. 北京：高等教育出版社，1996.

［11］陈培里. 金属工艺学实习指导. 杭州：浙江大学出版社，1999.

［12］余能真，罗在银等. 车工职业技能鉴定教材. 北京：中国劳动出版社，1998.

［13］翁承恕，周根玲等. 车工生产实习. 北京：中国劳动出版社，1993.

［14］许兆丰，梁君豪. 车工工艺学. 北京：中国劳动出版社，2002.

［15］全国数控培训网络天津分中心. 数控机床. 北京：机械工业出版社，1997.

［16］王爱玲. 现代数控编程技术及应用. 北京：国防工业出版社，2002.

［17］吴明友. 数控机床加工技术编程与操作. 南京：东南大学出版社，2000.

［18］邱建忠等. CAXA 线切割 V2 实例教程. 北京：北京航空航天大学出版社，2002.

［19］赵万生，刘晋春等. 实用电加工技术. 北京：机械工业出版社，2002.

［20］张万昌，金问楷，赵敖生. 机械制造实习. 北京：高等教育出版社，1991.

［21］赵月望. 机械制造技术实践. 北京：机械工业出版社，1993.

［22］贺锡生. 金工实习. 南京：东南大学出版社，1996.

［23］全燕鸣. 金工实训. 北京：机械工业出版社，2001.

［24］倪为国，吴振勇. 金属工艺学实习教材. 天津：天津大学出版社，1994.

［25］金禧德，王志海. 金工实习. 北京：高等教育出版社，2001.

［26］孙以安，陈茂贞. 金工实习教学指导. 上海：上海交大出版社，1998.

［27］李卓英，李清卉. 金工实习教材. 北京：北京理工大学出版社，1989.

［28］王启平. 机床夹具设计. 哈尔滨：哈尔滨工业大学出版社，1996.

［29］顾京. 现代机床设备. 北京：化学工业出版社，2001.

［30］上海市职业技术课程改革与教材建设委员会. 机械加工工艺及装备. 北京：机械工业出版社，2002.

［31］魏华胜. 铸造工程基础. 北京：机械工业出版社，2002.

［32］曲卫涛. 铸造工艺学. 西安：西北工业大学出版社，1993.

［33］张木青，宋小春. 制造技术基础实践. 北京：机械工业出版社，2002.